原子力損害賠償の実務

原子力損害賠償実務研究会 編

発行 民事法研究会

序　文

　平成23年3月11日の東日本大震災を契機として、わが国は未曾有の災害と闘わざるを得ない時代に突入しました。その中でも忘れることができない大災害の1つに東京電力福島第一原子力発電所において発生した原子力事故があります。巨大地震のため外部電源が失われ、その直後に襲った巨大地震を契機とした10メートルを超える大津波のため、非常用発電機までが長期間喪失しました。原子炉の冷却不能が長引いたことから、炉心内の温度が上昇し、核燃料が溶融（メルトダウン）するとともに、原子炉建屋内部に水素が充満して、原子炉建屋が水素爆発で吹き飛ばされる深刻な事態となりました。

　これが契機となって、大気中や海水に大量の放射性物質が放出され、放射能汚染は広範囲に広がりました。政府は、福島第一原子力発電所の事故がロシアのチェルノブイリ原子力発電所事故に匹敵する深刻な事故（レベル7）であることを認め、大気中に放出された各放射性物質ごとの試算値によれば、福島第一原子力発電所から放出されたセシウム137の総量は平成23年6月時点で、広島に落とされた原子力爆弾の約168個分であると報道されています。

　政府は平成23年3月12日に半径20キロメートル以内（強制避難区域その後警戒区域に変更）の住民に対して避難を指示し、さらに、計画的避難区域および緊急時避難準備区域を発表し、同年6月30日には特定避難勧奨地点を発表しました。その結果、11万3000人を超える多数の住民が避難生活を強いられるとともに、半径30キロメートル以上離れた地域でも、ホットスポットとよばれている放射能濃度が異常に高い地域が多数発見されています。

　かかる放射能汚染により、一部の農産物や畜産物から食品衛生法上の暫定規制値を超える放射能が検出されたため、政府は一部地域の特定品目に関して食品の出荷制限の指示を出しました。これが契機となり、出荷制限がされていない地域で生産された農産物、特産物および魚介類等までもが、放射能汚染のおそれがあるとして買い控えの対象となりました。また、平成23年7月8日以降、牛肉やその生産に用いられた稲わらからも暫定規制値等を超える放射性物質が検出されたため、これを契機として牛肉についても多くの地

域において買い控え等が生じる未曾有の事態となりました。

　かかる福島第一原子力発電所の事故を契機とした広範囲かつ多方面の被害の救済に関しては、「原子力損害の賠償に関する法律」(以下、「原賠法」という)に基づいて、福島第一原子力発電所事故と相当因果関係の認められる損害に限って、東京電力に対する損害賠償請求が可能となっています。

　しかし、いわゆる風評被害といわれている問題や間接損害に関しては、具体的なケースごとに、損害賠償請求が可能なのか、極めて困難な判断を強いられることになります。

　そこで、被害が広範囲に及ぶ多数の紛争を迅速に解決すべく、文部科学省に「原子力損害賠償紛争審査会」が設置され、同審査会は、平成23年4月28日以降、第1次指針、第2次指針および追補、さらには8月5日に中間指針を策定し、具体的なケースに対する損害賠償請求の基準を明示しました。

　さらに、原子力損害賠償紛争審査会による和解の仲介を迅速に行うべく、原子力損害賠償紛争解決センターが平成23年9月1日から稼働し、円滑、迅速、かつ公正に紛争を解決することが期待されています。

　本書は、福島第一原子力発電所事故のもたらした広範囲の被害に基づく多方面からの損害賠償請求に関して、個々の分野ごとに中間指針で明示された事項や、中間指針では明示されなかった問題点を解説するとともに、国や地方自治体に対する損害賠償請求の可否をも検討課題として取り上げるなど、実務で役立つ情報を提供することを目的としています。

　その半面、平成23年9月1日からの損害賠償請求に対応するための緊急出版であることから、今後の動向次第では損害賠償請求の基準自体が見直される可能性もあり得ることを申し添えさせていただきます。

　最後に、本書の緊急出版にご尽力いただいた株式会社民事法研究会の皆様に感謝申し上げます。

　平成23年10月

編集代表　藤原宏髙

は　し　が　き

　東日本大震災が発生して半年以上が経過しました。震災の犠牲になられた方々のご冥福を心よりお祈り申し上げるとともに、被災者・被災企業の皆様が1日も早く平穏な生活・経済活動を取り戻し、復旧復興を果たされることを願い、お見舞いを申し上げます。

　本書は、福島第一原子力発電所の事故によって実際に被害にあわれた生活者や企業の方々、そして被害者・被害企業を支援する弁護士を読者対象にして、原子力損害賠償に係る制度の枠組みについて平易に解説をし、それだけでなく、読者が、速やかに制度を利用して賠償を得ることができるための実践的な知識を得ていただくことを狙いとしています。

　本書は7章構成になっています。

　第1章から第3章までで、制度枠組みの骨格ともいえる、原子力損害の賠償に関する法律（以下、「原賠法」といいます）、原子力損害賠償支援機構法、原子力損害賠償紛争審査会の中間指針について解説をします。本書の狙いから、法律の詳細な解説は類書に譲ることとし、あくまでも「実践」の観点から、そうはいっても最低限これだけは知っておいたほうがよいポイントに絞って解説を試みました。

　第4章では、生活者、各業界ごとといった、被害者・被害企業の属性に応じて原子力損害の内容の分析を行いました。福島第一原子力発電所事故における損害賠償請求では、そもそも東京電力に責任があるか否かという点よりも、東京電力に賠償責任があることを前提として、各被害者・被害企業が、どのような損害を負ったのかについて整理して主張・立証する（証拠集めをする）ことができるか否かが、救済を得ることができるか否かの分かれ道になるといわれています。そこで、本書では、抽象論にとどまることなく、それぞれ被害者・被害企業の属性に応じて実践的知識が得られるように、何が損害となって（費目）、その損害を立証するためにはどのようなものを証拠として集めたほうがよいかといった、できる限り具体的な記載をするように努めました。もちろん、原子力損害賠償紛争審査会の専門委員調査報告書や

中間指針といった「バイブル」に準拠しつつも、その性質上、同報告書や中間指針では抽象的記載にとどまっている部分についても、なるべく踏み込んだ記載をするように試みました。

　第5章は、手続の説明です。実際に損害賠償請求をしたいと思ったときに、どの機関にどのような書類を提出して、どのような期間で結論を得ることが見込まれるかなど、用意されている各手続の利用方法、利点・不利点を理解いただけるような記載に務めました。

　そして第6章および第7章は、これが本書の特色でもあるのですが、具体的事例を念頭に、シミュレートし、訴状案という目に見える形でのひな型（書式）を提供し、その解説を行いました。

　ですから、読者の皆様は、もちろん、第1章から順に読み進めていただいてもよいのですが、逆に最初に第6章および第7章を確認し最初にイメージをつかんでから、次に、第4章において自らに関係する箇所にあたり、その後、必要に応じてその他の解説箇所をお読みいただくという形で本書をご利用いただいても、便利かと考えております。

　本書の筆者である原子力損害賠償実務研究会は、第二東京弁護士会の会派である紫水会に所属する弁護士のうち登録10年目までの若手で構成される小紫会の有志で起ち上げました。日常、消費者の立場に立つことを中心とした法律事務所に所属する者、逆に企業の立場に立つことを中心とした事務所に所属している者等、所属事務所の規模・性質も多彩で、このような種々の実務経験を有する若手弁護士が、知恵を出し合い、少しでも実務に役立つ意義あるものをつくり出そうと試行錯誤してできたものが本書です（なお、本書において意見にわたる部分は、各執筆者個人の見解であることをご確認ください）。本書が広く利用されることにより、少しでも、現在も損害負担を強いられている被害者・被害企業の皆様の救済に役立つことができれば、筆者一同、望外の喜びでございます。

　最後に、本書の刊行に際しては、株式会社民事法研究会の安倍雄一氏および中元順太氏に多大なご尽力を賜りました。また、第二東京弁護士会紫水会の先輩である橋本副孝弁護士、出井直樹弁護士、三森仁弁護士にも、ご多忙

の中、快くご教導いただきました。ここに深く感謝をする次第です。
　平成23年10月

編集副代表　大 塚 和 成

目　次

第1章　本書の構成

I　原子力損害の賠償に関する法律（第2章）……………………1
II　原子力損害賠償支援機構法（第3章）…………………………2
III　東京電力株式会社福島第一、第二原子力発電所事故による原子力損害の範囲の判定等に関する中間指針（第4章）……………………………………………………………2
IV　各分野における原子力損害の検討（第5章）…………………3
V　原子力損害賠償の請求手続（第6章）…………………………3
VI　福島原発事故による原子力損害の具体的事例の検討（第7章）……………………………………………………………4
VII　訴状案（参考資料）……………………………………………4

第2章　原子力損害の賠償に関する法律

I　目　的……………………………………………………………6
II　定　義……………………………………………………………7
　1　原子炉の運転等（原賠法2条1項）…………………………8
　2　原子力損害（原賠法2条2項）………………………………9
　3　原子力事業者（原賠法2条3項）……………………………11
III　無過失責任と異常に巨大な天災地変……………………………12
　1　無過失賠償責任…………………………………………………12
　2　民法上の不法行為責任との関係………………………………13
　3　相当因果関係……………………………………………………13
　4　異常に巨大な天災地変または社会的動乱（原賠法3条1

　　　　　項ただし書)……………………………………………………14
　　　(1) 異常に巨大な天災地変の定義……………………………………14
　　　(2) 関東大震災との比較………………………………………………16
　　　(3) 不可抗力……………………………………………………………18
　　　　(ｱ) 不可抗力の定義…………………………………………………18
　　　　(ｲ) 津波への対応措置………………………………………………20
　　　　(ｳ) 原子力安全委員会の「発電用軽水型原子炉施設に関する安
　　　　　 全設計審査指針」………………………………………………22
　　　(4) 政府の立場…………………………………………………………23
　　　(5) 金融機関の考え方…………………………………………………24
　　　(6) 東京電力の立場……………………………………………………25
Ⅳ　責任の集中……………………………………………………………26
　1　意義・趣旨……………………………………………………………27
　2　他の国における責任集中原則………………………………………28
　3　責任集中原則の適用範囲……………………………………………28
　　　(1) 全面適用説…………………………………………………………28
　　　(2) 国家賠償請求可能説………………………………………………28
　　　　(ｱ) 国に対して損害賠償請求をする趣旨…………………………29
　　　　(ｲ) 国家賠償請求を認める理論的構成……………………………29
　　　　(ｳ) 国家賠償法の具体的適用………………………………………31
　　　　(ｴ) 「過失」の構成…………………………………………………31
　4　責任集中原則に関する判例…………………………………………33
Ⅴ　求償権…………………………………………………………………33
Ⅵ　損害賠償措置の内容…………………………………………………34
Ⅶ　国の措置………………………………………………………………36
　1　賠償措置額を超える原子力損害が発生した場合(原賠法
　　 16条)…………………………………………………………………36
　2　原子力事業者が免責される場合(原賠法17条)……………………38
　3　国による賠償措置の種類……………………………………………39

〔図1〕　原子力損害賠償制度……………………………………40
Ⅷ　原子力損害賠償紛争審査会……………………………………40
　1　審査会の役割……………………………………………………40
　2　福島第一原子力発電所の原子力事故に関する原子力損害………42
　3　原子力損害賠償紛争解決センター……………………………42
Ⅸ　原子力損害賠償に関する国際条約……………………………42
　　〔図2〕　原子力損害賠償条約の仕組み…………………………43
　　〈表1〉　原子力損害賠償責任に関する国際条約の概要…………44
Ⅹ　原子力損害賠償に関する法律の今後の改正…………………45

第3章　原子力損害賠償支援機構法

Ⅰ　目的・背景………………………………………………………46
Ⅱ　原子力損害賠償支援機構………………………………………47
　1　組　織……………………………………………………………47
　　(1)　設　立………………………………………………………47
　　(2)　役員構成等…………………………………………………47
　2　業務内容…………………………………………………………48
Ⅲ　支援の枠組み……………………………………………………49
　1　概　要……………………………………………………………49
　2　資金援助の手続…………………………………………………49
　　(1)　資金援助の申込み…………………………………………49
　　〔図3〕　機構法下での原子力事業者への支援の枠組み………49
　　(2)　特別事業計画の作成・認定………………………………50
　　◆コラム◆　債権放棄…………………………………………51
　　(3)　特別事業計画に基づく援助の実施………………………52
　3　機構による資金援助の流れ……………………………………52
　　(1)　はじめに……………………………………………………52

(2) 福島原発事故への損害賠償に用いられる資金の流れ……………53
　　　　(ア) 一般負担金………………………………………………………53
　　◆コラム◆　電気料金の値上げ………………………………………54
　　　　(イ) 交付国債…………………………………………………………55
　　　　(ウ) 東京電力による特別負担金の納付……………………………55
　　◆コラム◆　東京電力はなぜ債務超過にならないか………………56
　　　　(エ) 機構による国庫納付……………………………………………57
　　(3) 電力の安定供給の目的に使う資金の流れ——資金借入れ、政
　　　　府による機構の債務の保証………………………………………57
　4　例外としての国による直接の資金交付……………………………58
Ⅳ　法律施行後の課題…………………………………………………………58
　1　東京電力に対する援助の実施時期……………………………………58
　2　残された検討課題………………………………………………………58

第4章　東京電力株式会社福島第一、第二原子力発電所事故による原子力損害の範囲の判定等に関する中間指針

Ⅰ　中間指針の概要……………………………………………………………60
　1　策定の背景………………………………………………………………60
　2　概　要……………………………………………………………………61
　3　対象とされなかったものについての考え方…………………………61
Ⅱ　各損害項目に共通する考え方……………………………………………62
　1　賠償の対象となる損害の範囲…………………………………………62
　　(1) 損害の範囲…………………………………………………………62
　　(2) 損害賠償が制限される場合………………………………………63

2　津波・地震による損害との区別……………………………64
　　3　証明の程度の緩和等…………………………………………65
　　4　迅速な賠償……………………………………………………65
Ⅲ　政府による避難等の指示による損害……………………………66
　1　対象区域…………………………………………………………66
　　(1)　避難区域………………………………………………………66
　　(2)　屋内退避区域…………………………………………………66
　　(3)　計画的避難区域………………………………………………66
　　(4)　緊急時避難準備区域…………………………………………67
　　(5)　特定避難勧奨地点……………………………………………67
　　(6)　地方公共団体が住民に一時避難を要請した区域…………67
　2　避難等対象者……………………………………………………68
　3　損害項目…………………………………………………………68
　　(1)　検査費用（人）………………………………………………68
　　　(ア)　対象者………………………………………………………69
　　　(イ)　検査の内容…………………………………………………69
　　　(ウ)　検査のための交通費等の付随費用………………………69
　　　(エ)　宿泊費………………………………………………………69
　　　(オ)　東京電力の補償基準………………………………………69
　　　〈表2〉　証拠――検査費用（人）（政府による避難等の指示による損害）…………………………………………………………70
　　(2)　避難費用………………………………………………………70
　　　(ア)　対象者………………………………………………………71
　　　(イ)　交通費………………………………………………………71
　　　(ウ)　宿泊費等……………………………………………………71
　　　(エ)　避難等によって生活費が増加した部分…………………71
　　　(オ)　損害の終期…………………………………………………72
　　　(カ)　東京電力の補償基準………………………………………72
　　　〈表3〉　証拠――避難費用（政府による避難等の指示による損害）…72

(3)　一時立入費用 …………………………………………………………72
　　　(ア)　対象者 ……………………………………………………………73
　　　(イ)　交通費・宿泊費 …………………………………………………73
　　　(ウ)　東京電力の補償基準 ……………………………………………73
　(4)　帰宅費用 ………………………………………………………………73
　　　(ア)　対象者 ……………………………………………………………73
　　　(イ)　交通費、家財道具の移動費用、宿泊費等 ……………………73
　　　(ウ)　東京電力の補償基準 ……………………………………………73
　(5)　生命・身体的損害 ……………………………………………………74
　　　(ア)　相当因果関係 ……………………………………………………74
　　　(イ)　賠償の範囲 ………………………………………………………74
　　　(ウ)　東京電力の補償基準 ……………………………………………74
　〈表４〉　証拠──生命・身体的損害（政府による避難等の指示に
　　　　　　よる損害） ………………………………………………………75
　(6)　精神的損害 ……………………………………………………………75
　　　(ア)　対象者 ……………………………………………………………76
　　　(イ)　損害の範囲 ………………………………………………………76
　　　(ウ)　損害額 ……………………………………………………………76
　(7)　営業損害 ………………………………………………………………77
　　　(ア)　対象者 ……………………………………………………………78
　　　(イ)　損害額 ……………………………………………………………78
　　　(ウ)　東京電力の賠償基準 ……………………………………………79
　　　(エ)　証　　拠 …………………………………………………………79
　(8)　就労不能等に伴う損害 ………………………………………………79
　　　(ア)　対象者 ……………………………………………………………79
　　　(イ)　追加的費用 ………………………………………………………80
　　　(ウ)　就労不能期間の終期 ……………………………………………80
　　　(エ)　損害の範囲 ………………………………………………………80
　　　(オ)　東京電力の補償基準 ……………………………………………80

　　　　(カ) 証　　拠………………………………………………………80
　　(9) 検査費用（物）…………………………………………………80
　　　　(ア) 対　　象………………………………………………………81
　　　　(イ) 東京電力の補償基準……………………………………………81
　　　　(ウ) 証　　拠………………………………………………………81
　　(10) 財物価値の喪失または減少等…………………………………81
　　　　(ア) 対　　象………………………………………………………82
　　　　(イ) 損害の範囲……………………………………………………82
　　　　(ウ) 「財物の価値を喪失又は減少させる程度の量の放射性物質
　　　　　　に曝露した場合」とは…………………………………………82
　　　　(エ) 損害の基準となる財物の価値…………………………………83
　　　　(オ) 不動産の取扱い………………………………………………83
　　　　(カ) 東京電力の補償基準……………………………………………84
　　〈表5〉 証拠──財物価値の喪失または減少等（政府による避難
　　　　　　等の指示による損害）…………………………………………84
Ⅳ　政府による航行危険区域等および飛行禁止区域の設定
　　に係る損害………………………………………………………84
　1　営業損害………………………………………………………………84
　　(1) 対　　象…………………………………………………………84
　　(2) 損害の算定………………………………………………………85
　　(3) 東京電力の賠償基準……………………………………………85
　　〈表6〉 証拠──営業損害（政府による航行危険区域等および飛
　　　　　　行禁止区域の設定に係る損害）………………………………85
　2　就労不能等に伴う損害………………………………………………85
　　(1) 損害額の算定……………………………………………………86
　　(2) 東京電力の賠償基準……………………………………………86
　　(3) 証　　拠…………………………………………………………86
Ⅴ　政府等による農林水産物等の出荷制限指示等に係る損害……86
　1　対　　象………………………………………………………………86

2　損害項目 ……………………………………………………………87
　　　(1)　営業損害 …………………………………………………………87
　　　　(ア)　対象者 …………………………………………………………88
　　　　(イ)　損害の算定 ……………………………………………………88
　　　　(ウ)　東京電力の賠償基準 …………………………………………89
　　　〈表7〉　東京電力賠償基準――出荷制限指示等による逸失利益の
　　　　　　　計算方法 …………………………………………………………89
　　　〈表8〉　証拠――営業損害（農林水産物等の出荷制限指示等に係
　　　　　　　る損害）……………………………………………………………90
　　　(2)　就労不能等に伴う損害 …………………………………………90
　　　　(ア)　対象者 …………………………………………………………90
　　　　(イ)　追加的費用 ……………………………………………………90
　　　　(ウ)　因果関係の立証 ………………………………………………91
　　　　(エ)　損害の終期 ……………………………………………………91
　　　　(オ)　証　拠 …………………………………………………………91
　　　(3)　検査費用（物）……………………………………………………91
　　　　(ア)　対象者 …………………………………………………………91
　　　　(イ)　損害の範囲 ……………………………………………………91
　　　　(ウ)　証　拠 …………………………………………………………92
Ⅵ　その他の政府指示等に係る損害 ………………………………………92
　1　対　象 ………………………………………………………………92
　2　損害項目 ……………………………………………………………93
　　(1)　営業損害 …………………………………………………………93
　　　(ア)　対象者 …………………………………………………………93
　　　(イ)　損害の範囲・算定方法 ………………………………………93
　　　(ウ)　東京電力の賠償基準 …………………………………………94
　　〈表9〉　証拠――営業損害（その他の政府指示等に係る損害）…………94
　　(2)　就労不能等に伴う損害 …………………………………………95
　　　(ア)　対象者 …………………………………………………………95

　　　　(ｲ)　追加的費用 …………………………………………………95
　　　　(ｳ)　因果関係の立証 ………………………………………………95
　　　　(ｴ)　損害の終期 ……………………………………………………95
　　　　(ｵ)　証　　拠 ……………………………………………………95
　　　(3)　検査費用（物） …………………………………………………96
　　　　(ｱ)　対象者 ………………………………………………………96
　　　　(ｲ)　検査費用 ……………………………………………………96
　　　　(ｳ)　証　　拠 ……………………………………………………96

Ⅶ　いわゆる風評被害 …………………………………………………96
　1　一般的基準 ……………………………………………………………96
　　(1)　意　　義 ………………………………………………………97
　　(2)　相当因果関係の判断枠組み ……………………………………98
　　(3)　福島原発事故に加えて他原因の影響が認められる場合 ………98
　　(4)　東京電力の賠償基準 ……………………………………………99
　　(5)　損害の終期 ………………………………………………………99
　　(6)　損害項目 …………………………………………………………99
　2　農林漁業・食品産業の風評被害 ……………………………………99
　　(1)　対　　象 ………………………………………………………101
　　　(ｱ)　農林漁業 …………………………………………………101
　　〈表10〉　農林漁業における風評被害の賠償対象 ………………………102
　　　(ｲ)　農林水産物の加工業および食品製造業 ………………………102
　　　(ｳ)　農林水産物（加工品を含む）および食品の流通業 ……………103
　　　(ｴ)　自主的な出荷、操業等の断念 …………………………………103
　　　(ｵ)　検査費用 ……………………………………………………103
　　　(ｶ)　その他 ………………………………………………………103
　　(2)　東京電力の賠償基準 ……………………………………………103
　　〈表11〉　証拠――風評被害（農林漁業・食品産業） ………………………103
　3　観光業の風評被害 ……………………………………………………104
　　(1)　観光業とは ………………………………………………………105

| (2) 賠償の範囲 …………………………………………………………105
| (3) 東京電力の賠償基準 …………………………………………105
| (4) 仮払法による措置 ……………………………………………106
| 〈表12〉 証拠──風評被害（観光業） ………………………………106
| 4 製造業、サービス業等の風評被害 ……………………………107
| (1) 製造業・サービス業における「風評被害」の例 ……………108
| (2) 東京電力の賠償基準 …………………………………………108
| 〈表13〉 証拠──風評被害（製造業、サービス業等） ………………109
| 5 輸出に係る風評被害 ……………………………………………109
| (1) 輸出に係る「風評被害」の例 …………………………………109
| (2) 東京電力の賠償基準 …………………………………………110
| 〈表14〉 証拠──風評被害（輸出） …………………………………110
| Ⅷ いわゆる間接被害 …………………………………………………110
| 1 指針の内容 ………………………………………………………111
| 2 間接被害の裁判例 ………………………………………………112
| 3 東京電力の賠償基準 ……………………………………………112
| 〈表15〉 証拠──間接被害 ……………………………………………113
| Ⅸ 放射線被曝による損害 ……………………………………………113
| 1 指針の内容 ………………………………………………………113
| 2 損害の範囲と算定 ………………………………………………114
| 3 東京電力の賠償基準 ……………………………………………114
| 4 証　拠 ……………………………………………………………114
| Ⅹ 被害者への各種給付金等と損害賠償金との調整 ……………114
| 1 損益相殺の法理 …………………………………………………115
| 2 損害額から控除すべきと考えられるもの ……………………115
| (1) 損益相殺の法理により控除すべきと考えられるもの ………115
| (2) 損益相殺の対象とはならないが、損害額から控除すべきと考
| えられるもの …………………………………………………115
| 3 損害額から控除すべきでないと考えられるもの ……………116

4　農畜産業振興機構による支援金の取扱い……………………116
Ⅺ　地方公共団体等の財産的損害等………………………………117
　　1　損害の範囲……………………………………………………117
　　2　東京電力の賠償基準…………………………………………117
　　3　法律の措置……………………………………………………118

第5章　各分野における原子力損害の検討

Ⅰ　農林漁業………………………………………………………………119
　1　総　論……………………………………………………………119
　2　政府による避難指示等に係る損害関係………………………120
　　(1)　(避難指示等に係る) 営業損害……………………………120
　　　㋐　減収分…………………………………………………………120
　　　㋑　追加的費用……………………………………………………120
　　　㋒　避難指示等の解除後の減収および追加的費用……………121
　　(2)　(避難指示等に係る) 検査費用……………………………122
　　(3)　(避難指示等に係る) 財物価値の喪失または減少………122
　3　政府等による出荷制限指示等に係る損害……………………122
　　(1)　(出荷制限指示等に係る) 営業損害………………………123
　　　㋐　減収分…………………………………………………………123
　　　㋑　追加的費用……………………………………………………123
　　　㋒　出荷制限指示等の解除後の減収および追加的費用………124
　　(2)　(出荷制限指示等に係る) 検査費用………………………124
　4　政府による航行危険区域等の設定に係る損害──営業損害……124
　　(1)　減収分…………………………………………………………125
　　(2)　追加的費用……………………………………………………125
　5　風評被害…………………………………………………………125
　　(1)　意義および一般的基準………………………………………125

(2) 農林水産物の風評被害·······125
　　　(ア) 中間指針第7「1　一般的基準」Ⅲ）①の類型に該当する
　　　　　もの·······125
　　　(イ) 風評被害を懸念して自ら作付けを断念したことによる損害····126
　　　(ウ) 取引先の要求等による検査にかかった検査費用·······127
　　　(エ) その他·······127
Ⅱ　食品産業分野·······127
　1　総論·······127
　2　政府による避難等の指示等に係る損害·······128
　　(1) （避難指示等に係る）営業損害·······128
　　　(ア) 減収分·······128
　　　(イ) 追加的費用·······128
　　　(ウ) 避難指示等の解除後の減収分および追加的費用·······129
　　(2) （避難指示等に係る）就労不能等に伴う損害·······129
　　　(ア) 減収分·······129
　　　(イ) 追加的費用·······129
　　(3) （避難指示等に係る）検査費用·······129
　　(4) （避難指示等に係る）財物価値の喪失または減少等·······130
　3　政府等による農林水産物等の出荷制限指示等に係る損害·······130
　　(1) （出荷制限指示等に係る）営業損害·······130
　　　(ア) 減収分·······130
　　　(イ) 追加的費用·······131
　　　(ウ) 加工・流通業者の減収分および追加的費用·······131
　　　(エ) 指示解除後の減収分および追加的費用·······131
　　(2) （出荷制限指示等に係る）就労不能等に伴う損害·······131
　　(3) （出荷制限指示等に係る）検査費用·······132
　4　その他政府指示等に係る損害·······132
　　(1) （その他政府指示等に係る）営業損害·······132
　　　(ア) 減収分·······132

　　　　(ｲ)　追加的費用……………………………………………………132
　　　　(ｳ)　指示解除後の減収分および追加的費用………………………132
　　(2)　(その他政府指示等に係る) 就労不能等に伴う損害……………133
　　(3)　(その他政府指示等に係る) 検査費用………………………………133
　5　風評被害………………………………………………………………………133
　　(1)　意義および一般的基準………………………………………………133
　　(2)　食品産業の風評被害…………………………………………………133
　　　　(ｱ)　中間指針第7「1　一般的基準」Ⅲ) ①の類型に該当する
　　　　　　もの……………………………………………………………133
　　　　(ｲ)　風評被害を懸念して自ら出荷等を断念したことによる損害……134
　　　　(ｳ)　取引先の要求等による検査にかかった検査費用………………134
　　　　(ｴ)　その他………………………………………………………134
　6　間接被害………………………………………………………………………135
　　(1)　意義および一般的基準………………………………………………135
　　(2)　具体例…………………………………………………………………135
　7　損害の立証資料………………………………………………………………135
　　(1)　営業損害………………………………………………………………135
　　　　(ｱ)　減収分………………………………………………………135
　　　　(ｲ)　追加的費用…………………………………………………135
　　(2)　就労不能等に伴う損害………………………………………………136
　　(3)　検査費用………………………………………………………………136
　　(4)　財物損害………………………………………………………………136

Ⅲ　農林水産物・食品の輸出関係……………………………………………136
　1　総　論…………………………………………………………………………136
　2　検査費用・各種証明書発行費用等…………………………………………137
　3　輸入拒否に係る減収分および追加的費用…………………………………137
　4　合理的な損害の算定方法および立証資料の例……………………………137
　　(1)　検査費用・各種証明書発行費用等…………………………………137
　　(2)　輸入拒否に係る減収分および追加的費用…………………………138

|　　(ア)　廃棄に係る損害 …………………………………………………138
|　　(イ)　転売に係る損害 …………………………………………………138
|　　(ウ)　輸出機会損失等に係る損害 ……………………………………138

Ⅳ　建設業 ……………………………………………………………………139
1　総　論 ……………………………………………………………………139
2　政府による避難等の対象区域に係る損害関係 ……………………139
　(1)　逸失利益 ……………………………………………………………139
　　(ア)　警戒区域等の制限区域内における受注の途絶または減少 ……139
　　(イ)　事故発生時に契約済み取引の解約等 ……………………………140
　　(ウ)　存置した資機材等を使用できないことによる受注機会の
　　　　　喪失 ……………………………………………………………141
　(2)　追加的負担費用 ……………………………………………………142
　　(ア)　警戒区域等からの避難、移転費用 ………………………………142
　　(イ)　営業に要する交通費等 ……………………………………………142
　　(ウ)　工事の延期に伴う追加的費用 ……………………………………143
　　(エ)　政府による避難指示等の対象区域内における作業の忌避 ……143
　　(オ)　従業員の退職を回避し継続雇用するための追加的費用 ………143
　(3)　財産価値の喪失・減少関係 ………………………………………144
　　(ア)　警戒区域に存置せざるを得なかった重機や資材等 ……………144
　　(イ)　建築中の住宅など（財物価値の低いもの）……………………145
3　政府指示等の対象区域外に係る損害関係（いわゆる風評
　　被害）……………………………………………………………………145
　(1)　対象区域に隣接する市域で育成している造園用樹木 …………145
　(2)　除染した資材等の忌避 ……………………………………………145

Ⅴ　不動産業 …………………………………………………………………146
1　総　論 ……………………………………………………………………146
2　政府による避難等の対象区域に係る損害関係 ……………………146
　(1)　逸失利益（対象区域内に拠点をおく不動産事業者）……………146
　　(ア)　警戒区域等の制限区域内における不動産取引の途絶 …………146

　　　　　(ｲ)　事故発生時の契約済み取引の解約等……………………………147
　　　(2)　追加的負担費用…………………………………………………148
　　　　　(ｱ)　警戒区域等からの避難、移転費用…………………………148
　　　　　(ｲ)　賃貸住宅管理費用……………………………………………148
　　　　　(ｳ)　金融機関の融資条件変更に伴う追加的費用………………148
　　　(3)　財産価値の喪失・減少関係…………………………………149
　　　　　(ｱ)　入居者が避難した賃貸住宅…………………………………149
　　　　　(ｲ)　建築途中で契約解除された物件……………………………150
　　　　　(ｳ)　保有不動産……………………………………………………150
　　3　政府指示等の対象区域外に係る損害関係………………………150
　　　(1)　逸失利益（対象区域外に拠点をおく不動産事業者）………150
　　　　　(ｱ)　警戒区域等の制限区域内における不動産取引の途絶……150
　　　　　(ｲ)　事故発生時の契約済み取引の解約等………………………151
　　　(2)　追加的負担費用（対象区域外に拠点をおく不動産事業者）…151
　　　(3)　風評被害………………………………………………………151
　　　　　(ｱ)　営業損害………………………………………………………152
　　　　　(ｲ)　追加費用………………………………………………………152

Ⅵ　製造業……………………………………………………………………153
　1　総　論………………………………………………………………153
　2　政府による避難等の指示等の対象区域に係る損害および
　　　その他政府指示等に係る損害……………………………………153
　　　(1)　営業損害………………………………………………………153
　　　　　(ｱ)　減収分（逸失利益）…………………………………………153
　　　　　(ｲ)　追加的費用……………………………………………………154
　　　(2)　検査費用………………………………………………………155
　　　(3)　財物価値の喪失または減少等………………………………155
　3　風評被害……………………………………………………………156
　　　(1)　意義および一般的基準………………………………………156
　　　(2)　中間指針第7「1　一般的基準」Ⅲ)①の類型に該当する

　　　　もの……………………………………………………………………156
　　(3)　(2)以外の風評被害（輸出に係るものを含む）……………………157
　4　間接被害………………………………………………………………………157
Ⅶ　情報通信……………………………………………………………………………158
　1　総　論…………………………………………………………………………158
　2　民間放送関係…………………………………………………………………158
　　(1)　政府指示による避難等の対象区域に係る損害関係…………………158
　　　(ア)　逸失利益…………………………………………………………………158
　　　(イ)　追加的費用………………………………………………………………159
　　(2)　政府指示等の対象区域外に係る損害関係……………………………159
　　　(ア)　逸失利益①――放送事業収入の減少…………………………………159
　　　(イ)　逸失利益②――その他事業収入の減少………………………………160
　　(3)　その他の損害……………………………………………………………160
Ⅷ　陸運（旅客輸送）………………………………………………………………160
　1　旅客自動車運送事業者の特徴………………………………………………160
　2　政府による避難等の指示等の対象区域内で全部または
　　一部事業を営んでいた旅客自動車運送事業者の損害………………………161
　　(1)　政府による避難等の指示等に係る損害………………………………161
　　　(ア)　避難等の指示等に伴う減収分（逸失利益）…………………………161
　　　(イ)　追加費用…………………………………………………………………162
　　　(ウ)　財産価値の喪失または減少等による価値喪失・減少分およ
　　　　　び追加費用………………………………………………………………162
　　(2)　立証資料…………………………………………………………………162
　3　政府指示等の対象区域外に所在する旅客自動車運送事業
　　者の損害…………………………………………………………………………163
　　(1)　間接被害…………………………………………………………………163
　　　(ア)　概　要……………………………………………………………………163
　　　(イ)　間接被害の損害の種類…………………………………………………163
　　　(ウ)　立証資料…………………………………………………………………164

(2) 風評被害 …………………………………………………164
　　　　(ア) 風評被害の損害の種類 ……………………………164
　　　　(イ) 立証資料 ……………………………………………165
IX　物流（トラック輸送）……………………………………165
　1　トラック運送事業者の特徴 ………………………………165
　2　政府による避難等の指示等の対象区域内で全部または一
　　　部事業を営んでいたトラック運送事業者の損害 ……………166
　　(1) 政府による避難等の指示等に係る損害の内容 ……………166
　　　(ア) 避難等の指示等に伴う減収分（逸失利益）………166
　　　(イ) 従業員への給与 ……………………………………166
　　　(ウ) 追加費用 ……………………………………………166
　　　(エ) 財産価値の喪失または減少等による価値喪失・減少分およ
　　　　　び追加費用 …………………………………………167
　　(2) 立証資料 ……………………………………………………167
　3　政府指示等の対象区域外に所在するトラック運送事業者
　　　の損害 …………………………………………………………167
　　(1) 間接被害 ……………………………………………………167
　　　(ア) 概　要 ………………………………………………167
　　　(イ) 間接被害の損害の種類 ……………………………168
　　　(ウ) 立証資料 ……………………………………………169
　　(2) 風評被害 ……………………………………………………169
　　　(ア) 風評被害の損害の種類 ……………………………169
　　　(イ) 立証資料 ……………………………………………170
　　(3) 警戒区域および計画的避難区域を迂回することによるコスト
　　　　増の被害 ……………………………………………………170
　　　(ア) 被害の内容 …………………………………………170
　　　(イ) 立証資料 ……………………………………………170
X　物流（倉庫）………………………………………………171
　1　特　徴 ………………………………………………………171

2　政府による避難等の指示等の対象区域に所在する倉庫事業者の損害 ………………………………………………………171
　　(1) 政府による避難等の指示等に係る損害の内容 ……………171
　　　(ア) 避難等の指示等に伴う減収分（逸失利益）………………171
　　　(イ) 従業員への給与 ……………………………………………172
　　　(ウ) 追加費用 ……………………………………………………172
　　　(エ) 財産価値の喪失または減少等による価値喪失・減少分および追加費用 ……………………………………………172
　　(2) 立証資料 ………………………………………………………172
　　3　政府指示等の対象区域外に所在する倉庫事業者の損害 ………172
　　(1) 間接被害 ………………………………………………………172
　　　(ア) 概　要 ………………………………………………………172
　　　(イ) 間接被害の損害の種類 ……………………………………173
　　　(ウ) 立証資料 ……………………………………………………173
　　(2) 風評被害 ………………………………………………………173
　　　(ア) 風評被害の損害の種類 ……………………………………173
　　　(イ) 立証資料 ……………………………………………………174
XI　海事（内航海運・フェリー・旅客船）…………………………174
　1　政府による航行危険区域設定に係る損害関係 …………………174
　　(1) 政府による航行危険区域設定の実態 ………………………174
　　(2) 迂回により発生した損害の内容 ……………………………174
　2　政府指示等の対象区域外に係る損害関係——風評被害 ………175
　　(1) 風評損害の種類 ………………………………………………175
　　(2) 検査費用（物）………………………………………………175
XII　海事・港湾（外航海運・港湾）…………………………………175
　1　政府による避難等の指示等の対象区域に係る損害関係 ………175
　　(1) 政府による航行危険区域設定に係る損害 …………………175
　　(2) 政府による避難等の指示等に係る損害 ……………………176
　2　政府指示等の対象区域外に係る損害関係 ………………………176

		(1)	国内における放射線検査費用……………………………176
		(2)	海外における船舶入港拒否による損害………………176
		(3)	外国船主等による日本への寄港拒否に係る損害……177
XIII	航　空………………………………………………………177
	1	政府による飛行禁止区域設定に係る損害関係………………177
		(1)	追加費用…………………………………………………177
		(2)	事故リスクに対応した追加的措置に係る損害………177
	2	政府指示等の対象区域外に係る損害関係──風評被害………178
		(1)	旅客数の減少による売上げの減少……………………178
			(ア) 国際線の旅客数の減少……………………………178
			(イ) 国内線の旅客数の減少……………………………178
			(ウ) 空港利用客の減少…………………………………178
		(2)	安全性担保のための機内放射線量検査の実施………178
		(3)	海外での放射線検査に対応する費用の発生…………178
XIV	中小企業……………………………………………………179
	1	総　論………………………………………………………………179
	2	政府による避難等の対象区域に係る損害…………………179
		(1)	旧事業所の廃業…………………………………………179
		(2)	損害の算定方法…………………………………………179
			(ア) 事業用資産の損害…………………………………179
			(イ) 営業損害等…………………………………………180
	3	政府による避難等の対象区域外に係る損害………………181
		(1)	いわゆる風評被害………………………………………181
		(2)	間接被害…………………………………………………181
XV	小売業………………………………………………………181
	1	総　論………………………………………………………………181
	2	特　徴………………………………………………………………182
		(1)	政府による避難等の対象区域に係る損害……………182
			(ア) 営業損害（逸失利益）……………………………182

(イ) 営業損害（追加的費用）……………………………………183
　　　(ウ) 検査費用…………………………………………………………184
　　　(エ) 財物価値の喪失または減少等………………………………184
　(2) 政府等による出荷制限指示等に係る損害…………………………185
　　　(ア) 営業損害（逸失利益）……………………………………………185
　　　(イ) 営業損害（追加的費用）……………………………………186
　　　(ウ) いわゆる風評被害………………………………………………186
XVI　雑貨卸売業…………………………………………………………187
XVII　卸売・小売業分野（石油製品販売業）関係……………………187
　1　総　論…………………………………………………………………187
　2　政府による避難等の対象区域に係る損害…………………………188
　3　政府指示等の対象区域外に係る損害………………………………188
XVIII　金　融……………………………………………………………189
　1　総　論…………………………………………………………………189
　2　営業損害………………………………………………………………190
　(1) 貸付債権（利息部分）…………………………………………………190
　　　(ア) 貸付債権の貸倒れ等に伴う逸失利益…………………………190
　　　(イ) 将来貸付けを実行できなくなったことに伴う逸失利益………191
　(2) 役務取引等利益（手数料利益）……………………………………191
　　　(ア) 損害の内容………………………………………………………191
　　　(イ) 調査内容（立証方法）……………………………………………192
　　　(ウ) 損害の算定方法…………………………………………………192
　(3) 損害防止費用および営業継続費用…………………………………192
　　　(ア) 損害の内容………………………………………………………192
　　　(イ) 調査方法…………………………………………………………192
　　　(ウ) 損害の算定方法…………………………………………………193
　3　財物価値の喪失または減少等………………………………………193
　(1) 貸付債権（元本部分）…………………………………………………193
　　　(ア) 損害の内容………………………………………………………193

(ｲ)　損害賠償の可否……………………………………………………194
　　(2)　保有している財物（不動産・動産等）価値の喪失または減少
　　　　等および除染費用…………………………………………………194
　　　(ｱ)　損害の内容………………………………………………………194
　　　(ｲ)　損害額の算定方法………………………………………………194
　4　政府指示等の対象区域外に係る損害関係……………………………194

XIX　サービス業……………………………………………………………195
　1　総　論……………………………………………………………………195
　2　政府による避難等の指示等に係る損害………………………………195
　　(1)　（避難指示等に係る）営業損害………………………………………195
　　(2)　リース業関係の損害………………………………………………196
　　　(ｱ)　営業損害…………………………………………………………196
　　　(ｲ)　リース物件の財物価値の喪失または減少………………………197
　　　(ｳ)　自動車リースに特有の損害………………………………………197
　3　風評被害…………………………………………………………………198

XX　観光業…………………………………………………………………200
　1　観光業の特色……………………………………………………………200
　2　観光業における損害類型の概要………………………………………200
　　(1)　避難区域、警戒区域、屋内退避区域、緊急時避難準備区域、
　　　　計画的避難区域、特定避難勧奨地点、南相馬市が一時避難を
　　　　要請した区域の指定に伴う損害…………………………………200
　　(2)　前記(1)の対象区域外に係る損害……………………………………201
　3　観光業における風評被害………………………………………………201
　　(1)　観光業における風評被害の考え方…………………………………201
　　(2)　原則として相当因果関係が認められる損害………………………201
　　(3)　前記(2)の損害に関する検討…………………………………………202
　　　(ｱ)　福島県、茨城県、栃木県および群馬県における風評被害………202
　　　(ｲ)　外国人観光客の予約キャンセルによる被害………………………202
　　(4)　考慮事情……………………………………………………………203

	(5) 中間指針に明示されていない損害等 ················· 204
	(6) 具体例 ··· 204
4	観光業における間接被害 ······································ 205
5	立証資料——営業損害 ·· 205
	(1) 減収分 ··· 205
	(2) 追加的費用 ··· 205
	(3) 検査費用 ··· 206

XXI 学　校 ·· 206

1	総　論 ·· 206
2	政府による避難等の指示等に係る損害 ························ 206
	(1) （避難指示等に係る）営業損害 ························· 206
	(ア) 減収分 ··· 206
	(イ) 追加的費用 ······································· 207
	(2) 財物価値の喪失または減少等 ························· 208
3	その他の政府指示等に係る損害 ······························ 208
4	風評被害 ··· 209
	(1) 減収分 ··· 209
	(2) 追加的費用 ··· 209

XXII 芸術文化・社会教育 ··· 211

1	総　論 ·· 211
2	政府による避難指示等に係る損害 ···························· 211
	(1) 営業損害 ··· 211
	(ア) 施設等の所有者について生ずる損害 ············· 211
	(イ) 前記(ア)以外の者に生ずる損害 ···················· 212
	(2) 財物価値の喪失または減少等 ························· 212
3	風評被害 ··· 213
	(1) 公演等の中止等による損害（総論・共通項目） ······· 213
	(2) 公演等の中止による営業損害 ························· 214
	(3) 公演等の延期による営業損害 ························· 214

(4) 公演等の内容変更による営業損害 …………………………………214
　　　(5) 公演等の主催者以外の者に生ずる損害 ……………………………214
　　4 間接被害 ……………………………………………………………………215
XXIII **文化財** ……………………………………………………………………215
　　1 総　論 ………………………………………………………………………215
　　2 政府による避難指示等に係る損害 ………………………………………215
　　　(1) 公開・活用している文化財の営業損害等 …………………………216
　　　(2) (文化財の) 財産価値の喪失または減少等 …………………………216
XXIV **医療施設** …………………………………………………………………217
　　1 総　論 ………………………………………………………………………217
　　2 政府による避難等の対象区域に係る損害 ………………………………217
　　　(1) 医療機関の営業損害 …………………………………………………217
　　　　(ｱ) 患者数減少による営業損害 ………………………………………217
　　　　(ｲ) その他の営業損害 …………………………………………………218
　　　　(ｳ) 中間指針との関係 …………………………………………………219
　　　　(ｴ) 損害額の算定方法 …………………………………………………220
　　　(2) 対象区域内の医療機関から入院患者を搬送した際に生じた
　　　　損害 ……………………………………………………………………220
　　　　(ｱ) 医療機関が負担した搬送費用 ……………………………………220
　　　　(ｲ) 今後発生すると思われる搬送費用 ………………………………220
　　　　(ｳ) 損害額の算定方法および立証資料 ………………………………220
　　　(3) 対象区域内の医療機関の職員の就労不能等に伴う当該職員の
　　　　損害 ……………………………………………………………………221
XXV **勤労者** ……………………………………………………………………221
　　1 総　論 ………………………………………………………………………221
　　2 政府による避難等の対象区域に係る損害関係 …………………………222
　　　(1) 「勤労者」の定義、範囲 ……………………………………………222
　　　(2) 「就労不能等」の範囲 ………………………………………………222
　　　　(ｱ) 具体例 ………………………………………………………………222

(イ)　就労予定者の取扱い……………………………………222
　　　(ウ)　就労の確実性の立証資料………………………………222
　　(3)　「就労不能等に伴う損害」とされる「給与等」の類型…………222
　　(4)　損害額の算定方法………………………………………………223
　　　(ア)　逸失給与の算定方法……………………………………223
　　　(イ)　立証資料…………………………………………………224
　　　(ウ)　避難等区域内の事業所の休業等に伴う労働者の配置転換、離職等に伴う追加支出の算定方法………………………224
　3　政府指示等の対象区域外に係る損害関係………………………224
　　(1)　損害の類型………………………………………………………224
　　(2)　損害額の算定方法………………………………………………225
　4　損害発生の終期の考え方…………………………………………225
XXVI　**自主避難者**……………………………………………………225
　1　総　論………………………………………………………………225
　2　自主避難の合理性判断基準に関する審査会の検討状況…………226
　3　自主避難の合理性判断基準（私見）………………………………227
　4　損害項目……………………………………………………………230

第6章　原子力損害賠償の請求手続

I　各手続の比較………………………………………………………231
　1　現　状………………………………………………………………231
　2　東京電力に対する直接交渉（いわゆる「東京電力による本賠償」）………………………………………………………231
　　(1)　ポイント…………………………………………………………231
　　(2)　問題点……………………………………………………………231
　3　比較一覧……………………………………………………………232
　4　各手続の関係………………………………………………………232

〈表16〉　各手続の比較……………………………………………233
　　〔図3〕　各手続の関係………………………………………………234
Ⅱ　東京電力との直接交渉（東京電力による本賠償）……………235
　1　概　要………………………………………………………………235
　2　東京電力の定める賠償基準………………………………………235
　3　対象期間……………………………………………………………235
　4　受付窓口……………………………………………………………236
　5　福島原子力補償相談室（コールセンター）……………………236
　6　書類郵送先…………………………………………………………237
　7　東京電力による仮払い・支払窓口………………………………237
　　(1)　位置づけ…………………………………………………………237
　　(2)　仮払補償金の支払い……………………………………………237
　　〈表17〉　東京電力による仮払補償金の支払い…………………238
Ⅲ　「平成二十三年原子力事故による被害に係る緊急措置に
　　関する法律」に基づく、原子力損害賠償支援機構によ
　　る仮払い……………………………………………………………240
　1　平成二十三年原子力事故による被害に係る緊急措置に関
　　する法律……………………………………………………………240
　　(1)　沿　革……………………………………………………………240
　　(2)　国による仮払金の支払い………………………………………240
　　(3)　ポイント…………………………………………………………241
　2　具体的な請求手続…………………………………………………241
　　(1)　請求の対象となる地域…………………………………………241
　　(2)　請求の対象となる業種…………………………………………241
　　(3)　請求対象期間……………………………………………………242
　　(4)　留意点……………………………………………………………242
　　(5)　申立てに必要な書類……………………………………………242
　　(6)　請求書の提出先・提出方法……………………………………242
　　(7)　仮払金額の算定式………………………………………………242

3　その他 …………………………………………………………243
　　　(1)　国による仮払金の支払いと本賠償との関係 …………………243
　　　(2)　原子力被害応急対策基金 ………………………………………243
Ⅳ　原子力損害賠償紛争解決センター（原紛センター）に
　　よるADR手続 ………………………………………………………244
　1　原紛センターの概要 ………………………………………………244
　2　受付開始日・申立書の提出先 ……………………………………245
　3　対象となる紛争 ……………………………………………………245
　4　原紛センターの紛争解決手続 ……………………………………246
　　　(1)　和解の仲介手続 …………………………………………………246
　　　(2)　申立書の提出 ……………………………………………………246
　　　(3)　開催場所 …………………………………………………………247
　　　(4)　審理・終結 ………………………………………………………247
　　　(5)　原紛センターの紛争解決手続の特徴 …………………………247
　　　(6)　原紛センターを利用するメリット ……………………………247
　　　(7)　相手方（東京電力）が出席しない場合 ………………………248
　5　審査会組織令改正前後の原子力損害賠償紛争審査会の比較 …248
　　　(1)　改正前 ……………………………………………………………248
　　　(2)　改正後 ……………………………………………………………248
　6　統括委員会 …………………………………………………………248
　　　(1)　意　義 ……………………………………………………………248
　　　(2)　人　員 ……………………………………………………………249
　7　原子力損害賠償紛争和解仲介室（「和解仲介室」）……………249
　8　和解仲介パネル ……………………………………………………249
　9　今　後 ………………………………………………………………249
Ⅴ　訴訟手続 ………………………………………………………………250
　1　土地管轄 ……………………………………………………………250
　　　(1)　原賠法3条1項本文に基づく損害賠償請求訴訟の管轄 ………250
　　　(2)　不法行為に基づく損害賠償請求訴訟の管轄 …………………251

(3) 国家賠償法1条1項に基づく損害賠償請求または同法2条1
　　　　項に基づく損害賠償請求訴訟の管轄……………………………251
　2　事物管轄…………………………………………………………………251

第7章　福島原発事故による原子力損害の具体的事例の検討

第1問：原賠法の責任集中原則に関する質問………………………………252
　(1)　事前の国の政策の誤りに基づく国家賠償請求……………………252
　(2)　後発的な国の不作為に基づく国家賠償請求………………………261
第2問：牛肉に関する風評被害①……………………………………………269
第3問：牛肉に関する風評被害②……………………………………………277

［資料1］　中間指針の概要（一覧表）………………………………………286
［資料2］　訴状案………………………………………………………………298

・執筆者一覧……………………………………………………………………333

―― 凡例 ――

〈法令等略語表〉

原賠法	原子力損害の賠償に関する法律
機構法	原子力損害賠償支援機構法
仮払法	平成二十三年原子力事故による被害に係る緊急措置に関する法律
原災法	原子力災害対策特別措置法
中間指針	東京電力株式会社福島第一、第二原子力発電所事故による原子力損害の範囲の判定等に関する中間指針

〈判例集・判例評釈書誌略語表〉

民集	大審院民事判例集、最高裁判所民事判例集
判時	判例時報
判タ	判例タイムズ

〈震災関連表記〉

東日本大震災	平成23年3月11日（金）に発生した東北地方太平洋沖地震に伴う地震・津波・原子力発電所事故および各風評損害
阪神淡路大震災	平成7年1月17日（火）に発生した兵庫県南部地震に伴う地震災害
関東大震災	大正12年9月1日（土）に発生した大正関東地震による地震災害

第1章

本書の構成

　本書は、東京電力株式会社（以下、本書において東京電力という）の福島第一、第二原子力発電所の事故（以下、本書において「福島原発事故」という）による原子力損害賠償について網羅的に検討するものである。本章では、本書の構成について概観的に説明する。

I　原子力損害の賠償に関する法律（第2章）

　東京電力に対する損害賠償の根拠法である、原子力損害の賠償に関する法律（以下、本書において「原賠法」という）に関して、福島原発事故との関連で問題となる条項ごとに、重要な論点を取り上げて検討している。

　原賠法上の原子力事業者の責任は、不法行為責任の特則であるが、①無過失責任、②無限責任、③責任集中原則といった、他の損害賠償責任には類をみないものである。

　第2章では、とりわけ、「原子炉の運転等」と「原子力損害」の間の相当因果関係がどのように判断されるのか（Ⅲ3）、東日本大震災やその後の津波が「異常に巨大な天災地変」に該当するか否か（Ⅲ4）といった論点について、掘り下げて検討している。

　また、第2章では、責任集中原則と国家賠償請求の関係（Ⅳ3）など、原子力損害賠償支援機構法（第3章）や中間指針（第4章）の中では、検討されなかった国の責任の追及方法について、さまざまな観点から検討している。

II 原子力損害賠償支援機構法(第3章)

　福島原発事故に伴い、東京電力が債務超過に陥り破綻するのを防ぐために、成立した原子力損害賠償支援機構法(以下、本書において「機構法」という)について、その制度について概観している。
　機構法は、将来の原子力事故に備えて、原子力事業者が資金を拠出するいわば保険的な色彩があるが、すでに発生した福島原発事故に関しても、他の原子力事業者である電力会社に費用を負担させる点等、成立にあたってはさまざまな議論があった。
　機構法に基づく場合、なぜ、東京電力が債務超過に陥らないのかという点についても解説している。

III 東京電力株式会社福島第一、第二原子力発電所事故による原子力損害の範囲の判定等に関する中間指針(第4章)

　第4章は、福島原発事故における原子力損害の基準となる東京電力株式会社福島第一、第二原子力発電所事故による原子力損害の範囲の判定等に関する中間指針(以下、本書において「中間指針」という)について、各項目についてわかりやすく解説するものである。
　中間指針は、損害の算定について、迅速な救済を求める見地から、損害項目によっては、合理的に算定した一定額の賠償を認める方法や証拠の収集が困難である場合など必要かつ合理的な範囲内で証明責任を緩和している点に特徴がある。
　損害の範囲については、政府による避難等の指示等に係る損害や政府等による農林水産物等の出荷制限指示等に係る損害などが取り上げられている。避難に伴う精神的損害についても、一定の範囲で損害額を示している。
　また、従前は、あまり広く認められてこなかったいわゆる「風評被害」に

よる損害について、相当因果関係が認められる原子力損害を広く認めている。「消費者又は取引先が本件事故による放射性物質による汚染の危険性を懸念し、敬遠したくなる心理が、平均的・一般的な人を基準として合理性を有している場合」という相当因果関係に関する一般的な基準を示している。また、農林漁業・食品産業や観光業などの風評被害については、一定の条件の下、相当因果関係の立証も不要としている。

そのほか、いわゆる「間接被害」や地方公共団体の財産的損害についても基準を示している。

IV 各分野における原子力損害の検討（第5章）

第5章では、第4章で説明した中間指針に基づいて、各分野においていかなる原子力損害が認められるかその内容および損害賠償の範囲並びに具体的な立証方法について説明をしている。また、各分野において、中間指針の範囲外の事項についても検討している。

第5章の作成にあたっては、原子力損害賠償紛争審査会の「専門委員調査報告書」[1]を参考にし、わかりやすく整理したものである。

また、中間指針において、残された論点として検討が続けられている、「自主避難者」の損害についても検討している（XXVI）。

V 原子力損害賠償の請求手続（第6章）

福島原発事故に係る原子力損害賠償の手続としては、①東京電力に対する直接請求、②「平成二十三年原子力事故による被害に係る緊急措置に関する法律」（いわゆる仮払法）に基づく仮払い、③原子力損害賠償紛争解決センターによるADR手続、④訴訟手続が考えられる。

第6章では、各手続について、具体的な請求方法も含めてわかりやすく解

---

[1] http://www.mext.go.jp/a_menu/anzenkakuho/baisho/1308617.htm

説するとともに、各請求方法の特徴・長短についても説明している。

VI 福島原発事故による原子力損害の具体的事例の検討（第7章）

　第7章の設問および討論は、平成23年9月9日に行われた第二東京弁護士会の弁護士の集まりの1つである紫水会のシンポジウム「福島原発事故による原子力損害」における、パネルディスカッション（約90分）の内容に若干の修正を加えたものである。

　原賠法の責任集中原則と国家賠償請求の関係について、①国の事前の政策の瑕疵に基づく国家賠償請求と、②国の後発的な不作為に基づく国家賠償請求について検討するのが第1問である。

　第2問においては、平成23年7月8日以降、牛肉やその生産に用いられた稲わらから暫定規制値等を超える放射性物質が検出され、これを契機に牛肉について多くの地域において買い控えが生じた事件について、中間指針の基準に基づいて検討している。

　第3問も、風評被害について検討するものであるが、風評被害に基づく損害賠償請求の限界について検討するものである。

VII 訴状案（参考資料）

　福島原発事故においては、前記Vで説明した、①東京電力に対する直接請求、②「平成二十三年原子力事故による被害に係る緊急措置に関する法律」（いわゆる仮払法）に基づく仮払い、③原子力損害賠償紛争解決センターによるADR手続による解決が図られる場合がほとんどであると考えられる。

　しかし、東京電力の直接請求が限定的である場合や、原子力損害賠償紛争解決センターの和解調停に納得できない場合には、訴訟によるほかない。また、国の責任をただすという意味で、国に対する国家賠償請求も今後は視野に入れていく必要がある。

本書では、これら訴訟になった場合の参考になる訴状案を参考資料として提示している。

第2章

原子力損害の賠償に関する法律

　本章では、平成23年3月11日に、東日本大震災により発生した、福島原発事故に伴う原子力損害について、理解をしておくことが不可欠である原賠法に関して、福島原発事故に関連する規定に絞って解説する。

　なお、本章の執筆にあたっては、原賠法の唯一のコンメンタールである科学技術庁原子力局監修『原子力損害賠償制度〔改訂版〕』（通商産業研究社・平成3年）（以下、「原子力賠償制度」という）を参考にしているところもあるが、同書の見解について批判的に検討している部分も多いことに留意されたい。

I　目　的

（目的）
第1条　この法律は、原子炉の運転等により原子力損害が生じた場合における損害賠償に関する基本的制度を定め、もつて被害者の保護を図り、及び原子力事業の健全な発達に資することを目的とする。

　原賠法の目的は、「被害者の保護を図ること」および「原子力事業の健全な発達に資すること」の2点である。「及び」で結合されているとおり、2つの目的は同等の重点が与えられている。

　原賠法は、原子力損害の発生の防止、事故時の措置については、何らふれていない。それらについては、「核原料物質、核燃料物質及び原子炉の規制

に関する法律」（以下、「規制法」という）その他の法令に詳細に定められている。

　原賠法が定める「原子力損害が生じた場合における損害賠償に関する基本的制度」の主要な柱は、①賠償責任の厳格化と賠償責任の集中、②損害賠償措置の強制、および③賠償履行に対する国の援助その他の措置の３点である。

　福島原発事故について、「被害者の保護」を強調すると、東京電力の賠償範囲が広くなり（今般の原子力損害賠償紛争審査会の中間指針は「被害者の保護」を強調していると考えられる）、「異常に巨大な天災地変」（原賠法３条１項ただし書）に基づく免責は認められない可能性が高くなるが、「原子力事業の健全な発達」を強調すると、東京電力の賠償範囲は限定され、「異常に巨大な天災地変」に基づく免責が認められやすくなる可能性がある。

　平成23年８月５日に、原子力損害賠償紛争審査会が公表した中間指針においては、「被害者の救済」が強調されており、被害者の損害賠償を広く認めている。

Ⅱ　定　義

（定義）
第２条　この法律において「原子炉の運転等」とは、次の各号に掲げるもの及びこれらに付随してする核燃料物質又は核燃料物質によつて汚染された物（原子核分裂生成物を含む。第５号において同じ。）の運搬、貯蔵又は廃棄であつて、政令で定めるものをいう。
　一　原子炉の運転
　二　加工
　三　再処理
　四　核燃料物質の使用
　四の二　使用済燃料の貯蔵
　五　核燃料物質又は核燃料物質によつて汚染された物（次項及び次条第２項において「核燃料物質等」という。）の廃棄

2 この法律において「原子力損害」とは、核燃料物質の原子核分裂の過程の作用又は核燃料物質等の放射線の作用若しくは毒性的作用（これらを摂取し、又は吸入することにより人体に中毒及びその続発症を及ぼすものをいう。）により生じた損害をいう。ただし、次条の規定により損害を賠償する責めに任ずべき原子力事業者の受けた損害を除く。

3 この法律において「原子力事業者」とは、次の各号に掲げる者（これらの者であつた者を含む。）をいう。

一 核原料物質、核燃料物質及び原子炉の規制に関する法律（昭和32年法律第166号。以下「規制法」という。）第23条第1項の許可（規制法第76条の規定により読み替えて適用される同項の規定による国に対する承認を含む。）を受けた者（規制法第39条第5項の規定により原子炉設置者とみなされた者を含む。）

二～七 （略）

4 （略）

1 原子炉の運転等（原賠法2条1項）

原賠法の対象となる行為は、「原子炉の運転等」である。これは、賠償処理に関して特別の規制を必要とする核的災害を第三者に対し及ぼすおそれのある行為を適用範囲にすべて包含するとともに、かつ、適用範囲をそれらに限定する趣旨である。

原賠法2条1項の委託を受けた原賠法施行令1条（下記）で、どのようなものが「原子炉の運転等」に該当するかさらに明確化されている。

〈原賠法施行令〉
（原子炉の運転等）
第1条 原子力損害の賠償に関する法律（以下「法」という。）第2条第1項に規定する政令で定めるものは、次の行為（第1号から第5号までに掲げる行為については、それぞれ、当該行為が行われる工場又は事業所（原子炉を船舶に設置する場合にあつては、その船舶。以下同じ。）において当該行為に付随してする第6号イからハまでに掲げる物の運搬、貯蔵又は廃棄を含む。）とする。

```
一　原子炉の運転
二～四　（略）
四の二　使用済燃料の貯蔵
五～六　（略）
```

　福島原発事故は、「原子炉の運転」（原賠法施行令1条1号）、「核燃料物質の使用」（同条4号）または「使用済燃料の貯蔵」（同条4号の2）に伴うものであり、「原子炉の運転等」に該当すると考えてよいだろう。

2　原子力損害（原賠法2条2項）

　原賠法で賠償の対象となる損害は、「原子力損害」に限られる。原子炉の運転等による損害には、機械的損害もあるが、これは通常の工場災害と異ならないので対象とならない。

　「原子力損害」には、以下の3つの類型の損害がある（原賠法2条2項）。

① 核燃料物質の原子核分裂の過程の作用により生じた損害
② 核燃料物質または核燃料物質によって汚染された物の放射線の作用により生じた損害
③ 核燃料物質または核燃料物質によって汚染された物の毒性的作用（これらを摂取し、または吸入することにより人体に中毒およびその続発症を及ぼすものをいう）により生じた損害

　「核燃料物質の原子核分裂の過程の作用により生じた損害」（①）とは、原子核分裂の連鎖反応に際して発生する放射線による損害、およびその際に発生する熱的エネルギーまたは機械的エネルギーによる損害をいう。

　「核燃料物質または核燃料物質によって汚染された物の放射線の作用により生じた損害」（②）とは、ⓐ核燃料物質の原子核分裂の連鎖反応に際して放射化された物（核燃料物質によって汚染された物）の放射線による損害、ⓑ核燃料物質の原子核分裂の連鎖反応により生じた原子核分裂性生物の放射線による損害、およびⓒ核燃料物質の放射線による損害をいう。

　「核燃料物質または核燃料物質によって汚染された物の毒性的作用（これ

らを摂取し、または吸入することにより人体に中毒およびその続発症を及ぼすものをいう）により生じた損害」（③）とは、たとえば、プルトニウム等を摂取しまたは吸引することによって発生する中毒およびその続発症（腎臓機能障害等）である。

　福島原発事故に伴う災害は、現状では、「核燃料物質の原子核分裂の過程の作用により生じた損害」（①）、または「核燃料物質または核燃料物質によって汚染された物の放射線の作用により生じた損害」（②）に該当するのではないかと考えられる。

　前記のとおり、「原子力損害」は、「……核燃料物質等の放射線の作用若しくは毒性的作用」によるものとされているが、この「作用」というのは、たとえば「放射線の作用」というように、放射線に被曝したこと（つまり、物理的に侵害があったこと）によって生じた損害を指すという意味で書かれたのだという主張がなされている。この主張によれば、風評被害は、賠償の対象にならないという意味で、この用語が使われることになる。確かに、原賠法の立法当時は、そのような意味で使われていた可能性も否定できない。

　相当因果関係のある損害はすべて含まれ、放射線の作用による身体的損害、物的損害等の直接損害のみならず、相当因果関係がある限り逸失利益等のいわゆる間接損害であっても「原子力損害」となる。労働基準法、自動車損害賠償保障法等のように、特に人体損害に限るものでもない。

　実際、原子力賠償制度・53頁においては、「公権力による強制立退き（避難）費用、損害拡大防止費用、汚染を受けた周辺土地の価格の低落等がこの点で問題となるが、要はその場合の具体的な事情に基づき判断することとなろう。しかしながら、汚染がないにもかかわらず地価が低落したような場合には、一般的にいって因果関係がないものと考えるべきであろう」と記載されており、風評被害に対して否定的な記載となっている。

　しかし、たとえば、東海村の株式会社ジェー・シー・オー（以下、「JCO」という）の臨界事故によって生じた納豆製品（ただし、放射性物質による汚染なし）の売上減少について判断した東京地判平成18・4・19判時1960号64頁は、この主張を退け、「消費者ないし消費者の動向を反映した販売店におい

て、……（事故現場から10キロ圏内の工場で作られた納豆製品の危険性を懸念して）これを敬遠し、取扱いを避けようとする心理は、一般に是認できるものであり、これによる原告の納豆製品の売上減少等は、本件臨界事故との相当因果関係が認められる限度で……損害として認めることができる」と判示している。これは、相当因果関係が認められる限度では、風評被害も原子力損害になるという判断となる。

中間指針では、「風評被害」について定義がおかれているが、「報道等により広く知らされた事実によって、商品又はサービスに関する放射性物質による汚染の危険性を懸念した消費者又は取引先により当該商品又はサービスの買い控え、取引停止等をされたために生じた被害を意味するもの」とされている。そのうえで、この「風評被害」についても、福島原発事故と相当因果関係のあるものであれば賠償の対象となり、その一般的な基準としては、「消費者又は取引先が、商品又はサービスについて、本件事故による放射性物質による汚染の危険性を懸念し、敬遠したくなる心理が、平均的・一般的な人を基準として合理性を有していると認められる場合」とされている。

原子力損害については、相当因果関係のある損害はすべて含まれ、いわゆる直接損害、間接損害の区別はない。

3　原子力事業者（原賠法2条3項）

原賠法では、規制法における以下のいずれかの許可・指定を受けた者を原子力事業者としている。
- 原子炉の設置許可を受けた者
- 核燃料物質の加工の事業の許可を受けた者
- 使用済み燃料の貯蔵の事業の許可を受けた者
- 使用済み燃料の再処理の事業の指定を受けた者
- 核燃料物質または核燃料物質によって汚染された物の廃棄の事業の許可を受けた者
- 核燃料物質の使用の許可を受けた者　等

たとえば、大学における研究用原子炉の設置者は、「原子炉の設置許可を

受けた者」として、原子力事業者に該当し、大学の研究用原子炉も原賠法の対象となる。

ここで注意を要するのは、電力会社が原子力発電所を設置・運営する場合、原子力発電所の事業所単位で許可をとり、「原子力事業者」となっているということである。

すなわち、福島第一原子力発電所という事業所が「原子力事業者」なのであり、東京電力自体が「原子力事業者」ではないということになる。もっとも、福島第一原子力発電所は、東京電力という法人の組織の一部であるから、結果的に、東京電力が原賠法上の責任を負うことになる。

III　無過失責任と異常に巨大な天災地変

> （無過失責任、責任の集中等）
> 第3条　原子炉の運転等の際、当該原子炉の運転等により原子力損害を与えたときは、当該原子炉の運転等に係る原子力事業者がその損害を賠償する責めに任ずる。ただし、その損害が異常に巨大な天災地変又は社会的動乱によって生じたものであるときは、この限りでない。
> 2　前項の場合において、その損害が原子力事業者間の核燃料物質等の運搬により生じたものであるときは、当該原子力事業者間に特約がない限り、当該核燃料物質等の発送人である原子力事業者がその損害を賠償する責めに任ずる。

1　無過失賠償責任

損害賠償には、債務不履行に基づく損害賠償請求（民法415条）と不法行為に基づく損害賠償請求（同法709条）がある。原賠法に基づく損害賠償は、制度の趣旨から考えて、不法行為に基づく損害賠償に限られると解されている。

原賠法3条は、「原子炉の運転等」と「原子力損害」の発生との間に相当因果関係があれば、原子力事業者の主観的要素（故意、過失、重過失等）の

いかんを問わず、原子力事業者に賠償責任を負わせるものであり、無過失賠償責任を規定するものである。

2 民法上の不法行為責任との関係

責任集中原則（原賠法3条1項、4条1項）により、原賠法の規定のうち、原子力損害の賠償責任に関して定める第2章の規定（同法3条〜5条）は、民法上の損害賠償に関する規定の特則であり、原賠法の規定が適用される範囲においては民法の規定は適用を排除されるものと解されており、具体的には、原子力損害の賠償に関しては、責任発生の要件と関連する民法709条、715条、717条の規定の適用は排除されると解されている（水戸地判平成20・2・27判タ1285号201頁、原子力賠償制度・52頁）。

3 相当因果関係

「により」と規定されているとおり、原子力事業者の無過失賠償責任も、「原子炉の運転等」と「原子力損害」との間に相当因果関係のあるものに限られる。

この相当因果関係による損害の範囲は、不法行為に基づく損害賠償（民法709条）と同様に、民法416条の類推適用によると考えられる。

判例は、富貴丸事件（大連判大正15・5・22民集5巻386頁）において、相当因果関係説を採用している。この事件では、甲所有の汽船（富貴丸）が、乙所有の汽船に衝突、沈没したため、甲が乙に対して不法行為に基づく損害賠償を請求した。甲は、沈没した汽船の価格、すでに結ばれていた傭船契約によってうべかりし傭船料を損害として、その賠償を請求した。大審院は、物の滅失・毀損の場合、物の時価を標準として算定された損害の賠償を得たときは、その物を将来使用することによってうべき利益に対する賠償を得たものというべきであり、もし、異常の利益を得られる特別の事情があったのに、不法行為によってそのうべかりし利益を失ったという場合には、その賠償が認められるためには、民法416条2項の規定に準拠して、不法行為の当時このような利益を確実に得られる特別の事情があることを、加害者が予見し、

または予見することができたことを、被害者が立証しなければならない、と判断した。

すなわち、原賠法に基づいて賠償の対象となる「原子力損害」は、原子力発電所の事故（「原子炉の運転等」）の時点において、①原子力事業者である東京電力が通常生ずべき損害として通常予見しうる範囲の損害（通常損害。民法416条1項類推適用）、および、②特別の事情によって生じた損害であって、当事者がその事情を予見し、または予見することができたことを、被害者が、立証して請求することができる損害（特別損害。同条2項類推適用）であると考えられる。

中間指針では、一定類型の損害について、被害者による因果関係の立証について緩和されている。

4 異常に巨大な天災地変または社会的動乱[1]
（原賠法3条1項ただし書）

(1) 異常に巨大な天災地変の定義

原賠法3条1項ただし書は、「異常に巨大な天災地変」または「社会的動乱」による「原子力損害」については、原子力事業者を免責している。反対に、原賠法3条1項ただし書に該当しない場合、原子力事業者は無限責任を負うことになる。

原子力事業者は、無過失責任を負担し、さらに責任集中原則によって排他的に責任を負うので、原子炉の運転等と相当因果関係を有する原子力損害は、すべて原子力事業者が賠償しなければならないことになり、危険責任の考え方に基づく責任としては酷にすぎる場合もあり得る。たとえば、戦争のような状況の中で原子炉が破壊され、核分裂生成物が大気中に放散されたような場合に、その被害を原子力事業者に賠償させるのはいきすぎであり、そもそも民事賠償の問題ではないと考えられる。そこで、不可抗力免責を認めたの

---

1 「異常に巨大な天災地変又は社会的動乱」については、内閣府原子力委員会のサイト〈http://www.aec.go.jp/jicst/NC/senmon/old/songai/siryo/siryo03/siryo3-6.htm〉における解説が有用である。

が原賠法3条1項ただし書である。

他方、被害者保護の観点からは、不可抗力免責を軽々しく認めるのは妥当でないので、原子力事業者の責任の免除事由を通常の「不可抗力」よりも大幅に限定し、賠償責任の厳格化を図っている（原子力賠償制度・55頁）。

原賠法3条1項ただし書は、昭和35年に調印されたパリ条約の規定を参考にしたものである。

ここにいう、「異常に巨大な天災地変」については以下のとおり「歴史上例のみられない大地震、大噴火、大風水災等」と定義されている。[2]

○「原子力賠償制度」
　「日本の歴史上余り例のみられない大地震、大噴火、大風水災等をいう」
○平成10年12月11日原子力委員会原子力損害賠償制度専門部会「原子力損害賠償制度専門部会報告書」（以下、「平成10年報告書」という）
　「一般的には歴史上例の見られない大地震、大噴火、大風水災等が考えられる」

原賠法3条1項ただし書に該当する場合には、原子力損害について賠償を行う者が存在しないことになる。しかし、このような場合には、原子力損害というよりはむしろ社会的、国家的災害であり、政府が被害者の救助および被害の拡大の防止に務めるべきことは当然であり、原賠法17条は、このことを念のために規定したものとされている（原子力賠償制度・56頁）。

なお、原子力損害賠償制度に関する国際条約であるパリ条約では「異常に巨大な天災地変（*a grave natural disaster of an exceptional character*）」が免責事由となっているのに対して、平成9年9月12日に採択された改正ウィーン条約においては、「異常に巨大な天災地変」が免責事由から削除されている（日本は、改正ウィーン条約を批准していない）。平成10年報告書においては、（改正ウィーン条約のように）異常に巨大な天災地変についても事業者に賠償責任を負わせるべきかに関して、以下のとおり否定的な見解を示している。

---
2 「社会的動乱」も、質的、量的に異常に巨大な天災地変に相当する社会的事件であることを要する。戦争、海外からの武力攻撃、内乱等がこれに該当するが、局地的な暴動、蜂起等はこれに含まれないと考えられる（原子力賠償制度・55頁）。

○平成10年報告書
(3) 我が国における免責事由の検討
　我が国は原賠法制定時に無過失・無限の賠償責任及びいわゆる責任の集中を制度として採用し、更に巨大な天災地変の場合にまで事業者に賠償責任を負わせることは妥当ではないと考えられる。
　また、異常に巨大な天災地変による原子力損害が生じた場合には、第17条で、国が被災者の救助及び被害の拡大の防止のため必要な措置を講じて被害者保護に遺漏なきを期すこととしている。
　以上の点を踏まえ、現行原賠法において異常に巨大な天災地変による原子力損害については国の救助措置が別途講じることとなっていることから、国際的水準との関係においては、改めて法改正を要しないと考えられる。

(2) 関東大震災との比較

　そして、「異常に巨大な天災地変」と関東大震災との比較については、以下のとおり、関東大震災の3倍程度の地震とするものが多い。

○昭和36年4月12日：杠文吉科学技術庁原子力局長
　「関東大地震よりも多少とも出ればというようなふうにわれわれは考えておりませんで、実に想像を絶すると申しましょうか、先ほど申し上げましたように、安全審査の点でも、関東大地震の二倍ないし三倍の地震に耐え得るという非常な安全度をとっておるわけであります。それさえももっと飛び越えるような大きな地震というふうにお考えいただければいいのではなかろうかと我々はそのように解釈しております」
○昭和36年5月23日：杠文吉科学技術庁原子力局長
　「関東大震災を例にとりますならば、それの三倍も四倍もに当たるような、そのような天災地変等がございましたおり、……そのような際には、超不可抗力というような考え方から、原子力事業者を免れさせる……」
○「原子力賠償制度」
　「日本の歴史上余り例のみられない大地震、大噴火、大風水災等をいう。例えば、関東大震災は巨大ではあっても異常に巨大なものとはいえず、これを相当程度上まわるものであることを要する」
○平成10年9月11日「第3回原子力損害賠償制度専門部会議事次第」の配布資

料「異常に巨大な天災地変」[3]
「一般的には日本の歴史上余り例の見られない大地震、大噴火、大風水災等が考えられる。例えば、関東大震災を相当程度（約3倍以上）上回るものをいうと解している」

ここで、何を基準に「関東大震災の3倍」とされるのかが問題となる。
この点、平成10年9月11日「第3回原子力損害賠償制度専門部会議事要旨（案）」[4]によれば、加速度が基準ではないかとされている。

○平成10年9月11日「第3回原子力損害賠償制度専門部会議事要旨（案）」
(5)免責事由（異常に巨大な天災地変）について
　事務局より資料3－6に基づき、説明があった後、主に次の質疑応答があった。
（村上）　結論は賛成だが、関東大震災の三倍以上とは、何が三倍ということか。また、社会的動乱と異常に巨大な天災地変との関係はどういうものか。
（下山）　一般的には、震度・マグニチュード・加速度であろうが、三倍といったときには、おそらく加速度をいったものであろう。関東大震災がコンマ2くらいなので、コンマ6程度のものか。発生した損害の規模でなく、原因、主に地震の規模であろう。
（事務局）　社会的動乱とは戦争、内乱等をいい、異常に巨大な天災地変とは別概念である。
（能澤）　原子炉は加速度で関東大震災の三倍までは耐えられるよう設計しているだろうが、一般の建物等の被害はそれをはるかに超えるものとなるだろう。
（部会長）　異常に巨大なといったときの基準は、現時点では加速度であろうと推定できる

　マグニチュード（地震のエネルギーを示す指標）を基準に3倍と考えれば関東大震災は、大正12年9月1日（土曜日）午前11時58分32秒（以下、日本時間）、神奈川県相模湾北西沖80キロメートル（北緯35.1度、東経139.5度）を震源として発生したマグニチュード7.9、海溝型の大地震（関東地震）による

3　http://www.aec.go.jp/jicst/NC/senmon/old/songai/siryo/siryo03/siryo3-6.htm
4　http://www.aec.go.jp/jicst/NC/senmon/old/songai/siryo/siryo04/siryo1.htm

災害であるところ、平成23年3月11日に起きた地震はマグニチュード9であるが、マグニチュードが1増えるとエネルギーは$10^{1.5×1}$倍（およそ31.6228倍）となり、関東大震災の約45倍のマグニチュードの地震であるので、「異常に巨大な天災地変」に認定される余地はあり得るだろう。

震度（地震の揺れの程度を示す指標）を基準にした場合は、東日本大震災は三陸沖で震度7を記録しているのに対して、関東大震災においても震度7の地域もあったようであるので、関東大震災の3倍とまではいいにくい。

これに対して、加速度（地震の単位時間あたりの速度の変化率を示す指標）については、東日本大震災は最大2933ガル（暫定値）であるのに対して、関東大震災については公式データがないものの200ガル程度とされているので、加速度を基準としても関東大震災の3倍以上といえるだろう。

もっとも、東日本大震災のマグニチュードは9.0であり、昭和35年のチリ地震（9.5）、昭和39年のアラスカ地震（9.2）、平成16年のインドネシア・スマトラ沖地震（9.1）に次いで、観測史上世界4番目の規模であり、この点に鑑みると、東日本大震災は「想像を絶する」地震とはいえず、「異常に巨大な天災地変」には該当しないという考え方もあるだろう。政府はこのような見解をとっている。

(3) 不可抗力

(ｱ) 不可抗力の定義

前記(1)のとおり、「異常に巨大な天災地変」や「社会的動乱」は不可抗力をさらに限定したものであるから、これらに該当する前提として、「不可抗力」に該当する必要性がある。

「不可抗力」については、法令上は定義がないものの、我妻榮ほか『我

---

5 ウィキペディア「関東大震災」（平成23年9月30日アクセス）〈http://ja.wikipedia.org/wiki/%E9%96%A2%E6%9D%B1%E5%A4%A7%E9%9C%87%E7%81%BD〉。

6 ウィキペディア「東日本大震災」（平成23年9月日アクセス）〈http://ja.wikipedia.org/wiki/2011%E5%B9%B4%E6%9D%B1%E5%8C%97%E5%9C%B0%E6%96%B9%E5%A4%AA%E5%B9%B3%E6%B4%8B%E6%B2%96%E5%9C%B0%E9%9C%87〉。

7 「大正12年 関東大震災 概要」〈http://www.sei-inc.co.jp/bosai/1923/〉。

8 http://mainichi.jp/select/weathernews/news/20110313k0000m040061000c.html

9 http://c3plamo.slyip.com/blog/archives/2011/01/post_1956.html

妻・有泉コンメンタール民法　総則・物権・債権〔第2版〕』761頁〜762頁以下の記載が参考になるだろう。

「不可抗力とは、外部からくる事実であって、取引上要求できる注意や予防方法を講じても防止できないものである。単に過失がないというだけでなく、よりいっそう外部的な事情である。たとえば、鉄道施設に瑕疵があって事故を生じたような場合に、善良な管理者の注意をしても防止できないものであれば、普通の意味における過失はないということになる。しかし、企業の内部に存する原因に基づくことにあるから、不可抗力とはならない。不可抗力とは、大地震・大水害などの災害や、戦争・動乱などが代表的な例とされる。単なる第三者の行為などは、通常、不可抗力とはいわない」。

すなわち、不可抗力というためには、単に大地震・大水害などの災害や、戦争・動乱などの外部的な事情が生じることだけではなく、合理的に予見可能な結果回避措置をとっていたことが必要になると考えられる。以下の国際的な商事原則や条約においてもこのように考えられている。

〈ユニドロワ国際商事契約原則〉
　（不可抗力）
第7条
(1)　債務者は、その不履行が自己の支配を越えた障害に起因するものであることを証明し、かつ、その障害を契約締結時に考慮しておくことまたはその障害もしくはその結果を回避し、もしくは克服することが合理的にみて期待しうるものでなかったことを証明したときは、不履行の責任を免れる。
(2)　障害が一時的なものであるときは、前項の免責は、その障害が契約の履行に及ぼす影響を考慮して合理的な期間についてのみその効力を有する。
(3)　履行をしなかった債務者は、その障害およびその障害が自己の履行能力に及ぼす影響について債権者に通知しなければならない。その通知が、債務者が障害を知りまたは知るべきであった時から合理的期間内に債権者に到達しないときには、債務者は、不到達の結果生じた損害につき責任を負う。

〈国際物品売買契約に関する国際連合条約〉
第79条
(1)　当事者は、自己の義務の不履行が自己の支配を超える障害によって生じた

こと及び契約の締結時に当該障害を考慮することも、当該障害又はその結果を回避し、又は克服することも自己に合理的に期待することができなかったことを証明する場合には、その不履行について責任を負わない。

(2)(3)　（略）

〈フランス民法改正草案〉

カタラ草案1349条

(1)　損害が不可抗力の性質を有する外在的事由によるときは、責任を負わない。

(2)　外在的事由は、偶然の事象、被害者の所為、または被告が責任を負わない第三者の所為から生じ得る。

(3)　不可抗力は、被告が予見し得ないまたは適切な処置によっても結果の回避が不可能な抑え難い事態に存する。

　福島原発事故においては、直接的には14メートル以上といわれる津波による被害によりもたらされたことに鑑みると、津波対策が不十分であったということで、そもそも、「異常に巨大な天災地変」に該当する前提である「不可抗力」ではなく、東京電力に結果回避のための予見可能な合理的な措置をとらなかったという過失と、原子力損害の間に因果関係があったのではないかということが問題となり得る。

(ｲ)　津波への対応措置

　東京電力は、昭和41年の福島第一原子力発電所の設置許可申請時、昭和39年のチリ地震津波での水位変動を考慮して、津波の高さを想定した。福島県小名浜地方の年平均潮位より3.1メートル高い水位（引き波時の下降水位はマイナス1.9メートル）と想定した。その後、土木学会が、平成14年に「原子力発電所の津波評価技術」をまとめたのを受けて、東京電力は津波に対する安全性評価を見直した。マグニチュード8.0の地震による津波を想定し、津波の最大高さは5.7メートル、引き波時の下降水位はマイナス3.0メートルとした。東京電力によればこの時、原子炉の冷却に必要な取水ポンプの設置方法を見直すなどの対策を講じている。平成18年9月、政府の原子力安全委員会は新耐震指針を制定し、経済産業省原子力安全・保安院が各原子力発電所の事業者に耐震安全性の再評価を指示した。なお、昭和56年の耐震指針制定後、

Ⅲ 無過失責任と異常に巨大な天災地変　*21*

初めての本格的な改定であったが、津波に関しては「施設の供用期間中に極めてまれではあるが発生する可能性があると想定することが適切な津波によっても、施設の安全機能が重大な影響を受けるおそれがないこと」という一文のみで定性的な表現にとどまっている。

平成21年6月24日の総合資源エネルギー調査会原子力安全・保安部会耐震・構造設計小委員会　地震・津波、地質・地盤合同ワーキンググループ（第32回）において、岡村行信委員（地質学者）は、政府の想定しているプレート間地震は、1930年代の塩屋崎地震（マグニチュード7.36程度）であるところ、歴史上あった貞観の地震（西暦869年）はマグニチュード8.5前後であったのであるから、これを前提とした対策を講じるべきではないかという指摘をしている（議事録29頁）。貞観の地震では、塩屋崎地震と比べ物にならないほど大きな津波が生じたという（議事録16頁）。

また、福島第一原子力発電所を襲った津波の高さは14メートルを超えたが、そこから北に約120キロメートル離れた太平洋岸にある東北電力株式会社の女川原子力発電所においては、女川町を襲った津波は17メートルクラスだったとする調査結果が出ているにもかかわらず、津波で、女川原子力発電所の1～3号機のうち、2号機の原子炉建屋の地下3階が浸水したが、原子炉を冷やすために不可欠な電源が失われることはなかった。女川原子力発電所の安全審査で想定した津波の高さは最大9.1メートルであり、津波の想定を大きく上回ったのは、福島第一原子力発電所と同じであったにもかかわらず、被害が小さかった理由について、東北電力は、「詳しい経緯は今後の調査を待たなければならないが、余裕を持った造りが大きかったと考えられる」としている。

この点、東京電力は平成23年8月24日、福島第一原子力発電所に最大10.2

10　岡村行信委員が2年前に指摘していたことについては、ニュースにおいても取り上げられている〈http://kenplatz.nikkeibp.co.jp/article/const/news/20110323/546577/〉。
11　http://www.nisa.meti.go.jp/shingikai/107/3/032/gijiroku32.pdf
12　http://www.cnn.co.jp/world/30002280.html
13　Asahi.com「なぜ女川原発は無事だった　津波の高さは福島と同程度」〈http://www.asahi.com/national/update/0330/TKY201103300517.html〉。

メートルの津波がきて、押し寄せる水の高さ（遡上高）が15.7メートルになる可能性があることを平成20年に社内で試算していたことを明らかにした。

　もともと、東京電力は平成14年の土木学会の津波評価を基に、福島第一原子力発電所での想定津波の高さを最大5.7メートルと設定していた。しかし、平成20年に、西暦869年の貞観地震や国の地震調査研究推進本部の見解などを基に、巨大地震時の津波の規模を試算したところ、福島第一原子力発電所の5〜6号機にくる津波が10.2メートル、防波堤南側からの遡上高は15.7メートルという結果をまとめた。この試算については、東京電力の経営陣も把握しており、試算を踏まえて対策していれば原子炉が炉心溶融するという最悪の事態を回避できた可能性があった。[14]

　これらの事情を考慮して、合理的に予見可能な結果回避措置がとられていなかったものとして、「異常に巨大な天災地変」の前提たる「不可抗力」に該当しないという考え方もあり得るかもしれない。

　㈦　原子力安全委員会の「発電用軽水型原子炉施設に関する安全設計審査指針」

　平成2年に原子力安全委員会によって定められた「発電用軽水型原子炉施設に関する安全設計審査指針」（以下、「安全指針」という）の項目の1つである「電源喪失に対する設計上の考慮」では、外部電源などの全交流電源が短時間喪失した場合に、原子炉を安全に停止し、その後の冷却を確保できる設計であることを要求しているが、その解説で、長期間の電源喪失は「送電線の復旧または非常用交流電源設備の復旧が期待できるので考慮する必要はない」としている。

　福島第一原子力発電所では、地震後に外部電源が切れ非常用電源も機動しない状態が続いて事故が発生したが、前記の国の指針に照らせば、原子力事業者である福島第一原子力発電所には過失がなかったとも評価できる。

○「安全委、『電源喪失は考慮不要』原発対策遅れの原因か」平成23年4月6日静岡新聞
　東京電力福島第1原発では、地震後に外部電源が切れ非常用電源も起動しな

14　平成23年8月25日日本経済新聞朝刊。

い状態が続いて事故が拡大したが、国の原子力安全委員会の指針で原発の設計の際に「長期間にわたる全電源喪失を考慮する必要はない」と規定されていることが6日、分かった。

　電力会社は国の指針に基づいて原発を設計、建設しており、この規定が設備の不備や対策の遅れにつながった可能性もある。

　今回の事故を受け、経済産業省は3月末に、津波による長期の電源喪失に備えて非常用電源を確保するよう電力会社などに指示したが、電力関係者からは「そもそも国の指針に不備があるのではないか」との声も出ている。

　指針は1990年に定めた「発電用軽水型原子炉施設に関する安全設計審査指針」。

　59項目のうち、27番目の「電源喪失に対する設計上の考慮」で、外部電源などの全交流電源が短時間喪失した場合に、原子炉を安全に停止し、その後の冷却を確保できる設計であることを要求。

　その解説で、長期間の電源喪失は「送電線の復旧または非常用交流電源設備の復旧が期待できるので考慮する必要はない」としている。

　第1原発は地震で外部電源を喪失。復旧に10日程度かかり、非常用電源も一部しか機能しなかったため原子炉が冷却できず、核燃料の損傷や原子炉建屋の爆発が起きた。

　経産省の関係者は「指針は必要に応じて見直すべきではないか」としている。

　また、中部電力浜岡原発1～4号機の運転差し止めを求めた住民訴訟では2007年、静岡地裁が「停電時非常用ディーゼル発電機の二台同時の機動失敗等の複数同時故障を想定した安全評価をする必要はない」と、長時間の電源喪失を想定する必要はないと判断を示している。

(4)　政府の立場

　政府は平成23年5月2日の予算委員会における福島みずほ議員（社会民主党）の枝野幸男官房長官（当時）への質疑において、平成23年3月11日に起きた地震およびそれに伴う津波が「異常に巨大な天災地変」には該当しないとの立場を明らかにした。

福島みずほ君　地域独占はやめるべきです。
　官房長官、東京電力の賠償に上限はないという理解でよろしいですね。

国務大臣（枝野幸男君） 御承知のとおり、原子力損害の賠償に関する法律では、原子炉の運転等の際の事故により損害を生じた場合には、原子力事業者がその損害を賠償する責めに任ずるという無過失責任が規定をされております。これにはただし書で、その損害が異常に巨大な天災地変又は社会的動乱によって生じたものであるときはこの限りではないという例外規定がございますが、昭和36年の法案提出時の国会審議において、この異常に巨大な天災地変について、人類の予想していないような大きなものであり、全く想像を絶するような事態であるなどと説明されております。

　今回の事態については、国会等でもこうした大きな津波によってこうした事故に陥る可能性について指摘もされておりましたし、また、大変巨大な地震ではございましたが、人類も過去に経験をしている地震でございます。そうした意味では、このただし書に当たる可能性はない、したがって上限はないというふうに考えております。

(5) 金融機関の考え方

　全国銀行協会は、平成23年3月11日に起きた地震およびそれに伴う津波による損害が、原賠法3条1項ただし書の「異常に巨大な天災地変」に該当する余地があるという立場に立っている。

○「原賠法『東京電力、免責の余地も』全銀協会長が見解」平成23年4月15日　電力新聞[15]

　奥正之・全国銀行協会会長（三井住友フィナンシャルグループ会長）は14日の定例会見で、福島第一原子力発電所事故を受けた東京電力の賠償問題に触れ、損害が異常に巨大な天災地変などで生じた場合、原子力事業者は賠償責任を負わないとする趣旨の原子力損害賠償法第3条のただし書きが適用される余地がある、との認識を示した。奥会長は原賠法について「被害者の早期救済と、原子力事業の健全な発展という2つの目的がある」と指摘し、法の目的を果たすために政府が積極的に関わる必要があるとの認識を示した。

　奥会長は会見で「今回の事故は因果関係から言うと、結果的に想定以上の津波で被害が拡大している」との認識を示した上で、「因果関係を考え、原賠法第3条の本則とそのただし書きや、法律ができるまでの国会答弁、委員会の議

---

[15] http://www.shimbun.denki.or.jp/news/energy/20110415_01.html

事録をよく読み込む必要がある」と指摘した。
　また奥会長は「我々からみると東京電力のみならず各地の電力事業者が市場で自立できる財務内容を保つことが『健全な発展』と考えられる」と指摘。「このことを国としてしっかり受け止め、コミットしてもらうのが大事」と強調した。銀行業界としての東京電力への追加融資の条件については「財務の健全性や変動状況などを、総合的に検討する必要がある」との考えを示した。

(6)　東京電力の立場

　東京電力は平成23年3月11日に起きた地震およびそれに伴う津波が「異常に巨大な天災地変」に該当するという立場であったが、国（原子力損害賠償支援機構）から支援を受けるにあたって、この主張を表立っては主張していない。
　原子力損害賠償支援機構からの特別援助を受けた場合には、抗弁事由としての「異常に巨大な天災地変」の主張を放棄したものと解される余地があるだろう（少なくとも、裁判上、相手方からはそのような主張がなされるであろう）。

○「東京電力、賠償免責の認識『巨大な天変地異に該当』」平成23年4月28日朝日新聞
　福島第一原発の事故に絡み、福島県双葉町の会社社長の男性（34）が東京電力に損害賠償金の仮払いを求めた仮処分申し立てで、東京電力側が今回の大震災は原子力損害賠償法（原賠法）上の「異常に巨大な天災地変」に当たり、「（東京電力が）免責されると解する余地がある」との見解を示したことがわかった。
　原賠法では、「異常に巨大な天災地変」は事業者の免責事由になっており、この点に対する東京電力側の考え方が明らかになるのは初めて。東京電力側は一貫して申し立ての却下を求めているが、免責を主張するかについては「諸般の事情」を理由に留保している。
　東京電力側が見解を示したのは、東京地裁あての26日付準備書面。今回の大震災では免責規定が適用されないとする男性側に対して、「免責が実際にはほとんどありえないような解釈は、事業の健全な発達という法の目的を軽視しており、狭すぎる」と主張。「異常に巨大な天災地変」は、想像を超えるような非常に大きな規模やエネルギーの地震・津波をいい、今回の大震災が該当する

とした。

一方、男性側は「免責規定は、立法経緯から、限りなく限定的に解釈されなければならない」と主張。規定は、天災地変自体の規模だけから判断できるものではなく、その異常な大きさゆえに損害に対処できないような事態が生じた場合に限って適用されるとして、今回は賠償を想定できない事態に至っていないと言っている。

菅政権は東京電力に第一義的な賠償責任があるとの立場で、枝野幸男官房長官は東京電力の免責を否定しているが、男性側代理人の松井勝弁護士（東京弁護士会）は「責任主体の東京電力自身がこうした見解を持っている以上、国主導の枠組みによる賠償手続きも、東京電力と国の負担割合をめぐって長期化する恐れがある」と指摘。本訴訟も視野に、引き続き司法手続きを進めるという。これに対して、東京電力広報部は「係争中であり、当社からのコメントは差し控えたい」と言っている。（隅田佳孝）

○「東京電力社長『賠償免責規定の適用あり得る』」平成23年4月30日日経ネット

東京電力の清水正孝社長は28日、賠償範囲の第1次指針が出たことについて「指針を分析、精査しながら公正に進めていく」と述べ、補償手続きを急ぐ姿勢を示した。

原子力損害賠償法には、異常に巨大な天災などの場合は電力会社は免責になるとの例外規定がある。政府は同法の原則通り、補償責任は東京電力にあると判断している。これに対して清水社長は「（免責理由に当たるという）理解もあり得ると考えている」と政府に再考を求める考えを示した。

IV 責任の集中

第4条　前条の場合においては、同条の規定により損害を賠償する責めに任ずべき原子力事業者以外の者は、その損害を賠償する責めに任じない。

2　前条第1項の場合において、第7条の2第2項に規定する損害賠償措置を講じて本邦の水域に外国原子力船を立ち入らせる原子力事業者が損害を賠償する責めに任ずべき額は、同項に規定する額までとする。

3　原子炉の運転等により生じた原子力損害については、商法（明治32年法律

第48号）第798条第１項、船舶の所有者等の責任の制限に関する法律（昭和50年法律第94号）及び製造物責任法（平成６年法律第85号）の規定は、適用しない。

1　意義・趣旨

「責任集中原則」とは、無過失責任、無限責任と並ぶ、原賠法上の損害賠償責任の特徴である。責任集中原則には、①原子力事業者以外は責任を負わないということと、②原賠法上の損害賠償のみが認められる、という２つの意味がある。

原賠法３条１項の規定は、原子力損害について無過失責任を負うべき者を定めているが、その原子力損害の発生につき原因を与えている他の者が民法またはその他の法律（国家賠償法、自動車損害賠償保障法等）に基づいて責任を有する場合においては、これらの者もまた（無過失責任ではないにしても）賠償責任を有するものとみなされる余地があるため、特に責任を負う原子力事業者以外の者は一切責任を有しない旨を明白にしたものである（原子力賠償制度・12頁）。

責任集中原則の趣旨は、以下のとおり２つある。
① 責任を集中させたほうが被害者が賠償請求の相手方を容易に認識することができる
　　被害者は、原子炉のメーカーが誰であるか、あるいは資材を供給した会社がどこであるかを考えずに、原子力事業者を訴えればよいとするものである。
② 原子力事業者に機器等を提供している関連事業者の地位を安定させ、原子力事業の発展を図る
　　巨大な賠償責任をおそれて、メーカー等が原子力関連設備などをつくることを避けるという事態になりかねない（もちろん、関連事業者を原子力事業者との関係でも免責するというわけではなく、原賠法５条では、故意による場合に限ってはいるが、原子力事業者から求償を受けることになって

いる)。

2 他の国における責任集中原則

責任集中原則は、原子力損害賠償に関する改正パリ条約、改正ウィーン条約、補完条約などの国際条約や、フランス、スイスなど他の国の原子力損害賠償制度においても同様にとられている。

日本の原賠法のモデルとなったとされる米国のプライス・アンダーソン法では、これとは若干異なる「経済的責任集中原則」がとられている。これは、米国では不法行為法（tort）に関しては、州法が適用されるので、原子力事業者以外の者（原子力事業関連事業者）も第三者から損害賠償請求を受け得るものの、原子力事業者からその賠償金について塡補されるため、実質的には責任集中原則と同じものと考えられる。

3 責任集中原則の適用範囲

(1) 全面適用説

前記1のとおり、原子力賠償制度・59頁においては、民法またはその他の法律（国家賠償法、自動車損害賠償保障法等）に基づいて責任を有する可能性を排除するために、原賠法4条がおかれたこととされており、立案担当者は、民法上の不法行為に基づく損害賠償請求（民法709条）に基づく請求や、国家賠償法に基づく国や地方公共団体への損害賠償請求は認められないと考えている。

この点、原賠法4条3項において、「原子炉の運転等により生じた原子力損害については、……製造物責任法の規定は、適用しない」と明記されていることから、責任集中原則が適用されるのは、製造物責任法にすぎないという極端な見解もあるが、責任集中原則の趣旨である、①被害者の保護や、②原子力関連事業者の地位の安定からすれば、このような見解は妥当ではないだろう。

(2) 国家賠償請求可能説

これに対して、国家賠償法に基づく国や地方公共団体への損害賠償請求に

関しては、責任集中原則によっても妨げられないという見解が根強い。

(ア) 国に対して損害賠償請求をする趣旨

国に対してあえて損害賠償請求する趣旨は、①東京電力の資金の問題と、②国の姿勢をただすということである。

すなわち、確かに、現状では、原子力損害賠償支援機構法の成立もあり、当面、東京電力の倒産危機もなくなり、仮払いも滞りなく行われているので、あえて国に対して請求しなくてもよいのではないかとも考えられる。福島原発事故による被害は、数兆から数十兆円の規模といわれている。しかし、原賠法上は、1事業所あたり1200億円を上限とする補償措置が講じられているだけである。したがって、これと東京電力の資力での賠償では明らかに資金的に不足している（東京電力の資金の問題）。

原賠法16条は、そのような場合に、必要があると認めるときは、原子力事業者に対して、原子力事業者が損害を賠償するために「必要な援助」を行うものとしている。しかし、これは国の義務として行うものではないし、この援助を行うためには、必要性を含めて、国会の議決を経ることが必要となる。したがって、その場合の支援は、被害者の損害を全額賠償するためのものにはならない可能性も否定できない。これに対して、国の法的責任が認められれば、国には被害者への積極的な賠償なり支援が求められるので、国の姿勢が大きく変化し、補償が大きく前進することが期待できると考えられる（国の姿勢をただす）。

(イ) 国家賠償請求を認める理論的構成

原賠法上の責任集中原則の下、国家賠償請求が可能であるという見解には以下の2つの見解が考え得る。

(A) 国家賠償法当然適用説

原賠法の責任集中原則は、被害者の保護と原子力事業関係者の地位の安定にあるというわけなので、その射程距離はその立法趣旨の範囲に限られると解する余地がある。すなわち、原子炉メーカー等を免責するのが目的であり、国まで免責する趣旨は含まれていないと考えるのである。

下記(B)における憲法論を持ち出すまでもなく、国家賠償法に基づく国家賠

償請求が認められることになるのではないかと考えるのである。

(B) 国家賠償法の適用が憲法を介して可能とする見解

　責任集中原則は、国家賠償法に基づく国家賠償請求を妨げるものとして違憲となると考えられる。憲法17条には、「何人も、公務員の不法行為により、損害を受けたときは、法律の定めるところにより、国又は公共団体に、その賠償を求めることができる」と規定している。

　憲法17条は、（通説はプログラム規定であり、立法者に対する命令を意味するにとどまり、法規範性はないとされているが）「法律の定めるところにより」としており、具体的な法律の定めに従うように読めなくもない。通説とされてきた17条に関するプログラム規定説は、これを根拠に、国家賠償法制定前には、国に対する損害賠償請求権はないと説明していた。しかし、現在では、この規定は、抽象的権利を定めた規定と解する見解が有力である。

　また、国家賠償法が制定され、公務員の不法行為責任について国が責任を負うという具体的な規定ができた後に、原賠法がこれを免責するかのような規定をおいたという経緯がある。つまり、国家賠償法という法律の規定により国の賠償責任は、憲法に根拠を有する具体的権利となっているので、これを免責するかのような原賠法4条1項は、その限りで憲法違反として無効となると解することができる。

　最高裁判所は、特別送達郵便物について損害賠償責任が認められる場合を、郵便物をなくした場合等に制限した郵便法を違憲とする判断について、「憲法17条は、……国又は公共団体が公務員の行為による不法行為責任を負うことを原則とした上、公務員のどのような行為によりいかなる要件で損害責任を負うかを立法府の判断に委ねたものであって、立法府に……白紙委任を認めているものではない」とし、免責・責任制限規定の合憲性いかんは、「当該行為の態様、これによって侵害される法的利益の種類及び侵害の程度、免責又は責任制限の範囲及び程度等に応じ、当該規定の目的の正当性並びにその目的達成の手段として免責又は責任制限を認めることの合理性及び必要性を総合的に考慮して判断すべき」としている（最判平成14・9・11民集56巻7号1439頁）。すなわち、憲法17条は、不法行為責任を国が負うことを前提と

したものであり、これに反する法律は立法府の裁量の範囲を逸脱しているものと構成できるように思われる。

　原賠法の責任集中原則の目的は、①被害者のために請求先を特定するという機能と、②原子力産業に携わる関連事業者の地位の安定を目指したものということであるが、国に対する損害賠償請求ができることとされたからといって、この2つの目的が達成できないとは考えられない。一方で、被害住民や国民の受ける被侵害利益や侵害の程度は重大である。それにもかかわらず、国家賠償の途を全くふさいでしまう原賠法4条は、手段としての必要性や合理性に欠けるといってよいのではないか。

　㈦　国家賠償法の具体的適用

　損害賠償は、国家賠償法1条によることになる。同条1項は、「国又は公共団体の公権力の行使に当る公務員が、その職務を行うについて、故意又は過失によって違法に他人に損害を加えたときは、国又は公共団体が、これを賠償する責に任ずる」と規定している。そこで、この「公務員」の範囲が問題となる。

　安全指針を策定した原子力安全委員会は、日本の行政機関の1つで、内閣府の審議会の1つと位置づけられており、委員は、特別職の国家公務員とされている。そして、その役割は、原子力利用の安全の確保のための規制に関し、企画し、審議し、決定することとされているので、実質的にも公権力の行使にあたる公務員といえるように思われる。

　また、規制法では、原子炉設置許可は主務大臣の権限とされているので、この指針に基づいて、福島第一原子力発電所の設置許可をし、そのままの基準で放置した等の事実を基に、主務大臣を「公務員」ととらえるべきではないかとも考え得る。

　㈣　「過失」の構成

　安全指針は、原子炉の設置許可申請等に係る安全審査において、安全性確保の観点から設計の妥当性について判断する際の基礎を示すことを目的としている。そして、この指針の意義、解釈をより明確にしておく等の趣旨で「解説」[16]がされた。

安全指針には、短時間の全交流動力電源の喪失に関してしか書かれてないが、解説では、「長期間にわたる全交流動力電源喪失は、送電線の復旧又は非常用交流電源設備の修復が期待できるので考慮する必要はない」とされている。

　報道されているとおり、福島原発事故では、送電線の鉄塔が倒れて長時間外部電源が途絶え、非常用ディーゼル発電機も津波でほとんどが浸水し、炉内の核燃料を冷やせず炉心溶融を引き起こした。福島原発事故の一因は、まさに国の基準の誤りが原因であったといわれるゆえんはこの点にある。

　もっとも、福島第一原子力発電所の1号機から4号機までが設置された昭和40年代には、どういう指針なり安全基準が適用されていたのかという点は確認の必要がある。

　送電線の鉄塔の倒壊は地震によるものであるし、発電機の問題は津波によるものである。そこで、この種の全電源喪失を引き起こす事態を考慮する必要性ついて、いつの段階で専門家の間で認識されるようになったのかを調査する必要があるのである。

　平成23年8月25日の報道では、東京電力は、平成20年6月の時点で、福島県沖でのマグニチュード8クラスの地震が発生する可能性があり、その場合の津波の遡上高さを1～4号機で15.7メートルとしていたことを知っていたとされているし、米国の原子力規制委員会は、20年以上前に、福島型を含むいくつかの原子炉について、地震により発電機の破損等の故障が起きて、高い確率で冷却機能不全が起こることをレポートで警告していた。また、平成18年には、国会質問において、福島第一原子力発電所を含む43基の原子力発電所について、地震により電源喪失状態等が起こりうることが指摘されていた事実がある。したがって、今後の調査にもよるが、国の誤った指導（解説）を過失と構成する余地はあり得るのではないか。

16　原子力安全委員会決定「発電用軽水型原子炉施設に関する安全設計審査指針について（平成2年8月30日）」〈http://www.mext.go.jp/b_menu/hakusho/nc/t19900830001/t19900830001.html〉.

4 責任集中原則に関する判例

東海村のJCOの臨界事故に関する損害賠償訴訟に関する地方裁判所の判決では、原賠法4条1項が、「原子力事業者以外の者が責任を負わないことを明記しているため、……原子力事業者に該当しない被告住友金属鉱山……に対しては、……民法を含むその他のいかなる法令によっても、当該損害の賠償をすることはできない」としている（水戸地判平成20・2・27判時2003号67頁）。なお、この判断は東京高等裁判所でも是認されている。

V 求償権

> （求償権）
> 第5条　第3条の場合において、その損害が第三者の故意により生じたものであるときは、同条の規定により損害を賠償した原子力事業者は、その者に対して求償権を有する。
> 2　前項の規定は、求償権に関し特約をすることを妨げない。

前記IVのとおり、原賠法上の損害賠償責任については、責任集中原則がとられ、原子力事業者に責任が集中するが、原子力事業者が全く第三者に対して求償できないということではなく、原賠法5条により一定の範囲内での求償が認められている。

もっとも、第三者に故意がある場合（原賠法5条1項）、および求償権の特約（同条2項）がある場合に限られる。

福島原発事故の場合、東京電力以外の第三者の故意があって事故が発生したとはいい得ないので、東京電力は第三者に対して求償することはできないと考えられる。

VI 損害賠償措置の内容

<原賠法>
（損害賠償措置を講ずべき義務）
第6条　原子力事業者は、原子力損害を賠償するための措置（以下「損害賠償措置」という。）を講じていなければ、原子炉の運転等をしてはならない。
（損害賠償措置の内容）
第7条　損害賠償措置は、次条の規定の適用がある場合を除き、原子力損害賠償責任保険契約及び原子力損害賠償補償契約の締結若しくは供託であつて、その措置により、一工場若しくは一事業所当たり若しくは一原子力船当たり1200億円（政令で定める原子炉の運転等については、1200億円以内で政令で定める金額とする。以下「賠償措置額」という。）を原子力損害の賠償に充てることができるものとして文部科学大臣の承認を受けたもの又はこれらに相当する措置であつて文部科学大臣の承認を受けたものとする。
2・3　（略）
（原子力損害賠償補償契約）
第10条　原子力損害賠償補償契約（以下「補償契約」という。）は、原子力事業者の原子力損害の賠償の責任が発生した場合において、責任保険契約その他の原子力損害を賠償するための措置によつてはうめることができない原子力損害を原子力事業者が賠償することにより生ずる損失を政府が補償することを約し、原子力事業者が補償料を納付することを約する契約とする。
2　補償契約に関する事項は、別に法律で定める。

<原賠法施行令>
（賠償措置額）
第2条　法第7条第1項に規定する政令で定める原子炉の運転等は次の表の各号に規定する原子炉の運転等とし、当該原子炉の運転等について同項に規定する政令で定める金額は当該原子炉の運転等の区分に応じ当該各号に定める金額とする。（中略）

1	熱出力が1万キロワットを超える原子炉の運転（当該原子炉の運転に付随してする前条第6号イからハまでに掲げる物（以下「核燃料物質等」という。）の当該原子炉の運転が行われる工場又は事業所における運搬、貯蔵又は廃棄（次号又は第3号のいずれかに該当するものを除く。）を含む。）	1200億円
2〜22	（略）	（略）

　原賠法6条では、原子力事業者は、原子力損害を賠償するための措置を講じていなければ、原子炉の運転等をしてはならないこととしている。そして、原賠法7条では、原子力事業者に対して、原子力損害賠償責任保険契約および原子力損害賠償補償契約の締結もしくは供託を求めている。

　これは、賠償義務の確実の履行を担保するため、原子力事業者に対し賠償責任保険の締結、供託その他の措置を強制している。これによって、被害者の損害賠償請求権は現実性を与えられ、また、一方、原子力事業者にとっても、偶発的な賠償負担が経常的支出に転化せしめられるとされている（原子力賠償制度・13頁）。

　損害賠償措置としては、①日本原子力保険プールとの原子力損害賠償責任保険契約（8条）、および②政府との原子力損害賠償補償契約（10条）の2種類がある。通常の場合は、①が用いられるが、天災の場合、正常運転による場合、後発損害の場合は、②が用いられることになっている。福島原発事故は天災に起因するものなので、①は用いられず、②を用いることとされている。

　原賠法7条は、損害賠償措置の種類および金額について規定する。これについては、「原子力損害賠償責任保険契約」および「原子力損害賠償補償契約」の締結であって1200億円または政令で定める金額を原子力損害の賠償にあてることができるものとして、文部科学大臣の承認を得たもの、または、②現金または有価証券の供託であって1200億円または政令で定める金額を原子力損害の賠償にあてることができるものとして、文部科学大臣の承認を得

たものである。

　この損害賠償措置は、「一工場若しくは一事業所当たり若しくは一原子力船当たり」のものである。すなわち、福島原発事故の場合、東京電力の福島第一原子力発電所について1200億円の損害賠償措置がなされることになる。同様に、東日本大震災で放射能漏れが生じた福島第二原子力発電所については、別の事業所として損害賠償措置が講じられることになる。

Ⅶ　国の措置

> （国の措置）
> 第16条　政府は、原子力損害が生じた場合において、原子力事業者（外国原子力船に係る原子力事業者を除く。）が第3条の規定により損害を賠償する責めに任ずべき額が賠償措置額をこえ、かつ、この法律の目的を達成するため必要があると認めるときは、原子力事業者に対し、原子力事業者が損害を賠償するために必要な援助を行なうものとする。
> 2　前項の援助は、国会の議決により政府に属させられた権限の範囲内において行なうものとする。
> 第17条　政府は、第3条第1項ただし書の場合又は第7条の2第2項の原子力損害で同項に規定する額をこえると認められるものが生じた場合においては、被災者の救助及び被害の拡大の防止のため必要な措置を講ずるようにするものとする。

1　賠償措置額を超える原子力損害が発生した場合（原賠法16条）

　原賠法16条は、原子力損害が同法7条（前記Ⅴ参照）の賠償措置額を超えることとなった場合における政府の措置について規定したものである。賠償措置額を超える原子力損害がわが国で発生することは極めて考えがたいが、原賠法16条は、万一の場合への備えとしての政府の援助措置を規定するものであるとされている（原子力賠償制度・102頁）。

福島第一原子力発電所の事故が「異常に巨大な天災地変」によるものとされない場合には、原賠法16条が適用される。この事故による損害は、最悪の場合約10兆円に上る可能性があるとされており[17]、原賠法7条に基づく1200億円（福島第二原子力発電所と合わせても2400億円）を優に超えている。この場合、東京電力が無限責任を負うのが原則である。

　「この法律の目的を達成するため必要があると認めるとき」については、被害者の保護を図り、および原子力事業の健全な発達に資するというこの法律の2つの目的に照らして判断することになる。損害の規模、事故発生の態様、原子力事業者の資力等、損害発生の際の具体的事情に応じて判断することになる。「必要であるかどうか」は、政府が判定するが、その判断はこの法律の目的の達成という基準に基づかなければならない。この判断に基づいてとった政府の措置は、国会に報告しなければならない。（原子力賠償制度・104頁）

　原子力賠償制度・104頁によれば、「損害が賠償措置額を超え、かつ、法律の目的を達成のために必要と認めるときは、必ず援助を行うものとする趣旨である。この点に関しては、立法時の国会における審議の過程で、当時の故池田科学技術庁長官は、『政府の援助は、この法律の目的、すなわち、被害者の保護を図り、また、原子力事業の健全な発達に資するために必要な場合には必ず行なうものとする趣旨であります。従って、一人の被害者も泣き寝入りさせることなく、また、原子力事業者の経営を脅かさないというのが、この立法の趣旨で』あると述べている」とされている。

　政府の援助は、国会の議決により政府に属させられた権限の範囲内において行われる（原賠法16条2項）。原賠法16条における国の援助は、国の義務として行われるものではなく、かつ、国会の議決が必要となる点に留意する必要がある。この点、我妻榮教授は、「原子力二法の構想と問題点」ジュリスト236号6頁で以下のように指摘している。

　「これ（筆者注：原賠法16条）について注意すべきことの一つは、この法律

17　「東京電力株は3日連続ストップ安、原発や国有化懸念－賠償10兆円とも(1)」Bloomberg.com 〈http://www.bloomberg.co.jp/apps/news?pid=90920000&sid=alK65DGd4fSE〉。

の目的として、『被害者の保護を図り、及び原子力事業の健全な発達に資すること』と宣言されていること（一条）。もう一つは、援助をするといってはいるものの具体的に政府の義務とはされていない。事業者に資力がなく被害者に充分の賠償をすることができなくとも国会が権限を与えなければどうにもならない、ということである」、「ⓒ（筆者注：原賠法16条）は、事業者の助成と保護という衣を着て、煮え切らない態で『援助』するというだけである（一六条）。実際問題としては、政府と国会の良識によって被害者が保護されることになるであろう。しかし、法律上の具体的な義務とはなっていない。国際条約で賠償の最低額として50億円（筆者注：立法当時の原賠法の損失補償・損害保険の額）を趣える（ママ）額が定められた場合には、これでは他の国を満足させることにはなるまい」。

2　原子力事業者が免責される場合（原賠法17条）

　原賠法17条は、同法3条1項ただし書に該当する「異常に巨大な天災地変又は社会的動乱によって原子力損害賠償が発生した場合」（前記Ⅲ4）や同法7条の2第2項で定める「外国原子力船の本邦水域への立入りに伴い生じた原子力損害が一定の額で責任を制限されたときのその額を超える損害が発生した場合」の政府の措置について規定したものである。

　このような場合における被害者は、原子力損害による被害者というよりは、国家的、社会的災害による被害者というべく、政府は、この法律に関係なく、一般の異常災害の場合と同じくその救助にあたることとなることは当然であるが、異常または巨大な原子力災害という特質から、特に念のため、政府が必ず措置を講ずるようにするものとすることを明記したものである（原子力賠償制度・107頁）、とされている。

　福島第一原子力発電所の事故が「異常に巨大な天災地変」に該当する場合には、原賠法17条が適用される。

　原賠法17条は、政府がどのような措置をとるのか、それが政府の義務であるのか定められていないことに留意する必要がある。この点、我妻榮教授は、以下のように指摘している。

「おわりに、第五として、原子力損害が異常に巨大な天災地変又は社会的動乱によって生じたものであるとき、すなわち⑪の範囲については、国の措置は一層冷淡である。第17条によって『政府は、……被害者の救助及び被害の拡大の防止のため必要な措置を講ずるようにする』ものとするというものである。災害救助法の発動といくらも異ならない」（我妻・前掲8頁）。「それにも増して解しえないのは、⑪の範囲である。『異常に巨大な天災地変又は社会的動乱』に該当する事例は稀有であろう。しかし、その場合には、国は『被災者の救助及び被害の拡大の防止のため必要な措置を講ずるようにするものとする』というだけである（17条）。被害者にとっては、まことに心細いものであろう。なるほど、台風・水害の災厄は他にもある。しかし、たまたまそこに原子炉があり、不幸にしてこれに事故を生じたとすれば、風水害だけの損害と原子炉に事故を生じたために増加した損害とは区別されるはずである。後者だけを別に取り扱っても、不都合があるとは考えられない。

　そもそも『異常に巨大な……動乱』などはほとんどありえないと考えるのなら、何もわざわざ、補償はしない、国の救助に信頼せよなどと国民に不安を与えずに、国が補償すると気前よく出てもよいはずだろう。それができないのは、原子力事業者に責任のない事項について国が責任をもつことは考えられない、という、答申とは根本的に反した思想に立つからである。

　こうした思想の対立は、Ⓐ'—Ⓑ'でも同様に現れる。明らかに原子力事業者の責に帰すべき場合に国が責任をもつことは、被害者保護の思想を法律の中核に据えない限り、是認されないことだからである」（我妻・前掲9頁）。

3　国による賠償措置の種類

国による賠償措置の種類としては、下記①から④があげられる。
① 原子力損害賠償保証契約に基づき、1事業所あたり1200億円を上限として支払義務がある（支払義務あり。原賠法7条）。
② 異常に巨大な天災地変に該当せず、原賠法3条に基づき賠償義務を負う原子力事業者に対して援助を行うこととされている（支払義務はなし。原賠法16条）。

〔図1〕 原子力損害賠償制度

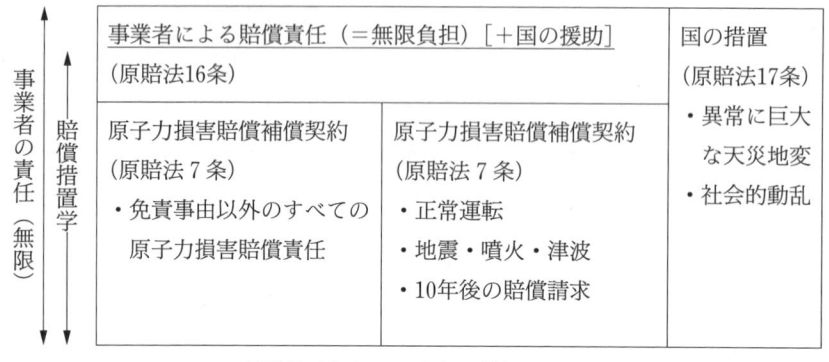

事業者の責任（無限）	賠償措置学	事業者による賠償責任（＝無限負担）[＋国の援助] （原賠法16条）		国の措置 （原賠法17条） ・異常に巨大な天災地変 ・社会的動乱
		原子力損害賠償補償契約 （原賠法7条） ・免責事由以外のすべての原子力損害賠償責任	原子力損害賠償補償契約 （原賠法7条） ・正常運転 ・地震・噴火・津波 ・10年後の賠償請求	

←――― 事業者が負うべき責任の範囲 ―――→

（注）
1．賠償措置額は原子炉の運転等の内容により金額が異なる。
2．賠償責任の額が賠償措置額を超え、かつ、原賠法の目的を達成するために必要があると認めるときは、国会の議決により原子力事業者に対し国が必要な援助を行う。
3．原賠法上、事業者が免責とされる損害（異常に巨大な天災地変、または社会的動乱によって生じたもの）については、国が必要な措置を講ずる。

③ 異常に巨大な天災地変に該当し、原賠法3条に基づき原子力事業者の賠償義務が免責される場合に必要な救助を行う（支払義務はなし。原賠法17条）。

④ 国家賠償法に基づく国会賠償請求（原賠法3条1項、4条の責任集中原則との関係で問題となる）。

Ⅷ 原子力損害賠償紛争審査会

1 審査会の役割

第18条 文部科学省に、原子力損害の賠償に関して紛争が生じた場合における

> 和解の仲介及び当該紛争の当事者による自主的な解決に資する一般的な指針の策定に係る事務を行わせるため、政令の定めるところにより、原子力損害賠償紛争審査会（以下この条において「審査会」という。）を置くことができる。
> 2　審査会は、次に掲げる事務を処理する。
> 一　原子力損害の賠償に関する紛争について和解の仲介を行うこと。
> 二　原子力損害の賠償に関する紛争について原子力損害の範囲の判定の指針その他の当該紛争の当事者による自主的な解決に資する一般的な指針を定めること。
> 三　前二号に掲げる事務を行うため必要な原子力損害の調査及び評価を行うこと。
> 3　前二項に定めるもののほか、審査会の組織及び運営並びに和解の仲介の申立及びその処理の手続に関し必要な事項は、政令で定める。

　原子力損害が発生したときは、損害の認定に専門的知見を要し、また、当事者間で話し合いがつかない場合も予想されることから、損害賠償の円滑かつ適切な処理を図るため、特別の紛争処理機関を設ける必要がある。そこで、原賠法は、原子力損害賠償紛争審査会（以下、「審査会」という）を設置して和解の仲介を行わせようとしている。

　審査会の業務は、①和解の仲介、②原子力損害の範囲の判定指針等の策定である。

　審査会は、和解の仲介（①）において、自らさまざまな調査を行い独自の調停案を提示するが、これがそのまま両当事者を拘束するものでない点において、仲裁と異なる。当事者が受諾した場合において初めて有効な和解となり、双方を拘束する。

　原子力損害の賠償に関する紛争であるので、次のような紛争が対象となると考えられる。

①　被害者と原子力事業者の間の紛争
②　原子力事業者と責任保険契約の保険者との間の紛争
③　原子力事業者と補償契約の締結者である政府との間の紛争

④　責任保険契約の保険者と補償契約の締結者である政府との間の紛争

また、審査会のもう1つの役割である、原子力損害の範囲の判定指針の策定（②）は、原子力事故の賠償範囲を確定する「指針」をつくることと、被害者を迅速に救済することである。

審査会は臨時の機関であり、福島第一原子力発電所の事故に伴い、平成23年4月11日に公布された「原子力損害賠償紛争審査会の設置に関する政令」により設置された。

2　福島第一原子力発電所の原子力事故に関する原子力損害

平成23年9月現在、福島第一原子力発電所の原子力事故に関する原子力損害の範囲の判定指針の策定のために、審査会において議論がなされている。

3　原子力損害賠償紛争解決センター

福島原発事故においては、審査会の内部に、和解仲介をするADR機関として「原子力損害賠償紛争解決センター」がおかれている。

IX　原子力損害賠償に関する国際条約

わが国は、国境を越えた被害の損害賠償訴訟を事故発生国において行うこと等について定めた原子力損害賠償に関する国際条約（改正パリ条約、改正ウィーン条約、原子力損害の補完的補償に関する条約（CSC））のいずれにも加盟していない。

この結果、外国の裁判所において、当該外国法に基づいて損害賠償請求をされる可能性がある。

たとえば、米国ニューヨーク州において、日本への観光ツアーを企画する業者が、福島原発事故により、ツアー申込者がキャンセルしたことおよび減少したことを理由に、東京電力、日本国および原子炉のメーカーに対して、同州の裁判所において不法行為（tort）に基づく損害賠償請求をすることが考えられる。この場合、ニューヨーク州法に基づいて判断されることになり、

〔図2〕 原子力損害賠償条約の仕組み

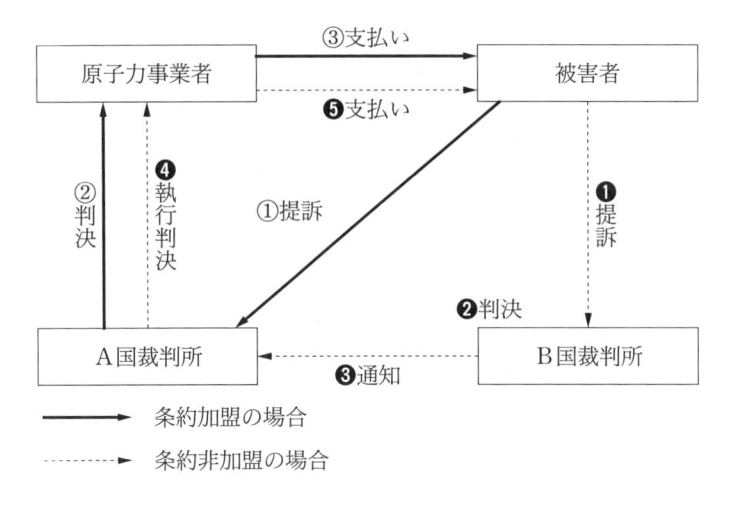

```
              ③支払い
  原子力事業者 ──────────→ 被害者
       ↑  ↑      ❺支払い
       │  │ ❹      ↑  │
     ② │  │ 執      │  │
     判 │  │ 行  ①提訴 │ ❶
     決 │  │ 判      │ 提
       │  │ 決      │ 訴
       │  │        │  │
       │  │  ❷判決   │  ↓
    A国裁判所 ←──────── B国裁判所
              ❸通知
```

──→ 条約加盟の場合
┄┄→ 条約非加盟の場合

　また、日本の原賠法は適用されないので、中間指針に基づく損害賠償の基準とは異なる判断がなされることになる。また、原賠法の責任集中原則は適用されない結果、原子力事業者である東京電力だけでなく、日本国や原子炉のメーカーに対して損害賠償請求することも認められてしまうことになる。
　原子力発電所事故の損害賠償訴訟を発生国で行うことを定める条約としては、経済協力開発機構（OECD）の採択した改正パリ条約、国際原子力機関（IAEA）が採択した改正ウィーン条約および「原子力損害の補完的補償に関する条約」（CSC）の3つがある。日本は従前から、米国からCSCへの加盟を要請されて検討してきたが、日本では事故が起きない「安全神話」を前提とする一方、近隣国の事故で日本に被害が及ぶ場合を想定し、国内の被害者が他国で裁判を行わなければならなくなる点で、裁判を受ける権利（憲法32条）への制約をおそれて加盟を見送ってきた。
　CSCは、「異常に巨大な天災地変」が免責になる点等、他の2つの条約に比べると、わが国の原賠法と親和性が高いことから、民主党政権は、同条約への加盟を検討している。
　しかし、CSCに加盟したからといって、それが遡及適用されるわけでは

〈表1〉 原子力損害賠償責任に関する国際条約の概要

条約の内容	改正パリ条約	改正ウィーン条約	補完基金条約 (CSC)	原賠法
機関	経済協力開発機構 (OECD)	国際原子力機関 (IAEA)	国際原子力機関 (IAEA)	―
加盟国数、採択年、発行年	フランス、ドイツ、イタリア、イギリス等の欧州のEU加盟国を中心とした旧条約締約15カ国＋スイスが署名2004年採択、未発効	アルゼンチン、ベラルーシ、ラトビア、モロッコ、ルーマニア（5カ国1997年採択、2003年発効	アルゼンチン、モロッコ、ルーマニア、米国（4カ国、米国は2008年5月に批准）、1997年採択、未発効 ※発効要件：5カ国の批准と原子炉熱出力4億KW以上	1962年施行
責任の性質	無過失責任	無過失責任	無過失責任	無過失責任
責任の集中	運転者に集中	運転者に集中	運転者に集中	運転者に集中
免責事由	・戦闘行為、敵対行為、内戦または反乱	・戦闘行為、敵対行為、内戦または反乱	・戦闘行為、敵対行為、内戦または反乱 ・異常に巨大な天災地変	・社会的動乱 ・異常に巨大な天災地変
責任の有限・無限	有限責任	有限責任	有限責任	無限責任
損害賠償措置の方法	保険等	保険等	保険等	原子力損害補償契約・原子力損害保険契約
損害賠償措置の金額	1事故あたり7億ユーロを下回らない額	1事故あたり3億SDRを下回らない額	1事故あたり3億SDRを下回らない額	1事故あたり1事業所につき1200億円
国家の支援・補償	責任制限額と賠償措置額の差額を補償	責任制限額と賠償措置額の差額を補償	責任限度額と賠償措置額の差額を補償	―
裁判管轄権	原則として、原子力事故の発生した領域の締約国のみが裁判権をもつ。	原則として、原子力事故の発生した領域の締約国のみが裁判権をもつ。	原則として、原子力事故の発生した領域の締約国のみが裁判権をもつ。	

ないので、福島原発事故に関しては、条約への加盟がないことを前提として、外国の裁判所に訴えが提起される点では変わりない。

また、将来的な原子力事故に備えて加盟するといっても、中国や韓国などの原子力発電所を有する周辺諸国がCSCに加盟しなければほとんど意味がなくなる。

さらに、外国の裁判所で訴えを提起しなければならないとすれば、前述のとおり、裁判を受ける権利（憲法32条）を侵害することになるのではないかという問題もある。

Ⅹ　原子力損害賠償に関する法律の今後の改正

機構法案の審議の過程において、原賠法における原子力事業者の無限責任を見直すべきという与野党の合意の下、参議院東日本大震災復興特別委員会および衆議院東日本大震災復興特別委員会は、同法案の成立にあたり、「法附則第6条第1項に規定する『抜本的見直し』に際しては、原子力損害の賠償に関する法律第3条の責任の在り方、同法7条の賠償措置額の在り方等国の責任の在り方を明確にすべく検討し、見直しを行うこと」との附帯決議をした。

これにより、近い将来に、原賠法が改正され、原子力事業者の無限責任が見直され、有限責任化されることが考えられる。これに伴い、国の責任がより明確化する可能性が高い。

第 3 章 原子力損害賠償支援機構法[1]

I 目的・背景

　第 2 章で説明したとおり、政府は、福島原発事故の起因となった平成23年 3 月11日の地震および津波は、原賠法 3 条 1 項の「異常に巨大な天災地変」には該当しないとの立場をとっている。

　他方、福島原発事故による損害額は、最悪の場合10兆円に上る可能性があるとされており、これは原賠法 7 条に基づく賠償措置額（福島第一原子力発電所と福島第二原子力発電所を合わせて2400億円）をはるかに超えている。

　一方、東京電力の支払能力には限界があるため[2]、①被害者への迅速かつ適切な損害賠償の実施、②福島第一、第二原子力発電所における事故収束・事故処理の完遂、および、③電力の安定供給を確保するためには、政府による東京電力への支援が必要な状況にある。

　このような状況の下、「原子力損害の賠償の迅速かつ適切な実施」および「電気の安定供給その他の原子炉の運転等に係る事業の円滑な運営の確保」を図ることを目的として（機構法 1 条）、機構法が制定された。

　1　本章においては、平成23年10月14日までの立法・行政等の動向を盛り込んでいる。
　2　東京電力の財務状況等については、平成23年10月 3 日に公表された「東京電力に関する経営・財務調査委員会報告」Ⅲ.3を参照。同報告においては、東京電力は、信用格下げに伴い、資金市場からの社債またはコマーシャルペーパーによる直接調達が困難となっている旨指摘されている（同報告Ⅲ.3.5.(3)）。

Ⅱ　原子力損害賠償支援機構

　機構法の下では、国が、主として、新たに設立される原子力損害賠償支援機構（以下、「機構」という）を通して、東京電力への支援を行う仕組みが構築されている。

1　組　　織

(1)　設　立
　機構とは、原子炉の運転等を行う一定の原子力事業者（以下、「原子力事業者」という）が、原子力損害を賠償するために必要な資金の交付等を行うことを目的として設立された法人である（機構法2条、3条）。
　機構は、平成23年9月12日付けで、資本金140億円として設立され、政府が70億円、原子力事業者12社が計70億円を出資することによって設立された。

(2)　役員構成等
　役員として、理事長1人、4人以内の理事、1人の監事がおかれ、理事長が、機構を代表する（機構法23条、24条）。一橋大学前学長の杉山武彦氏が理事長に就任し、理事・運営委員会事務局長には、経済産業省出身で内閣府原子力損害賠償支援機構担当室次長の嶋田隆氏が就任したほか、元警視総監の野田健氏および元日本弁護士連合会事務総長の丸島俊介氏、前財務綜合政策研究所の振角秀行氏がそれぞれ理事に就任している。[3]
　他方、理事長、理事に加え、8人以内の委員によって構成される運営委員会が設置され、運営委員会が、議決をもって、機構の意思決定を行うこととなる（機構法16条）。委員は、電気事業、経済、金融、法律または会計に関して専門的な知識と経験を有することが求められる（同法17条）。運営委員会の委員には、東京電力の資産査定を行う政府の第三者委員会である「東京電力に関する経営・財務調査委員会」の下河辺和彦委員長ら5人が就任するこ

3　平成23年9月22日本経済新聞朝刊。

とが予定されている[4]。

2 業務内容

　機構は、原子力事業者から負担金を収納し（機構法38条、52条）、原子力損害が発生した場合には、事業者に対する資金援助を実施し（同法41条）、さらに必要があるときは、交付国債を活用した特別資金援助を実施する（同法45条）。

　通常の資金援助とは、国から交付国債の交付を受けることなく、参加している原子力事業者の相互扶助により対応が可能な場合における支援である。将来の原子力事故に備えた保険的な性格を有している。

　一方、特別資金援助は、原子力事業者間の積立金では足りずに、大規模な災害ということで政府から交付国債の交付を受ける必要がある場合において実施される資金的な支援であり、国の支援の度合いがより強くなる。こうした性格上、特別資金援助を受けるにあたっては、原子力事業者は、経営合理化あるいは経営責任の明確化を明記した特別事業計画を作成して、主務大臣の厳正な査定を受けたうえで認定を受けることになっている（機構法45条1項）。法文では明確ではないが、特別資金援助は、まさに東京電力の福島原発事故にかかわる援助金であると推定できる[5]。

　このほか、機構は、原子力損害を受けた者からの相談に応じて情報提供および助言を行うほか（機構法53条）、原子力事業者の保有資産の買取り（同法54条）や、賠償金支払いの受託（同法55条）ができるとされている。

---

[4] 平成23年9月26日毎日新聞朝刊。
[5] 平成23年7月11日衆議院東日本大震災復興特別委員会の柿沼正明委員の質問に対する北川慎介政府参考人の答弁を参考。

Ⅲ　支援の枠組み

1　概　　要

　機構法の下での原子力事業者への支援の枠組みの概要は〔図3〕のとおりである。

2　資金援助の手続

以下では、機構から東京電力に対する資金援助の手続について解説する。

(1)　資金援助の申込み

　原子力事業者は、原賠法3項1項により賠償する責めに任ずべき額（以下、「要賠償額」という）が、原賠法7条1項に規定する賠償措置額（1事業所あたり1200億円）を超えると見込まれる場合には、機構に対して資金援助を申し込むことができる。資金援助の方法には、当該原子力事業者に対し、損害賠償の履行にあてるための資金を交付すること（以下、「資金交付」という）等の5つの方法が定められている（機構法41条）。[6]

〔図3〕　機構法下での原子力事業者への支援の枠組み

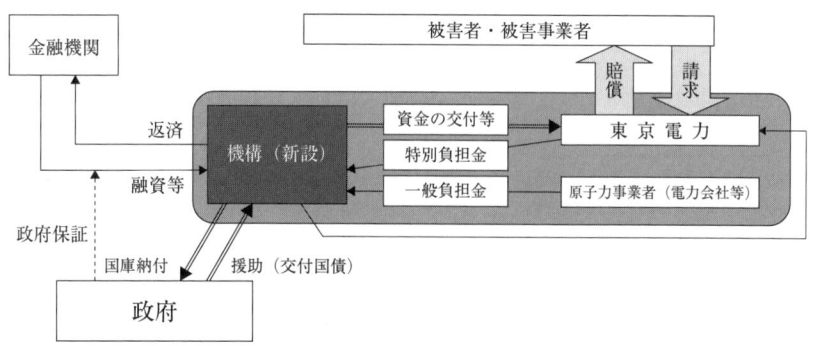

経済産業省ウェブサイト〈www.meti.go.jp/earthquake/nuclear/taiou_honbu/index.html〉掲載の、「原子力損害賠償支援機構法の概要(2)」記載の図を基に作成。

前述のとおり、福島原発事故についての東京電力の要賠償額は賠償措置額を超えているため、東京電力は、機構に対して資金援助の申込みを行うことになる。

(2) 特別事業計画の作成・認定

　機構は、資金援助の申込みがあったときは、遅滞なく、運営委員会の議決を経て、資金援助を行うかどうか並びに資金援助の内容および額について決定しなければならないが（機構法42条）、当該資金援助に係る資金交付に要する費用にあてるため国債の交付を受ける必要があり、またはその必要が生ずることが見込まれるときは、運営委員会の議決を経て、資金援助の申込みを行った原子力事業者（東京電力）と共同して、当該原子力事業者による損害賠償の実施その他の事業の運営および当該原子力事業者に対する資金援助に関する計画（以下、「特別事業計画」という）を作成し、内閣総理大臣および経済産業大臣の認定を受けなければならない（機構法45条1項）。

　特別事業計画には、原子力損害賠償額の見通し、賠償の迅速かつ適切な実施のための方策、資金援助の内容および額、経営の合理化の方策、賠償履行に要する資金を確保するための関係者の協力の要請、経営責任の明確化のための方策等について記載しなければならない。また、機構は、計画作成にあたり原子力事業者の資産の厳正かつ客観的な評価および経営内容の徹底した見直しを行うものとされる（機構法45条2項）。

　福島原発事故については、「資金援助にかかる資金交付に要する費用に充てるため国債の交付を受ける必要」があることから、東京電力と機構との間で、特別事業計画が作成され[7]、内閣総理大臣および経済産業大臣の認定を受

6　なお、機構法附則3条1項においては、41条の規定は、この法律の施行前に生じた損害についても適用するとされている。

7　特に、「原子力事業者の経営の合理化のための方策」（機構法45条2項2号）については、平成23年10月3日に公表された「東京電力に関する経営・財務調査委員会報告」が、特別事業計画の柱となる見込みであり、同報告においても成果を機構に引き継ぐことが念頭におかれている（同報告Ⅱ.1.3）。また、同報告においては、東京電力の合理化計画として、①調達改革（発注方法の工夫や取引関係の見直し等を内容とする）と人件費削減（人員数見直し、給与削減、および年金・退職金の減額等を内容とする）を通じた10年間で2兆5455億円程度のコスト削減策と、②時価ベースで約7074億円相当の資産・事業売却が見込まれている（同報告Ⅲ.2.）。

けることになる。

　なお、機構法の法案修正の過程で、同法附則3条2項に、「この法律の施行前に生じた原子力損害に関し資金援助を機構に申し込む原子力事業者は、その経営の合理化及び経営責任の明確化を徹底して行うとともに、当該原子力損害の賠償の迅速かつ適切な実施のため、当該原子力事業者の株主その他の利害関係者に対し、必要な協力を求めなければならない」との規定が追加された。あわせて機構は、「特別事業計画を作成しようとするときは、当該原子力事業者の資産に対する厳正かつ客観的な評価および経営内容の徹底した見直しを行うとともに、当該原子力事業者による関係者に対する協力の要請が適切かつ十分なものであるかどうかを確認しなければならない」(機構法45条3項、下線部分が修正箇所)として、ステークホルダーの責任に対する経済産業大臣の監督を強化する方向での法案の修正がなされている。

---◆コラム────債権放棄◆---

　東京電力の株主や債権者等のステークホルダーの責任に関する論点として、東京電力に対する金融機関の債権放棄をめぐる問題がある。

　この問題をめぐっては、平成23年5月13日に、枝野幸男官房長官(当時)が、金融機関が、東京電力への融資の債権放棄などをしなければ、「国民の理解を得られない」と指摘したところ、金融機関関係者が反発し、さらには、銀行株の低下等株式市場への大きな影響があったことから[8]、同月24日付けで、枝野官房長官が、債権放棄が関連法案提出の「条件という思いはない」旨の発言をするに至った経緯がある[9]。

　債権放棄の必要性については、閣内でも意見が統一されておらず、海江田万里国務大臣(当時)は、国会審議の過程においては、「債権放棄に至る手前でも、いわゆる貸し手の責任というものはそれなりに果たすことができる」「貸し手の側もステークホルダーの1つとしてそれなりの分担をしてもらうということは、債権放棄をとらなくても私はできると思っています」等と述べている[10]。

　その後、平成23年9月15日、枝野幸男経済産業大臣は、再び、「(東京電力

8　平成23年5月14日日本経済新聞朝刊。
9　平成23年5月24日日本経済新聞朝刊。
10　平成23年7月14日衆議院東日本大震災復興特別委員会の吉野正芳委員の質問に対する海江田万里国務大臣(当時)の答弁。

の）支援の目的に債権者や株主の保護は入っていない。支援がなかった場合に生じたであろう負担については、当然負担していただく」などと、債権放棄を示唆する発言を行い、再び金融機関関係者の反発を招いた。[11]

前記（脚注7）「東京電力に関する経営・財務調査委員会報告」では、同委員会による東京電力の実体連結純資産の試算によれば、「東電が資産超過の前提にあることからすると、金融機関に債権放棄又は債務の株式化を要請することは困難な状況にある」とし、金融機関に対する協力要請の内容を、10年間にわたる残高維持等にとどめている（同報告Ⅲ.5.1.1）。

機構は、特別事業計画の作成にあたって、当該原子力事業者による関係者に対する協力の要請が適切かつ十分なものであるかどうかを確認しなければならず（機構法45条2項）、「協力要請が適切かつ十分」なものであるかについても、経済産業大臣が判断するものとされる（同条1項）。今後は、「特別事業計画」にどのような協力要請が盛り込まれるか、および、それに対する経済産業大臣の認定判断が焦点となる。

かりに、協力要請の内容として、金融機関に対する債権放棄が含まれてくる場合には、金融機関の側から、当該要請に基づいて、法的・会計的には債務超過とはいえない東京電力に対する債権を放棄することが、取締役の善管注意義務違反の観点から許容されうるか等についても検討が必要になると思われる。

(3) 特別事業計画に基づく援助の実施

特別事業計画の認定後、機構は、東京電力に対し認定を受けた特別事業計画に基づく資金援助を実施することになる（機構法42条、45条）。

3 機構による資金援助の流れ

(1) はじめに

機構のキャッシュフローには、〔図3〕に示されるとおり、主に2つの流れがある。[12]

1つは、直ちに損害賠償にあてる資金の流れである。この流れにおいては、

---

11 平成23年9月17日毎日新聞朝刊。
12 平成23年7月11日衆議院東日本大震災復興特別委員会の柿沼正明委員の質問に対する北川慎介政府参考人の答弁。

政府が機構に交付国債を発行し、機構は、その償還を政府に求めることで現金化し、その現金が東京電力に交付され、東京電力が被害者に賠償を行うことになる。その後、東京電力は、この交付された資金を、特別負担金（詳細は、下記(2)(ウ)参照）という形で機構に返済する。また、他の原子力事業者が納付する一般負担金（詳細は、下記(2)(ア)参照）についても、損害賠償に用いることができる。機構は、納付された負担金をもって、必要な国庫納付を行う。

もう１つの流れは、東京電力が設備投資あるいはプラントの収束等の電力の安定供給の目的に使う資金の流れであり、これは市中の金融機関から機構が政府保証で借り入れる等の方法が想定されている。[13]機構は、これらの金融機関からの融資金額について、機構法41条所定の方法により、東京電力に対する資金援助を行い、東京電力は、融資の返済や、負担金の支払い等を通じて、資金援助を機構に返済することになる。

(2) 福島原発事故への損害賠償に用いられる資金の流れ
(ア) 一般負担金

各原子力事業者は、機構の業務に要する費用にあてるため、機構の事業年度ごとに、負担金（一般負担金年度総額に負担金率を乗じて得た額）を機構に納付しなければならない（機構法38条）。

一般負担金年度総額とは、機構の事業年度ごとに原子力事業者から納付を受けるべき負担金の額の総額のことをいうとされるが、一般負担金年度総額および負担金率は、いずれについても、機構が運営委員会の議決を経て定めるものとされている（機構法39条）。

一般負担金年度総額および負担率の具体的数値については、明らかにされていないが、[14]報道では、数千億円程度ともいわれている。

一般負担金については、福島原発事故に関する賠償金支払いの支援に使う

---

13 平成23年7月11日衆議院東日本大震災復興特別委員会における柿沼正明委員の質問に対する北川慎介政府参考人の答弁。
14 平成23年7月26日衆議院東日本大震災復興特別委員会における石田祝稔委員の質問に対する海江田万里国務大臣の答弁。

ことができるとされており、当初は、東京電力の資金援助あるいは国庫納付[15]に充当されるため、将来の事故に備えた積立金（機構法59条参照）というものは発生しないものとされている。[16]

なお、法案修正の過程で、「機構は、負担金について、原子力事業者ごとに計数を管理しなければならない」との規定が設けられた（機構法58条4項）。この計数については、将来における東京電力と政府および他の事業者との間の負担のあり方の検討（機構法附則6条2項）において用いられると考えられる。[17]

◆コラム────電気料金の値上げ◆

電気事業法の下では、電気料金の値上げについては、経済産業大臣の認可が必要とされ（電気事業法19条1項）、経済産業大臣は、認可の申請が、「料金が能率的な経営の下における適正な原価に適正な利潤を加えたものであること」等の所定の条件を満たす場合には、認可をしなければならないとされる（同条2項）。

国会審議においては、一般負担金については、「機構を維持し運営していくための事業コストとして料金に含まれていく」と説明されているが[18]、特別負担金は、電気料金に転嫁することはないとされている。[19]

この点、国会答弁においては、「安易に料金に転嫁しないよう最大限の経営努力をお願いする」と同時に、具体的な料金の値上げの認可にあたっては、「厳しくチェックをする」ものとされているが、電力会社各社の収支が、原子[20]

---

15 平成23年7月26日衆議院東日本大震災復興特別委員会における石田祝念委員の質問に対する海江田万里国務大臣の答弁。
16 平成23年7月11日衆議院東日本大震災復興特別委員会における柿沼正明委員の質問に対する北川慎介政府参考人の答弁。
17 なお、機構法附則6条2項は、自由民主党からなされた修正提案であるが、自由民主党からは、「将来この負担全体をどういうふうに分かち合うのか、負担のあり方を検討する際に、私どもとしては、他社には今回の事故の負担はさせないという視点からそういう計数管理をさせることと」したとのことである（平成23年7月27日参議院東日本大震災復興特別委員会の藤井孝男委員の質問に対する西村康稔委員の答弁）。
18 平成23年7月11日衆議院東日本大震災復興特別委員会における額賀福志郎委員の質問に対する菅直人内閣総理大臣の答弁。
19 平成23年7月14日衆議院東日本大震災復興特別委員会における河野太郎議員の質問に対する海江田万里国務大臣の答弁。

力発電所の低稼働に伴う燃料費の負担増等により悪化している状況の下で、一般負担金の支払義務を課せられることにより、電気料金の値上げにつながることがないかについては、今後の動向を注視する必要がある。

(イ) 交付国債

政府は、機構が特別資金援助に係る資金交付を行うために必要となる資金の確保に用いるため、予算で定める額の範囲内において、国債を発行し、機構に交付するとされている（機構法48条）[21]。

機構は政府に対し、当該資金交付を行うために必要となる額に限り、交付された国債の償還の請求をすることができ、政府は、この請求を受けたときは速やかに、その償還をしなければならない（機構法49条1項・2項）。

機構は、このようにして、交付国債を現金化し、東京電力に対し、必要な資金を交付することになる。

なお、附帯決議8条においては、「国からの交付国債によって原子力損害賠償支援機構が確保する資金は、原子力事業者が、原子力損害を賠償する目的のためだけに使われる」ものとされている。

(ウ) 東京電力による特別負担金の納付

認定事業者（東京電力）は、一般負担金に加え、特別負担金を支払う義務を負う（機構法52条）。特別負担金の額は、認定事業者に追加的に負担させることが相当な額として機構が事業年度ごとのに運営委員会の議決を経て定めるが、電気の安定供給その他の原子炉の運転等に係る事業の円滑な運営の確保に支障を生じない限度において、認定事業者に対し、できるだけ高額の負担を求めるものとされている（同条）。

また、特別負担金の支払いは、おおむね国債の償還を受けた額の合計額に相当する額を機構が国庫に納入するまで行われることになる（機構法47条3号）。

---

20 平成23年7月12日衆議院東日本大震災復興特別委員会における梶山弘志委員の質問に対する海江田万里国務大臣の答弁。

21 なお、福島原発事故に関しては、平成23年度第2次補正予算案において2兆円の発行限度額が定められている。

── ◆コラム──東京電力はなぜ債務超過にならないか◆ ──

　福島原発事故による東京電力の損害賠償債務残高は、数兆円から最大10兆円程度といわれており、これは、東京電力の純資産額（東京電力の第88期第1四半期報告書によれば、平成23年度6月末時点の純資産額は、約1兆500万円である）をはるかに上回る。このように、東京電力が実質的には債務超過であることや、政府による東京電力支援に先立って東京電力の株主および債権者の責任を問うべきであること等を理由として、一部の国会議員やマスコミの間では、会社更生手続の下での東京電力の法的整理が主張された。

　これに対し、政府は、機構法の立案当初から、機構は、「損害賠償、設備投資等のために必要とする金額のすべてを援助できるようにし、原子力事業者を債務超過にさせない」ことを、支援の枠組みとして想定し（平成23年6月14日閣議決定「東京電力福島原子力発電所事故に係る原子力損害の賠償に関する政府の支援の枠組みについて」）、「東京電力の法的な意味での債務超過→会社更生手続」というスキームを採用しなかった。

　会社更生手続を利用した法的整理を行わない理由として、政府からは、賠償総額も明らかでない中、現実的に更生計画が認可されることは困難であることに加えて、被害者の損害賠償請求権が毀損されるおそれがあることがあげられている。

　後者の理由を敷衍すると、東京電力に対する社債権者は、東京電力の財産について一般の先取特権を有しているため（電力事業法37条）、社債は、優先更生債権（会社更生法168条1項2号）として取り扱われ、一般更生債権である損害賠償債権に優越するため（同条3項）、被害者救済が図られなくなるおそれがある、ということである。

　機構法は、会社更生手続を利用した法的整理スキームを採用しないという前提を維持し、東京電力を、法的・会計的に債務超過の状態に陥らせないよう設計されている。

　まず、福島原発事故の賠償や事故処理に必要な資金と、今後の事故の備えに必要な資金を機構において明確に勘定を区分することは否定されている。[22]

　また、毎事業年度ごとに東京電力に請求される特別負担金についても、運営委員会が、東京電力の収支状況等を勘案して、東京電力を債務超過に至らせない程度の金額を、当該事業年度の特別負担金額として定めることが可能とされている（機構法52条2項）。

　さらに、平成23年8月9日付けの東京電力の西澤俊夫社長の会見によれば、

> 損害賠償引当金は特別損失として計上されるもの、ほぼ同じ額の交付金を機構から受け取り、特別利益として計上することが可能であることから、賠償金の引当金額は東京電力の最終損益には影響を与えず、東京電力は、債務超過にはならないと説明されている。[23]
>
> 　前記（脚注7）「東京電力に関する経営・財務調査委員会報告」においても、平成23年3月末の実質貸借対照表を基に、東京電力は「資産超過」と判断されている。同報告によれば、上記の判断に際しては、東京電力が実施する損害賠償債務の支払いにあてるための資金は、機構が東京電力に対して資金交付により援助を行うことで同額の収益認識が行われるとの前提をおいたうえで、調整後連結純資産には、すでに発生した原子力損害賠償費のほか、今後計上すべき原子力損害賠償引当金についても反映をさせないことが前提とされている、とのことである（同報告Ⅲ.3.3）。

　㈎　機構による国庫納付

　機構は、特別資金援助に係る資金交付を行った場合には、国債の償還がなされるまでの間、毎事業年度に生じた利益を、国庫に納付しなければならない（機構法58条）。

(3)　電力の安定供給の目的に使う資金の流れ――資金借入れ、政府による機構の債務の保証

　機構は、内閣総理大臣、文部科学大臣および経済産業大臣の認可を受けて、金融機関その他のものから、資金の借入れをし、または原子力損害賠償支援機構債を発行することができるとされ（機構法60条）、政府はこれらによる機構の債務の保証をすることができる（同法61条）。平成23年度第2次補正予算では、政府保証枠として、2兆円が設定されている。

22　平成23年7月12日衆議院東日本大震災復興特別委員会第11回議事録における梶山弘志委員の質問に対する海江田万里国務大臣の答弁においては、「勘定を分けてしまいますと」「東京電力が負担をしなければならない債務だということが明確になってしまいます」「そうなりますと、会計上これは債務超過という可能性も生じてくるわけでございますから」「勘定を分けずに、将来の事故に対する備え、そしてこれまでの事故についても、やはり、お互い相互扶助の立場でやっていこうという形でお願いしている」とされている。

23　平成23年8月10日日本経済新聞朝刊。

4 例外としての国による直接の資金交付

　以上のほか、政府は、著しく大規模な原子力損害が発生した場合等の特別な場合に、機構に対し、必要な支援をすることができる（機構法68条）。また、機構が特別資金援助に係る資金交付を行う場合において、交付国債が交付されてもなお、当該資金交付に係る資金に不足が生ずるおそれがあると認める場合には、当該資金交付を行うために必要となる資金の確保のため、予算で定める額の範囲内において、機構に対し、必要な資金を交付することができる（同法51条）。

　前記規定による政府の支援については、機構による国庫納付は予定されていない。これは、原子力事業者のみが単独で賠償責任を負い、政府は、その賠償責任の履行のために必要な援助を行うという原賠法の枠組みの根本原則を、ごく限定的な形で、修正するものといえる。

IV　法律施行後の課題

1　東京電力に対する援助の実施時期

　平成23年9月12日に機構が設立されたが、報道によれば、同年11月中旬には緊急特別事業計画の認定がなされ[24]、年内には機構から東京電力への資金援助が開始されるとのことである。

2　残された検討課題

　機構法は、暫定的な性格が強く、同法附則において、「できるだけ早期に」あるいは「早期に」行うべき検討課題が明記されている。
　具体的には、まず、この法律の施行後できるだけ早期に（附帯決議11条に

24　報道によれば、特別事業計画は、2段階で策定されるとのことであり、賠償支援のための緊急措置として、11月中に緊急特別事業計画がまとめられ、平成24年春までに電気料金制度の改革など今後の事業展開を踏まえた最終的な総合特別事業計画が策定されるとのことである。

おいては、「できるだけ早期に」とは1年をめどとするとされる)、国の責任を明確にする観点から検討を加えるとともに、原賠法の改正等の抜本的な見直しをはじめとする必要な措置を講じるものとされている（機構法附則6条1項）。

また、機構法の施行後早期に（附帯決議11条においては、「早期に」とは2年以内をめどとするとされる)、東京電力と政府および他の原子力事業者との間の負担のあり方、当該資金援助を受ける原子力事業者の株主その他の利害関係者の負担のあり方等を含め、国民負担を最小化する観点から、この法律の施行状況について検討を加え、その結果に基づき、必要な措置を講ずるものとされている（機構法附則6条2項）。

第4章

東京電力株式会社福島第一、第二原子力発電所事故による原子力損害の範囲の判定等に関する中間指針

I 中間指針の概要

1 策定の背景

　福島原発事故は、広範囲にわたって放射性物質を放出したうえ、さらに深刻な事態を引き起こす危険を生じさせた。そのため、十数万人規模の住民が、政府による避難、屋内退避の指示等の対象となり、また、多くの事業者が、事業活動の断念を余儀なくされた。このような事態による福島県およびその周辺の住民や事業者の被害は、その規模、範囲等において未曾有のものであり、しかも、事態はいまだ収束していない。

　このような状況の中、原子力損害賠償紛争審査会は、被害者の迅速、公平かつ適正な救済のため、原賠法に基づき、「原子力損害の範囲の判定の指針その他の当該紛争の当事者による自主的な解決に資する一般的な指針」（同法18条2項2号）を早急に策定することとし、第1次指針および第2次指針（追補を含む。以下同じ）を決定・公表した。

2　概　　要

　第1次指針および第2次指針にその後の検討事項を加え、賠償すべき損害と認められる原子力損害（原子炉の運転等により及ぼした損害）の当面の全体像を示したものが、平成23年8月5日に公表された中間指針[1]である。具体的には、原子力損害にあたる損害類型等として以下の①〜⑨を示し、それぞれに「(指針)」を設け、「(備考)」で補足説明を行っている。
　①　政府による避難等の指示等に係る損害
　②　政府による航行危険区域等および飛行禁止区域の設定に係る損害
　③　政府等による農林水産物等の出荷制限指示等に係る損害
　④　その他の政府指示等に係る損害
　⑤　いわゆる風評被害
　⑥　いわゆる間接被害
　⑦　放射線被曝による損害
　⑧　被害者への各種給付金等と損害賠償金との調整
　⑨　地方公共団体等の財産的損害等

3　対象とされなかったものについての考え方

　中間指針では、同指針において対象とされなかったものが直ちに賠償の対象とならないというものではなく、個別具体的な事情に応じて認められることがあるとし、また、このような損害については、今後の福島原発事故の収束等の状況の変化に伴い、必要に応じてあらためて検討することとされている。
　たとえば、政府による避難等の指示等に関係なく自らの判断で自主的に行った避難（以下、「自主的避難」という）に係る損害について、原則として後述の相当因果関係が認められる類型として指針で明示することが可能か否か、原子力損害賠償紛争審査会において引き続き検討されている。

1　http://www.mext.go.jp/b_menu/shingi/chousa/kaihatu/016/houkoku/__icsFiles/afieldfile/2011/08/17/1309452_1_2.pdf

具体的には、以下の諸論点、すなわち、①自主的避難について、そもそも指針によって具体的な基準を示して類型化することが可能か、それとも一般的な基準のみを指針で示し、個別具体的な事情に応じて相当因果関係を判断することが適当か、②事故当初の自主的避難について、ⓐ避難の合理性を判断する際に、区域による具体的基準を設けることが可能か、ⓑ避難をした時期によって、合理性を判断する基準とすることが可能か、ⓒ自主的避難に係る損害を認める場合、どのような損害項目を賠償の対象とすべきか、ⓓ幼い子供や妊婦に係る自主的避難については、それ以外の者が行ったものと分けて考える必要があるか、③事故から一定期間経過後の自主的避難について、ⓐ一定期間経過後は、一部の区域等を除いて自らの生活圏内の放射線量が年間20ミリシーベルト以下と予測されることが確認されたが、少しでも被曝線量を低減させるために自主的避難することについてどう考えるか、ⓑ前記の状況から、住民の安全を前提に除染等の環境整備が計画的に行われる中で、放射線量が通常よりも高いことを理由に、自主的避難をすることをどう考えるか、その対象区域、対象時期についてどう考えるか、ⓒ事故から一定期間後の自主的避難についても、これに係る損害を認める場合、どのような損害項目を賠償の対象と考えるか、ⓓ放射線量についての情報が事故当初よりは得られる状況の中で、幼い子供や妊婦に係る自主的避難について、それ以外の者が行ったものと分けて考える必要があるか等の諸論点について引き続き検討がなされている。

II　各損害項目に共通する考え方

1　賠償の対象となる損害の範囲

(1)　損害の範囲

中間指針は、原賠法により原子力事業者が負うべき責任の範囲は原子力損害であるが、その損害の範囲につき、一般の不法行為に基づく損害賠償請求権における損害の範囲と別異に解する理由はないとし、「本件事故と相当因

果関係のある損害、すなわち社会通念上当該事故から当該損害が生じるのが合理的かつ相当であると判断される範囲のものであれば、原子力損害に含まれる」とする。

具体的には、福島原発事故によって発生した損害のすべてが賠償の対象となるものではないが、「本件事故から国民の生命や健康を保護するために合理的理由に基づいて出された政府の指示等に伴う損害、市場の合理的な回避行動が介在することで生じた損害、さらにこれらの損害が生じたことで第三者に必然的に生じた間接的な被害についても、一定の範囲で賠償の対象となる」とする。

なお、相当因果関係について、判例・通説は、不法行為の場合でも、債務不履行に関する民法416条が類推適用されるとする。そして、加害行為によって通常生じる損害（通常損害）、および、特別の事情によって生じた損害（特別損害）のうち、加害者が当該事情を予見していたまたは予見可能であった場合の損害については、相当因果関係があるとする。中間指針は、このような判例・通説の考え方を踏襲しているものと思われる。したがって、たとえば、福島原発事故を契機として、福島県から著しく離れており、およそ放射線の影響が考えられない地域で水産物の価格が下落したような場合など、市場の非合理的な回避行動が介在した場合には、当該価格の下落は特別の事情による損害であり、加害者である東京電力は当該事情につき予見不可能であったとして、賠償責任が否定されることもあり得る。

(2) **損害賠償が制限される場合**

また、中間指針は、被害者においても、福島原発事故による損害を可能な限り回避・減少させる措置をとることが期待されているため、これが可能であったにもかかわらず、合理的な理由なく当該措置を怠った場合には、損害賠償が制限される場合があり得るとする。

近年、損害を被った者においても、損害を縮小しまたは拡大を防ぐため合理的な行動をとる義務があるとし、合理的な行動によって損害を軽減できたにもかかわらずそれを怠った場合には、損害の拡大分について賠償義務が否定されるとの見解が提唱され、その見解に近い最高裁判例も現れている[2]。中

間指針の前記考え方は、これらの見解・判例を踏まえたものと思われる。このような考え方に照らすと、たとえば、対象区域に営業拠点を有する事業者が、ある時期から営業拠点の移転が可能になったにもかかわらず、あえて移転しなかった場合、当該時期以降に発生した営業損害等について、損害賠償が制限されることもあり得る。

2 津波・地震による損害との区別

中間指針は、原子力事業者が負うべき責任の範囲は原子力損害であるから、津波・地震による損害については賠償の対象にはならないとする。

ただし、中間指針で対象とされている損害によっては、風評被害など、福島原発事故による損害か津波・地震による損害かの区別が判然としない場合があり、この場合に、厳密な区別の証明を被害者に強いるのは酷である。そのため、「例えば、同じく東日本大震災の被害を受けながら、本件事故による影響が比較的少ない地域における損害の状況等と比較するなどして、合理的な範囲で、特定の損害が『原子力損害』に該当するか否か及びその損害額を推認することが考えられるとともに、東京電力株式会社には合理的かつ柔軟な対応が求められる」とする。

前記の例を敷衍すると、不動産または動産の価値の下落に関しては、東日本大震災により同程度の被害を受けたA・Bの地域があり、A地域には福島原発事故の影響がみられ、B地域には影響がみられない場合に、A・Bそれぞれの地域において地震により同程度に損傷した同規模の不動産または動産を探し、両者の価値の下落具合を比較することが考えられる。そして、A地域では価値の下落が80％、B地域では50％だった場合に、その差の30％が

---

2 最判平成21・1・19民集63巻1号97頁。同判例は、店舗の賃借人が賃貸人の修繕義務の不履行により被った営業利益相当の損害について、賃借人が損害を「回避又は減少させる措置を執ることなく、本件店舗部分における営業利益相当の損害が発生するにまかせて、その損害のすべてについての損害を上告人ら（筆者注：賃貸人）に請求することは、条理上認められないというべきであり、民法第416条第1項にいう通常生ずべき損害の解釈上、本件において、被上告人（筆者注：賃借人）が上記措置を執ることができたと解される時期以降における上記営業利益相当の損害のすべてについてその賠償を上告人らに請求することはできない」と判示している。

福島原発事故の影響と考えられる。なお、福島原発事故による損害か津波・地震による損害かの具体的な判断基準については、原子力損害賠償紛争解決センターでの和解事例の蓄積により、形成されていくことが期待される。

3　証明の程度の緩和等

中間指針は、損害の算定にあたっては、個別に損害の有無および損害額の証明を基に相当な範囲で実費賠償するのが原則であるが、「損害項目によっては、合理的に算定した一定額の賠償を認めるなどの方法も考えられる。但し、そのような手法を採用した場合には、上記一定額を超える現実の損害額が証明された場合には、必要かつ合理的な範囲で増額されることがあり得る」とする。

また、「避難により証拠の収集が困難である場合など必要かつ合理的な範囲で証明の程度を緩和して賠償することや、大量の請求を迅速に処理するため、客観的な統計データ等による合理的な算定方法を用いることが考えられる」とする。

なお、東京高判平成元・5・9判時1308号28頁は、自衛隊機と民間航空機の空中接触により多数の死者が生じた航空機事故について、航空会社の信用毀損による逸失利益として旅客減少による損害を認めているところ、損害額の算定にあたり、統計的データによる合理的な算定方法を初めて用いている。前記のとおり、中間指針は、「大量の請求を迅速に処理するため、客観的な統計データ等による合理的な算定方法を用いることが考えられる」としているが、これは、前記判例の考え方を踏まえているものと思われる。

4　迅速な賠償

中間指針は、賠償金の支払い方法についても、被害者の迅速な救済の観点から、「例えば、ある損害につき賠償額の全額が最終的に確定する前であっても、継続して発生する損害について一定期間毎に賠償額を特定して支払いをしたり、請求金額の一部の支払いをしたりするなど、東京電力株式会社には合理的かつ柔軟な対応が求められる」とする。

なお、前記の「継続して発生する損害」としては、営業損害や、精神的損害等が考えられる。

III 政府による避難等の指示による損害

1 対象区域

「対象区域」とは、以下の(1)～(6)の区域（地点）である。

(1) **避難区域**

政府が原子力災害対策特別措置法（以下、「原災法」という）に基づいて各地方公共団体の長に対して住民の避難を指示した区域であり、①福島第一原子力発電所から半径20キロメートル圏内（平成23年4月22日には、原則立入り禁止となる「警戒区域」に設定）および、②福島第二原子力発電所から半径10キロメートル圏内（同年4月21日には、半径8km圏内に縮小）である。

(2) **屋内退避区域**

政府が原災法に基づいて各地方公共団体の長に対して住民の屋内退避を指示した区域であり、福島第一原子力発電所から半径20キロメートル以上30キロメートル圏内である。

なお、この「屋内退避区域」について、平成23年3月25日、枝野幸男官房長官（当時）より、社会生活の維持継続の困難さを理由とする自主避難の促進等が発表された。ただし、「屋内退避区域」は、同年4月22日、下記の(3)計画的避難区域および(4)緊急時避難準備区域の指定に伴い、その区域指定が解除された。

(3) **計画的避難区域**

政府が原災法に基づいて各地方公共団体の長に対して計画的な避難を指示した区域であり、福島第一原子力発電所から半径20キロメートル以遠の周辺地域のうち、福島原発事故発生から1年の期間内に積算放射線量が20ミリシーベルトに達するおそれのある区域であり、おおむね1カ月程度の間に、同区域外に計画的に避難することが求められる区域である。

(4) 緊急時避難準備区域

　政府が原災法に基づいて各地方公共団体の長に対して緊急時の避難または屋内退避が可能な準備を指示した区域であり、福島第一原子力発電所から半径20キロメートル以上30キロメートル圏内の区域から計画的避難区域（前記(3)参照）を除いた区域のうち、常に緊急時に避難のための立退きまたは屋内への避難が可能な準備をすることが求められ、引き続き自主避難をすることおよび特に子供、妊婦、要介護者、入院患者等は立ち入らないこと等が求められる区域である。

　なお、避難区域（前記(1)参照、警戒区域（前記(1)①参照））、屋内退避区域（前記(2)参照）、計画的避難区域（前記(3)参照）および緊急時避難準備区域については、その外縁は、必ずしも福島第一原子力発電所または福島第二原子力発電所からの一定の半径距離で設定されているわけではなく、行政区や字単位による特定など、個々の地方公共団体の事情を踏まえつつ、設定されている。

(5) 特定避難勧奨地点

　政府が、住居単位で設定し、その住民に対して注意喚起、自主避難の支援・促進を行う地点であり、計画的避難区域（前記(3)参照）および警戒区域（前記(1)①参照）以外の場所であって、地域的な広がりがみられない福島原発事故発生から1年間の積算放射線量が20ミリシーベルトを超えると推定される空間線量率が続いている地点であり、政府が住居単位で設定したうえ、そこに居住する住民に対する注意喚起、自主避難の支援・促進を行うことを表明した地点である。

(6) 地方公共団体が住民に一時避難を要請した区域

　南相馬市が、独自の判断に基づき、同市内に居住する住民に対して一時避難を要請したが、このうち同市全域から前記(1)～(4)の地域を除いた区域である。

　なお、南相馬市は、平成23年3月16日、市民に対し、その生活の安全確保等を理由として一時避難を要請するとともに、その一時避難を支援した。同市は、屋内退避区域の指定が解除された同年4月22日、住民に一時避難を要

請した区域から退避していた住民に対して、自宅での生活が可能な者の帰宅を許容する旨の見解を示した。

2 避難等対象者

「避難等対象者」とは、「避難指示等」により「避難等」を余儀なくされた以下の①～③の者である。

また、「避難指示等」とは、「対象区域」における政府または福島原発事故発生直後における合理的な判断に基づく地方公共団体による避難等の指示、要請または支援・促進をいい、「避難等」とは、以下の①～③において定義されている「避難」、「対象区域外滞在」および「屋内退避」をあわせたものをいう。

① 福島原発事故が発生した後に対象区域内から同区域外への避難のための立退き（以下、「避難」という）およびこれに引き続く同区域外滞在（以下、「対象区域外滞在」という）を余儀なくされた者（ただし、平成23年6月20日以降に緊急時避難準備区域（特定避難勧奨地点を除く）から同区域外に避難を開始した者のうち、子供、妊婦、要介護者、入院患者等以外の者を除く）

② 福島原発事故発生時に対象区域外におり、同区域内に生活の本拠としての住居（以下、「住居」という）があるものの引き続き対象区域外滞在を余儀なくされた者

③ 屋内退避区域内で屋内への退避（以下、「屋内退避」という）を余儀なくされた者

3 損害項目

(1) 検査費用（人）

(指針)
本件事故の発生以降、避難等対象者のうち避難若しくは屋内退避をした者、又は対象区域内滞在者が、放射線への曝露の有無又はそれが健康に及ぼす影響

> を確認する目的で必要かつ合理的な範囲で検査を受けた場合には、これらの者が負担した検査費用（検査のための交通費等の付随費用を含む。以下（備考）の3）において同じ。）は、賠償すべき損害と認められる。

(ア) 対象者

避難等対象者のうち避難もしくは屋内退避をした者に加え、対象区域内滞在者も含まれる。

(イ) 検査の内容

「放射線への曝露の有無又はそれが健康に及ぼす影響を確認する目的で必要かつ合理的な範囲で検査を受けた場合」ということで、内部被曝の有無、尿や母乳内の放射性物質の検査を想定しているものと思われる。

ただ、一般的な健康診断や人間ドックについても、放射線が健康に及ぼす影響を確認する目的としてなされた場合には、必要かつ合理的な範囲の検査については賠償すべき損害となる場合もあると考えられる。

(ウ) 検査のための交通費等の付随費用

「検査のための交通費等の付随費用」には、交通費や検査のために休業したことによる現実の収入源の賠償もなしうるものと考える。交通費は公共交通機関の運賃のほか、タクシーを利用することが必要やむを得ない場合にはタクシー料金、自家用車の場合は、ガソリン代、高速道路料金、駐車場代も含まれよう。

(エ) 宿泊費

また、放射線の被曝検査が可能な病院が遠方にあり、宿泊することが必要やむを得ない場合には、合理的な宿泊費用も対象となる。

(オ) 東京電力の補償基準

平成23年8月30日に公表された東京電力の補償基準では、健康診断は1回あたり8000円、放射線検査は1回あたり1万5000円で、これを超える場合は具体的な事情を確認するものとされている。

〈表2〉 証拠──検査費用（人）（政府による避難等の指示による損害）

検査費用	診断書、領収書、検査結果証明書
交通費	タクシー料金領収書、駐車場領収書、高速料金領収書（ETCの場合はクレジット利用明細）、公共交通機関の場合は料金を表示する資料
宿泊費用	領収書
休業による収入減	給与明細、確定申告書、源泉徴収票

(2) 避難費用

(指針)
I）避難等対象者が必要かつ合理的な範囲で負担した以下の費用が、賠償すべき損害と認められる。
　① 対象区域から避難するために負担した交通費、家財道具の移動費用
　② 対象区域外に滞在することを余儀なくされたことにより負担した宿泊費及びこの宿泊に付随して負担した費用（以下「宿泊費等」という。）
　③ 避難等対象者が、避難等によって生活費が増加した部分があれば、その増加費用
II）避難費用の損害額算定方法は、以下のとおりとする。
　① 避難費用のうち交通費、家財道具の移動費用、宿泊費等については、避難等対象者が現実に負担した費用が賠償の対象となり、その実費を損害額とするのが合理的な算定方法と認められる。
　　但し、領収証等による損害額の立証が困難な場合には、平均的な費用を推計することにより損害額を立証することも認められるべきである。
　② 他方、避難費用のうち生活費の増加費用については、原則として、後記6の「精神的損害」の（指針）I①又は②の額に加算し、その加算後の一定額をもって両者の損害額とするのが公平かつ合理的な算定方法と認められる。
　　その具体的な方法については、後記6のとおりである。
III）避難指示等の解除等（指示、要請の解除のみならず帰宅許容の見解表明等を含む。以下同じ。）から相当期間経過後に生じた避難費用は、特段の事情

がある場合を除き、賠償の対象とはならない。

　(ア)　対象者

　避難等対象者が、現実に避難した際の避難費用の賠償すべき損害の基準を示すものである。

　(イ)　交通費

　避難のために支出した交通費は、公共交通機関の運賃のほか、タクシーを利用することが必要やむを得ない場合にはタクシー料金、自家用車の場合は、ガソリン代、高速道路料金、駐車場代も含まれる。家財道具の移動費用は、いわゆる引越費用であり、業者に依頼した場合は、実費が損害となる。

　自家用車や知人に依頼した場合などは、ガソリン代、高速道路料金、駐車場代が損害となろう。その場合のガソリン代は、中間指針では避難先までの移動距離からそれに要したガソリン代等を算出する（中間指針第3［損害項目］2（備考）2）参照）とされており、具体的には平均的な燃費と当時の平均的なガソリン価格に基づいて計算することになろう。

　避難先から、さらに他所に避難した場合には、その再避難が、必要かつ合理的な場合には、同様に損害として認められる。

　(ウ)　宿泊費等

　ホテル、旅館等に避難した場合には、必要かつ合理的な期間内であれば賠償すべき損害となる。アパート等賃貸物件に入居した場合には、手数料、礼金が損害となり、帰宅までの賃料が損害となると考えられるが、賃借物件が避難前の住居と比較して合理的な物件であるか、賃料は妥当であるか等については、問題となり得る。敷金については、原則として退去時に返還されることから損害とは認められないと考えられる。

　親戚や、知人宅に避難した場合には、平均的な賃料が損害として認められると考える。

　(エ)　避難等によって生活費が増加した部分

　「避難等によって生活費が増加した部分」というのは、食料購入のための交通費、自家用農作物の利用が困難となった場合の野菜等の購入費用（中間

指針第3［損害項目］2（備考）1）参照）のほか、通勤通学のための交通費等の増加や、駐車場代の負担等が考えられる。

　(オ)　損害の終期

「避難指示等の解除等から相当期間経過後」（上記指針Ⅲ）参照）である。指針では、この「相当期間」は、平成23年4月22日に屋内退避区域の指定が解除された区域等について、「この相当期間は、これらの区域における公共施設の復旧状況等を踏まえ、解除等期日から住居に戻るまでに通常必要となると思われる準備期間を考慮し、平成23年7月末までを目安とする」（中間指針第3［損害項目］2（備考）4）参照）とされており、3カ月程度を想定している。

　(カ)　東京電力の補償基準

東京電力の補償基準では、同一都道府県内の移動は1回あたり1人5000円、都道府県を越える移動は、移動元、移動先ごとに策定した標準金額、宿泊費の上限は1泊あたり1人8000円を上限とすること、除染費用は1回あたり5000円とされており、これを超える場合は具体的な事情を確認することとされている。

〈表3〉　証拠──避難費用（政府による避難等の指示による損害）

交通費	タクシー料金領収書、駐車場領収書、高速料金領収書（ETCの場合はクレジット利用明細）、公共交通機関の場合は料金を表示する資料
宿泊費用	領収書
賃借費用	不動産業者手数料領収書、礼金領収書、賃貸借契約書
除染費用	除染結果証明書

　(3)　一時立入費用

（指針）
　避難等対象者のうち、警戒区域内に住居を有する者が、市町村が政府及び県の支援を得て実施する「一時立入り」に参加するために負担した交通費、家財道具の移動費用、除染費用等（前泊や後泊が不可欠な場合の宿泊費等も含む。

以下同じ。）は、必要かつ合理的な範囲で賠償すべき損害と認められる。

(ア) 対象者

原則として立入りが禁止されている警戒区域内に住居を有している者（福島第一原子力発電所から半径3キロメートル圏内に住居を有している者などを除く）であり、現実に一時立入りした者である。

(イ) 交通費・宿泊費

交通費は、公共交通機関の運賃のほか、タクシーを利用することが必要やむを得ない場合にはタクシー料金、自家用車の場合は、ガソリン代、高速道路料金、駐車場代が含まれ、遠方に避難している場合には、宿泊が不可欠な場合には宿泊費が損害となる。親戚や知人宅に宿泊した場合でもそれが不可欠であるのならば、平均的な宿泊費が損害となろう。

(ウ) 東京電力の補償基準

東京電力の補償基準は、前記(2)(カ)と同じである。

(4) 帰宅費用

(指針)
　避難等対象者が、対象区域内の避難指示等の解除等に伴い、対象区域内の住居に最終的に戻るために負担した交通費、家財道具の移動費用等（前泊や後泊が不可欠な場合の宿泊費等も含む。）は、必要かつ合理的な範囲で賠償すべき損害と認められる。

(ア) 対象者

避難等対象者で、対象区域内の避難指示等の解除等に伴い、対象区域内の住居に最終的に戻った者である。

(イ) 交通費、家財道具の移動費用、宿泊費等

前記(3)(イ)と同様である。

(ウ) 東京電力の補償基準

東京電力の補償基準は、前記(2)(カ)と同じである。

(5) 生命・身体的損害

(指針)
　避難等対象者が被った以下のものが、賠償すべき損害と認められる。
Ⅰ）本件事故により避難等を余儀なくされたため、傷害を負い、治療を要する程度に健康状態が悪化（精神的障害を含む。以下同じ。）し、疾病にかかり、あるいは死亡したことにより生じた逸失利益、治療費、薬代、精神的損害等
Ⅱ）本件事故により避難等を余儀なくされ、これによる治療を要する程度の健康状態の悪化等を防止するため、負担が増加した診断費、治療費、薬代等

　避難等対象者が、福島原発事故により避難等を余儀なくされたため、生命・身体的損害を被った場合の損害についての指針である。

　㈎　相当因果関係

　「避難等を余儀なくされたこと」と「生命・身体的損害」の間には相当因果関係が必要である。

　㈑　賠償の範囲

　避難等を余儀なくされたために、必要な治療を受けられなかったため、健康状態が悪化した場合も賠償すべき損害となろう。

　診断費、治療費、薬代など実費のほか、逸失利益、精神的損害が賠償すべき損害となる。

　逸失利益、精神的損害については、交通事故と同様であり財団法人日弁連交通事故相談センター東京支部『損害賠償額算定基準上巻（基準編）』（通称「赤い本」）を参照すればよい。

　㈒　東京電力の補償基準

　東京電力の補償基準では、医療費は原則として実費賠償であるが、既往症の悪化防止費用のうち、1人あたり10万円を超える部分については50％を支払うこととされている。1回累計10万円以上の請求は医師の診断書を提出する。

Ⅲ　政府による避難等の指示による損害　75

〈表4〉　証拠──生命・身体的損害（政府による避難等の指示による損害）

実　費	領収書
治療費等	診断書

(6)　精神的損害

(指針)
Ⅰ）本件事故において、避難等対象者が受けた精神的苦痛（「生命・身体的損害」を伴わないものに限る。以下この項において同じ。）のうち、少なくとも以下の精神的苦痛は、賠償すべき損害と認められる。
　①　対象区域から実際に避難した上引き続き同区域外滞在を長期間余儀なくされた者（又は余儀なくされている者）及び本件事故発生時には対象区域外に居り、同区域内に住居があるものの引き続き対象区域外滞在を長期間余儀なくされた者（又は余儀なくされている者）が、自宅以外での生活を長期間余儀なくされ、正常な日常生活の維持・継続が長期間にわたり著しく阻害されたために生じた精神的苦痛
　②　屋内退避区域の指定が解除されるまでの間、同区域における屋内退避を長期間余儀なくされた者が、行動の自由の制限等を余儀なくされ、正常な日常生活の維持・継続が長期間にわたり著しく阻害されたために生じた精神的苦痛
Ⅱ）Ⅰ）の①及び②に係る「精神的損害」の損害額については、前記2の「避難費用」のうち生活費の増加費用と合算した一定の金額をもって両者の損害額と算定するのが合理的な算定方法と認められる。
　そして、Ⅰ）の①又は②に該当する者であれば、その年齢や世帯の人数等にかかわらず、避難等対象者個々人が賠償の対象となる。
Ⅲ）Ⅰ）の①の具体的な損害額の算定に当たっては、差し当たって、その算定期間を以下の3段階に分け、それぞれの期間について、以下のとおりとする。
　①　本件事故発生から6ヶ月間（第1期）
　　　第1期については、一人月額10万円を目安とする。
　　　但し、この間、避難所・体育館・公民館等（以下「避難所等」という。）における避難生活等を余儀なくされた者については、避難所等において避難生活をした期間は、一人月額12万円を目安とする。

② 第1期終了から6ヶ月間（第2期）
但し、警戒区域等が見直される等の場合には、必要に応じて見直す。
第2期については、一人月額5万円を目安とする。
③ 第2期終了から終期までの期間（第3期）
第3期については、今後の本件事故の収束状況等諸般の事情を踏まえ、改めて損害額の算定方法を検討するのが妥当であると考えられる。
IV）Ⅰ）の①の損害発生の始期及び終期については、以下のとおりとする。
① 始期については、原則として、個々の避難等対象者が避難等をした日にかかわらず、本件事故発生日である平成23年3月11日とする。但し、緊急時避難準備区域内に住居がある子供、妊婦、要介護者、入院患者等であって、同年6月20日以降に避難した者及び特定避難勧奨地点から避難した者については、当該者が実際に避難した日を始期とする。
② 終期については、避難指示等の解除等から相当期間経過後に生じた精神的損害は、特段の事情がある場合を除き、賠償の対象とはならない。
V）Ⅰ）の②の損害額については、屋内退避区域の指定が解除されるまでの間、同区域において屋内退避をしていた者（緊急時避難準備区域から平成23年6月19日までに避難を開始した者及び計画的避難区域から避難した者を除く。）につき、一人10万円を目安とする。

(ア) 対象者

避難等対象者である。

(イ) 損害の範囲

中間指針の精神的損害は、実際の避難者が「自宅以外での生活を長期間余儀なくされ、正常な日常生活の維持・継続が長期間にわたり著しく阻害されたために生じた精神的苦痛」と、屋内退避者の「行動の自由の制限等を余儀なくされ、正常な日常生活の維持・継続が長期間にわたり著しく阻害されたために生じた精神的苦痛」に加え、「避難費用」のうち生活費の増加費用も合算したものであるため、注意が必要である。

(ウ) 損害額

中間指針では、精神的損害について定型化して第1期（福島原発事故発生から6カ月間）、第2期（第1期終了から6カ月間）、第3期（第2期終了から終

期までの期間）に分け、第 1 期は 1 人月額10万円（避難所等において避難生活した期間は、1 人月額12万円）、第 2 期は 1 人月額 5 万円を目安とし、第 3 期についてはあらためて検討するとしている。

　このような定型化した措置は、確かに、精神的損害や「避難費用」のうち生活費の増加費用という立証が困難な事項について、立証を不要として被害者保護を図ることに資するものとは考えられるが、精神的苦痛の内容は千差万別であり、提示された金額の妥当性については疑問がある。個別具体的な状況に応じ、それ以上の損害を受けている場合には積極的に主張していくべきであろう。

(7) 営業損害

> （指針）
> Ⅰ）従来、対象区域内で事業の全部又は一部を営んでいた者又は現に営んでいる者において、避難指示等に伴い、営業が不能になる又は取引が減少する等、その事業に支障が生じたため、現実に減収があった場合には、その減収分が賠償すべき損害と認められる。
> 　上記減収分は、原則として、本件事故がなければ得られたであろう収益と実際に得られた収益との差額から、本件事故がなければ負担していたであろう費用と実際に負担した費用との差額（本件事故により負担を免れた費用）を控除した額（以下「逸失利益」という。）とする。
> Ⅱ）また、Ⅰ）の事業者において、上記のように事業に支障が生じたために負担した追加的費用（従業員に係る追加的な経費、商品や営業資産の廃棄費用、除染費用等）や、事業への支障を避けるため又は事業を変更したために生じた追加的費用（事業拠点の移転費用、営業資産の移動・保管費用等）も、必要かつ合理的な範囲で賠償すべき損害と認められる。
> Ⅲ）さらに、同指示等の解除後も、Ⅰ）の事業者において、当該指示等に伴い事業に支障が生じたため減収があった場合には、その減収分も合理的な範囲で賠償すべき損害と認められる。また、同指示等の解除後に、事業の全部又は一部の再開のために生じた追加的費用（機械等設備の復旧費用、除染費用等）も、必要かつ合理的な範囲で賠償すべき損害と認められる。

㋐　対象者

　対象は、対象区域内で事業の全部または一部を営んでいた者または現に営んでいる者であるが、風評被害等についても考え方は同様である。

　㋑　損害額

　逸失利益のほか、「事業に支障が生じたために負担した追加的費用（従業員に係る追加的な経費、商品や営業資産の廃棄費用、除染費用等）や、事業への支障を避けるためまたは事業を変更したために生じた追加的費用（事業拠点の移転費用、営業資産の移動・保管費用等）」も賠償すべき損害となる。

　(A)　逸失利益

　「福島原発事故がなければ得られたであろう収益と実際に得られた収益との差額から、福島原発事故がなければ負担していたであろう費用と実際に負担した費用との差額（福島原発事故により負担を免れた費用）を控除した額」とされているが、これは、通称「粗利」といわれるものである。

　逸失利益は、日次、月次の粗利管理ができていれば休業を余儀なくされた期間の逸失利益の証明は可能であるが、なければ過去3年分程度の損益計算書の売上総利益の1日分を計算するなどして証明する必要があろう。

　警戒区域で立入りが禁止されている場合には、何年分の逸失利益が賠償の対象となるかについては難しい問題がある。中間指針では、「一般的には事業拠点の移転や転業等の可能性があることから、賠償対象となるべき期間には一定の限度があることや、早期に転業する等特別の努力を行った者が存在することに、留意する必要がある」と記載されているにとどまる。

　現実に警戒区域外で営業を開始した場合は、営業開始までの全期間（1年程度であれば合理的期間といえると考える）と、粗利の減収分について合理的期間分は賠償の対象となるはずであり、ケースバイケースであるが2年分から5年分程度が妥当であろうと考える。

　(B)　従業員に係る追加的な経費

　解雇予告手当や災害見舞金などが考えられる。

　(C)　商品や営業資産の廃棄費用

　商品や営業資産の取得原価は当然として廃棄に係る費用も含まれる。ただ

し、除染により使用可能ならば、「除染費用」と「資産価値と廃棄費用の合計額」と比較して、費用の低い額が損害となる。廃棄費用は、立入りが制限されているうえ、放射能汚染された廃棄物の廃棄費用の証明は難しいが廃棄業者の見積もりをとるなどしてすることになろう。

(D) 事業拠点の移転費用

「事業拠点の移転費用」は、引越費用、不動産業者に対する仲介手数料などは含まれるが、土地購入費用、建物建築費用などは賠償するべき損害とは認められない（財物的価値の喪失、減少に対する補償で補填されるからである）。

(ウ) 東京電力の賠償基準

東京電力が、平成23年9月21日に発表した「法人および個人事業主の方に関する主な損害項目における賠償基準の概要」（以下、「賠償基準」という）では、避難指示等に伴う減収分（逸失利益）＋追加費用であり、逸失利益＝(粗利＋売上原価中の固定費―経費中の変動費―給料賃金・地代家賃)×減収率とされている。ただし、実際に請求対象期間において給料賃金、地代家賃を支出している場合は実費を支払う。

(エ) 証　拠

損害を証明する証拠としては、商業登記簿、納税証明書、損益計算書、確定申告書があげられる。

(8) 就労不能等に伴う損害

> （指針）
> 　対象区域内に住居又は勤務先がある勤労者が避難指示等により、あるいは、前記7の営業損害を被った事業者に雇用されていた勤労者が当該事業者の営業損害により、その就労が不能等となった場合には、かかる勤労者について、給与等の減収分及び必要かつ合理的な範囲の追加的費用が賠償すべき損害と認められる。

(ア) 対象者

対象区域内に住居または勤務先がある勤労者であり、自営業者や家庭内農業従事者は「営業損害」になるので、ここには含まれない（中間指針第3

[損害項目] 8 （備考） 2 ）参照）。

　(イ)　追加的費用

　追加的費用には、転職等を余儀なくされた場合の転居費用や通勤費の増加分が含まれる（中間指針第 3 ［損害項目］ 8 （備考） 7 ）参照）。

　(ウ)　就労不能期間の終期

　中間指針では、「基本的には対象者が従来と同じ又は同等の就労活動を営むことが可能となった日とすることが合理的であるが、本件事故により生じた減収分がある期間を含め、どの時期までを賠償の対象とするかについて、その具体的な時期等を見通すことは困難であるため、改めて検討することとする」とし、一般的基準を示していない。

　(エ)　損害の範囲

　営業損失と同様、現実に転職をするまでの全期間（ 1 年程度までであれば合理的期間といえると考える）と、賃金の減少分について合理的期間分は賠償の対象となるはずであり、ケースバイケースであるが 2 年分から 5 年分程度が妥当であろうと考える。

　(オ)　東京電力の補償基準

　東京電力の補償基準は、就労不能等による給与等の減収分（従前の平均収入－現在の実収入）＋追加的費用（転居費用等）を支払うとしている。

　(カ)　証　拠

　損害を証明する証拠としては、就労状況証明書、保険証、源泉徴収票、給与明細、預金通帳、転居費用の領収書があげられる。

　(9)　検査費用（物）

（指針）

　対象区域内にあった商品を含む財物につき、当該財物の性質等から、検査を実施して安全を確認することが必要かつ合理的であると認められた場合には、所有者等の負担した検査費用（検査のための運送費等の付随費用を含む。以下同じ。）は必要かつ合理的な範囲で賠償すべき損害と認められる。

(ア) 対　象

「対象区域内にあった商品を含む財物」であるが、立入禁止が長期化すれば、財物自体劣化等により価値を喪失するため、損害は検査費用というよりも下記(10)の財物価値の喪失ということになろう。

ただし、当事者にとって価値のある記念品等については、財物価値の喪失というよりも、検査を実施して安全を確認する必要があるので、検査費用を賠償するべき損害とする必要も認められる。

　(イ) 東京電力の補償基準

東京電力の補償基準では、1回あたり1万7000円であり、これを超える場合には具体的な事情を確認するものとされ、原則として1回分を対象とするとしている。

　(ウ) 証　拠

損害を証明する証拠としては、検査結果証明書、領収書があげられる。

(10) 財物価値の喪失または減少等

(指針)
　財物につき、現実に発生した以下のものについては、賠償すべき損害と認められる。なお、ここで言う財物は動産のみならず不動産をも含む。
Ⅰ) 避難指示等による避難等を余儀なくされたことに伴い、対象区域内の財物の管理が不能等となったため、当該財物の価値の全部又は一部が失われたと認められる場合には、現実に価値を喪失し又は減少した部分及びこれに伴う必要かつ合理的な範囲の追加的費用（当該財物の廃棄費用、修理費用等）は、賠償すべき損害と認められる。
Ⅱ) Ⅰ) のほか、当該財物が対象区域内にあり、
　① 財物の価値を喪失又は減少させる程度の量の放射性物質に曝露した場合又は、
　② ①には該当しないものの、財物の種類、性質及び取引態様等から、平均的・一般的な人の認識を基準として、本件事故により当該財物の価値の全部又は一部が失われたと認められる場合
　には、現実に価値を喪失し又は減少した部分及び除染等の必要かつ合理的な範囲の追加的費用が賠償すべき損害と認められる。

> Ⅲ）対象区域内の財物の管理が不能等となり、又は放射性物質に曝露することにより、その価値が喪失又は減少することを予防するため、所有者等が支出した費用は、必要かつ合理的な範囲において賠償すべき損害と認められる。

　㋐　対　象

　対象区域内に存する財物であり、動産のみならず不動産も含まれる。また、動植物や、食料品、腐食しやすい物質でできた物などが対象となると思われる。

　中間指針では、当該財物が商品である場合には、財物価値の喪失または減少と評価するか、あるいは営業損害（逸失利益）と評価するか個別の事情に応じて判断されるべきである（中間指針第3［損害項目］10（備考）1）参照）とするが、営業損害はあくまでも「利益の減少」部分に限られるので、商品という実物資産の損害とは別であり、財物価値の喪失または減少と評価するべきである。

　㋑　損害の範囲

　まず、避難等に伴い、財物の管理が不能等になったため、当該財物の価値の全部または一部が失われたと認められる場合は、その現実に価値が喪失または減少した部分に加え、廃棄費用、修理費用等の追加費用が、賠償すべき損害となる。

　次に、当該財物が対象区域内にあり、財物の価値を喪失または減少させる程度の量の放射性物質に曝露した場合にも、財産的価値の喪失、減少分と除染費用、廃棄費用等の追加的費用が賠償するべき損害となる。

　㋒　「財物の価値を喪失又は減少させる程度の量の放射性物質に曝露した場合」とは

　「財物の価値を喪失又は減少させる程度の量の放射性物質に曝露した場合」がどういう場合であるのかについては、中間指針は明確ではない。一定以上の放射性物質が検出された場合であるということになると思われるが、その基準について早急に明確にするべきである。

　ただ、中間指針では、「財物の種類、性質及び取引態様等から、平均的・

一般的な人の認識を基準として、本件事故により当該財物の価値の全部又は一部が失われたと認められる場合」も同様であるとしているが、放射性物質が検出されれば、平均的・一般的な人の認識を基準としてその財物を回避したいとの心理が働く以上、一定程度の財物の価値の減少は認められるものと思われる。

　そうすると、結局は、放射性物質が検出された場合には、財産的価値の減少は認められることになり、問題は、財産的価値の減少をどのように計算するかということになろう。除染費用と財産的価値を比較して、除染費用のほうが高額であれば、全損として請求することは可能であると考える。

　　(エ)　損害の基準となる財物の価値

　原則として、福島原発事故発生時点における財物の時価に相当する額とすべきであるが、時価の算出が困難である場合には、一般公正妥当と認められる企業会計の慣行に従った帳簿価格を基準とすることも考えられる（中間指針第3［損害項目］10（備考）5）参照）。企業であれば、帳簿価格があるが、個人の場合には財物の時価評価は困難である。自動車であれば、中古市場価格があるが、家財道具については取得価格の記録もないと考えられるので、財物ごとの明細を記載し、客観的な統計データ等により損害額を推計することとなろう。

　　(オ)　不動産の取扱い

　不動産（土地・建物）については、中間指針では「なお、ここで言う財物は動産のみならず不動産をも含む」としているだけで、具体的な取扱いについては何ら記載されていない。

　警戒区域内にあり、放射性物質に曝露した程度によっては、不動産についても全損を認めてよいと思われる（除染費用のほうが高額であれば全損となろう）。

　土地については、福島原発事故前の実勢価格について鑑定するか、公示地価等で疎明することになろう。

　建物については、不動産鑑定評価によることが確実ではあるが、調査も不可能であることから、建築費用または取得価格から経年劣化を考慮して計算

して請求することになるものと思われる。

警戒区域以外の不動産についても、福島原発事故と因果関係のある価値の下落は賠償の対象とするべきであるが、その立証は困難である。むしろ、除染を行い、除染費用について賠償することが現実的であると考える。

　　㈮　東京電力の補償基準

東京電力の補償基準では、具体的な算定方法は示されていない。

〈表5〉　証拠──財物価値の喪失または減少等（政府による避難等の指示による損害）

動　産	取得価格を証明する資料（領収書）、在庫明細書
不動産	固定資産明細書、不動産鑑定書、評価証明書、登記簿謄本、売買契約書

Ⅳ　政府による航行危険区域等および飛行禁止区域の設定に係る損害

1　営業損害

（指針）
Ⅰ）航行危険区域等の設定に伴い、①漁業者が、対象区域内での操業又は航行を断念せざるを得なくなったため、又は、②内航海運業若しくは旅客船事業を営んでいる者等が同区域を迂回して航行せざるを得なくなったため、現実に減収があった場合又は迂回のため費用が増加した場合は、その減収分及び必要かつ合理的な範囲の追加的費用が賠償すべき損害と認められる。
Ⅱ）飛行禁止区域の設定に伴い、航空運送事業を営んでいる者が、同区域を迂回して飛行せざるを得なくなったため費用が増加した場合には、当該追加的費用が必要かつ合理的な範囲で賠償すべき損害と認められる。

　　⑴　対　象

政府による航行危険区域等および飛行禁止区域の設定に伴って発生した損

害のうち、賠償の対象となるものが示されている。

(2) 損害の算定

減収分の算定方法等は、前記Ⅲ3(7)に同じ（ただし、避難等に特有の部分は除く）である（中間指針第4［損害項目］1（備考）1）参照）。

中間指針は、政府による航行危険区域等または飛行禁止区域設定の前に自主的に制限を行っていたものについては、これを賠償対象から除外すべき合理的な理由がない限り、当該制限に伴う減収分等も賠償すべき損害と認められるとしている（中間指針第4［損害項目］1（備考）2）参照）。

(3) 東京電力の賠償基準

東京電力の賠償基準は、「政府による航行危険区域等及び飛行禁止区域の設定に係る損害」中の「営業損害」の計算方法について、「航行危険区域等の設定に伴う減収分（逸失利益）＋追加的費用」により求めるとしている。そして、「航行危険区域等の設定に伴う減収分（逸失利益）」については、「売上減少額－費用減少額」にて算出するとし、「追加的費用」については実費を支払うとしている。

〈表6〉 証拠──営業損害（政府による航行危険区域等および飛行禁止区域の設定に係る損害）

営業損害（減収分）	福島原発事故前の確定申告書、損益計算書その他の決算書類、帳簿、伝票、日誌等
営業損害（追加的費用）	請求書、領収書その他支払いを証する資料（預金口座からの出金を示す通帳の写し等）

2 就労不能等に伴う損害

（指針）
　航行危険区域等又は飛行禁止区域の設定により、同区域での操業、航行又は飛行が不能等となった漁業者、内航海運業者、旅客船事業者、航空運送事業者等の経営状態が悪化したため、そこで勤務していた勤労者が就労不能等を余儀なくされた場合には、かかる勤労者について、給与等の減収分及び必要かつ合

理的な範囲の追加的費用が賠償すべき損害と認められる。

(1) **損害額の算定**

減収分の算定方法等は、前記Ⅲ 3(8)に同じ（ただし、避難等に特有の部分は除く）である（中間指針第4［損害項目］2（備考）参照）。

(2) **東京電力の賠償基準**

東京電力の賠償基準では、原則として漁業、内航海運業、旅客船事業、航空運送事業を営んでおり、航行危険区域等および飛行禁止区域の設定に伴い損害を被った法人および個人事業主に対する営業損害として支払うとしている。ただし、被用者から請求があった場合、個別に対応について協議するとしている。

(3) **証　拠**

損害を証明する証拠としては、①就労状況証明書、保険証、②就労不能等であることを裏付ける資料（商業登記簿謄本、ニュースリリース、適時開示情報、破産手続開始通知書等）、③福島原発事故前の源泉徴収票、給与明細、預金通帳、領収書等があげられる

Ⅴ　政府等による農林水産物等の出荷制限指示等に係る損害

1　対　象

本項は、出荷制限指示等に伴う損害を対象とする。
出荷制限指示等とは、以下①、②を指す。
① 　農林水産物（加工品を含む）または食品の生産、製造および流通に関する制限についての指示等

　　　例として、ⓐ政府による出荷制限指示・摂取制限指示・作付制限指示、放牧および牧草等の給与制限指導、食品衛生法に基づく販売禁止等、ⓑ地方公共団体による出荷または操業自粛要請等、ⓒ生産者団体が政府ま

たは地方公共団体の関与の下で行う操業自粛決定等（福島原発事故発生県沖における航行危険区域等の設定、汚染水の排出等の事情を踏まえ、同県の漁業者団体が同県との協議に基づき操業の自粛を決定した場合等）があげられる。

② 農林水産物・食品に関する検査についての指示等

例として、政府による食品の放射性物質検査の指示等があげられる。

2　損害項目

(1)　営業損害

> (指針)
> Ⅰ) 農林漁業者その他の同指示等の対象事業者において、同指示等に伴い、当該指示等に係る行為の断念を余儀なくされる等、その事業に支障が生じたため、現実に減収があった場合には、その減収分が賠償すべき損害と認められる。
> Ⅱ) また、農林漁業者その他の同指示等の対象事業者において、上記のように事業に支障が生じたために負担した追加的費用（商品の回収費用、廃棄費用等）や、事業への支障を避けるため又は事業を変更したために生じた追加的費用（代替飼料の購入費用、汚染された生産資材の更新費用等）も、必要かつ合理的な範囲で賠償すべき損害と認められる。
> Ⅲ) 同指示等の対象品目を既に仕入れ又は加工した加工・流通業者において、当該指示等に伴い、当該品目又はその加工品の販売の断念を余儀なくされる等、その事業に支障が生じたために現実に生じた減収分及び必要かつ合理的な範囲の追加的費用も賠償すべき損害と認められる。
> Ⅳ) さらに、同指示等の解除後も、同指示等の対象事業者又はⅢ) の加工・流通業者において、当該指示等に伴い事業に支障が生じたために減収があった場合には、その減収分も合理的な範囲で賠償すべき損害と認められる。また、同指示等の解除後に、事業の全部又は一部の再開のために生じた追加的費用（農地や機械の再整備費、除染費用等）も、必要かつ合理的な範囲で賠償すべき損害と認められる。

(ア) 対象者

　賠償対象者は、農林漁業者その他の出荷制限指示等の対象者（上記指針Ⅰ)、Ⅱ)、Ⅳ)）および同指示等の対象品目の加工・流通業者（上記指針Ⅲ)、Ⅳ)）である。

(イ) 損害の算定

　上記指針Ⅰ)は、農林漁業者が政府等による出荷制限指示等により、同指示等に係る対象品目の作付け、放牧、牧草等の給与その他営農に関する行為または漁獲、養殖その他漁業に関する行為の全部または一部の断念を余儀なくされ、これによって減収が生じた場合の減収分などを想定している。中間指針によると、農林産物の出荷制限指示は、その作付け自体を制限するものではないが、作付けから出荷までに要する期間、作付けの時点で制限解除の見通しが立たない状況等に鑑み、その作付けの全部または一部を断念することもやむを得ないと考えられる場合は、その断念によって生じた減収分も、賠償すべき損害と認められるとされている（中間指針第5［損害項目］1（備考）1）参照）。

　出荷制限指示等がなされる前に自主的に当該制限を行っていたものについては、福島原発事故の発生により合理的な判断に基づいて実施されたものと推認できるため、これを賠償対象から除外すべき合理的な理由がない限り、当該制限に伴う減収分が賠償すべき損害と認められる（中間指針第5［損害項目］1（備考）2）参照）。

　また、収穫期を迎えた農産物が出荷制限指示の対象となり、当該農産物をすべて廃棄した場合には、その減収分が賠償の対象となる（上記指針Ⅰ)）と同時に、その農産物の処分費用等も、追加的費用として賠償の対象となる（上記指針Ⅱ)）。

　上記指針Ⅳ)は、出荷制限等によって減少した生産量や取扱い品量が、当該指示等の解除後においても回復しない場合等を想定していると思われる。他方、当該指示等の事後的な影響であって、消費者の危惧感等の影響により取引量が減少しているという場合には、厳密には後記Ⅶの風評被害に該当するものと思われる。

なお、中間指針は、政府による出荷制限指示等による減収分の算定方法等についても、前記Ⅲ3(7)(イ)と同様であるとしており、福島原発事故がなければ得られたであろう収益と実際に得られた収益との差額から、福島原発事故により負担を免れた費用を控除した額が減収分となる（中間指針第5［損害項目］1（備考）3）参照）。

(ウ) 東京電力の賠償基準

東京電力の賠償基準では、出荷制限指示等による減収分（逸失利益）について、〈表7〉の方法で算出するものとしている（下線は筆者）。

〈表7〉 東京電力賠償基準——出荷制限指示等による逸失利益の計算方法

業　種	減収の理由	逸失利益の計算方法
農　業	ⅰ）収穫後、市場等に出荷したが返品された場合	対象品目の実績出荷量 × 実績出荷単価 （返品がなかったとみなした場合の売上全額）
	ⅱ）収穫後、市場等に出荷できなかった場合	対象品目の出荷予定量×予定取引単価（注1） （すべて出荷できたとみなした場合の予定売上額）
	ⅲ）収穫前に廃棄せざるを得なかった場合（圃場廃棄）	対象品目の実績廃棄数量×予定取引単価－出荷にかかる費用（注2） （すべて出荷できたとみなした場合の予定売上額から出荷に係る予定費用を控除した額）
	ⅳ）出荷制限指示等により作付けを断念した場合	対象品目の予定生産数量×予定取引単価×期待所得率（注3） （作付けしていれば得られたであろう所得）
漁　業	操業自粛要請等に伴う減収分	過去の平均漁獲高－過去の平均経費＋現実に支出した費用

| 加工・流通業 | | 対象品目または加工品の廃棄数量×予定販売単価（注4）－出荷にかかる費用（注5） |

(注1) 予定取引単価は、直近の仕切単価等
(注2) 農業における出荷にかかる費用は、予定取引額合計に統計データに基づく標準料率30％を乗じた金額（または個別に証明した金額）
(注3) 期待所得率（品目ごとに算出）＝（単位面積あたり予想売上高－単位面積あたり予想費用）／単位面積あたり予想売上高（予想売上高および予想費用は統計データに基づくもの）
(注4) 予定販売単価は、すでに受注が入っていた場合は当該単価、受注前の場合は直近の実績販売単価等
(注5) 加工・流通業における出荷にかかる費用は、予定販売額合計に統計データに基づく標準料率５％を乗じた金額（または個別に証明した金額）

〈表８〉 証拠──営業損害（農林水産物等の出荷制限指示等に係る損害）

| 営業損害（減収分） | 福島原発事故前の確定申告書、損益計算書その他の決算書類、帳簿、出荷伝票、水揚げ伝票、仕切書、廃棄伝票、日誌等 |
| 営業損害（追加的費用） | 領収書等、追加的費用の支出が必要であったことについての報告書等 |

(2) 就労不能等に伴う損害

(指針)
　同指示等に伴い、同指示等の対象事業者又は１Ⅲ）の加工・流通業者の経営状態が悪化したため、そこで勤務していた勤労者が就労不能等を余儀なくされた場合には、かかる勤労者について、給与等の減収分及び必要かつ合理的な範囲の追加的費用が賠償すべき損害と認められる。

(ア) 対象者

　賠償対象者は、農林漁業者その他の出荷制限指示等の対象事業者および同指示等の対象品目の加工・流通業者における勤労者である。

(イ) 追加的費用

　追加的費用には、転職等を余儀なくされた場合の転居費用や通勤費の増加

分が含まれる（中間指針第3［損害項目］8（備考）7）参照）。

(ウ) 因果関係の立証

避難指示等があった場合と異なり、出荷制限指示等があれば必ず就労不能となるという関係にはないため、因果関係の立証にあたって「経営状態が悪化した」という事実が重要となるはずである。しかし、出荷制限指示等の対象事業者または同指示等の対象品目の加工・流通業者が、勤労者に対し休業等を命じたという事実により、経営状態の悪化は相当程度推認されるものと考えられる。

(エ) 損害の終期

就労不能等に伴う損害の終期については、基本的には対象者が従来と同じまたは同等の就労活動を営むことが可能となった日とすることが合理的とされている。一般的には、転職等により対応する可能性があることから、終期には一定の限度があること等に留意する必要がある。

(オ) 証　拠

損害を証明する証拠としては、①就労状況証明書、保険証、②就労不能等であることを裏付ける資料（商業登記簿謄本、ニュースリリース、適時開示情報、破産手続開始通知書）、③福島原発事故前の源泉徴収票、給与明細、預金通帳、領収書等があげられる。

(3) 検査費用（物）

(指針)
　同指示等に基づき行われた検査に関し、農林漁業者その他の事業者が負担を余儀なくされた検査費用は、賠償すべき損害と認められる。

(ア) 対象者

賠償対象者は、前記(1)と同様、出荷制限指示等の対象事業者に加え、出荷制限指示等の対象品目の加工業者および流通業者であると考えられる。

(イ) 損害の範囲

出荷制限指示において、検査自体の指示等がなされた場合および放射線量が基準値を下回ることを条件として出荷等が可能とされた場合には、検査の

費用は、当該指示等により負担を余儀なくされたものとして当然に賠償すべき損害となるはずである。他方、検査結果いかんにかかわらず一般的な出荷制限がなされている場合にも、当該品目に対する危惧を払しょくするために検査を実施することに合理性がないとはいいがたいため、当該検査費用は賠償すべき損害となると思われる。

中間指針は、「検査費用」には、検査のための運送費等の付随費用が含まれるとする（中間指針第3［損害項目］9参照）。運送費には、食品・製品等をトラックで運搬したことによる人件費、ガソリン代、高速道路料金、冷却費用、駐車場代も含まれる。

また、出荷制限指示等の対象品目類似の品目につき、消費者の危惧感を払しょくするために事業者が自発的に行った検査に係る費用についても、合理性の認められる限り、賠償すべき損害に含まれるものと思われる。

なお、中間指針は、取引先の要求等により検査の実施を余儀なくされた場合は、風評被害の損害となりうるとしている（中間指針第5［損害項目］3（備考）参照）。

　㈡　証　拠

損害を証明する証拠としては、検査結果証明書、検査の領収書、高速道路料金等の領収書があげられる。

Ⅵ　その他の政府指示等に係る損害

1　対　象

本項は、前記ⅢないしⅤに掲げられた政府指示等のほか、事業活動に関する制限または検査について、政府が福島原発事故に関して行う指示等（水に係る摂取制限指導、水に係る放射性物質検査の指導、放射性物質が検出された上下水処理等副次産物の取扱いに関する指導及び学校等の校舎・校庭等の利用判断に関する指導等）に伴う損害を対象とする。製造業、サービス業、医療業や学校教育その他事業一般にかかわる損害である。

なお、放射性物質が検出された上下水処理等副次産物の取扱いに関する指導の具体的内容は、脱水汚泥等について、一定以上の放射線濃度である場合、都道府県内の放射線を遮蔽できる施設での保管が望ましいことや、市場に流通する前にクリアランスレベル以下になるものは利用して差し支えないことなどとなっている。

2 損害項目

(1) 営業損害

> (指針)
> Ⅰ) 同指示等の対象事業者において、同指示等に伴い、当該指示等に係る行為の制限を余儀なくされる等、その事業に支障が生じたため、現実に減収が生じた場合には、その減収分が賠償すべき損害と認められる。
> Ⅱ) また、同指示等の対象事業者において、上記のように事業に支障が生じたために負担した追加的費用（商品の回収費用、保管費用、廃棄費用等）や、事業への支障を避けるため又は事業を変更したために生じた追加的費用（水道事業者による代替水の提供費用、除染費用、校庭・園庭における放射線量の低減費用等）も、必要かつ合理的な範囲で賠償すべき損害と認められる。
> Ⅲ) さらに、同指示等の解除後も、同指示等の対象事業者において、当該指示等に伴い事業に支障が生じたために減収があった場合には、その減収分も合理的な範囲で賠償すべき損害と認められる。また、同指示等の解除後に、事業の全部又は一部の再開のために生じた追加的費用も、必要かつ合理的な範囲で賠償すべき損害と認められる。

(ア) 対象者

賠償対象者は、「その他の政府指示等」の対象事業者である。したがって、水道水の摂取制限に伴う風評等により、消費者が水道水の飲用を控え、ペットボトル水等を購入した場合の費用については、本項の賠償の対象ではない。

(イ) 損害の範囲・算定方法

中間指針は、当該指示等がなされる前に自主的に当該制限を行っていたものについても、福島原発事故の発生により合理的な判断に基づいて実施され

たものと推認できるから、これを賠償対象から除外すべき合理的な理由がない限り、当該制限に伴う減収分が賠償すべき損害と認められるとしている（中間指針第6［損害項目］1（備考）1）参照）。

　また、中間指針は、校庭・園庭における土壌に関して児童生徒等の受ける放射線量を低減するための措置について、少なくとも、それが政府または地方公共団体による調査結果に基づくものであり、かつ、政府が放射線量を低減するための措置費用の一部を支援する場合には、学校等の設置者が負担した当該措置に係る追加的費用は、必要かつ合理的な範囲で賠償すべき損害と認められるとしている（中間指針第6［損害項目］1（備考）3）参照）。当該場合にあたらないからといって賠償の範囲から除外されているわけではないことに留意されたい。

　中間指針は、減収分の算定方法等については、前記避難指示等に伴う減収の算定方法と同様であるとしており、福島原発事故がなければ得られたであろう収益と実際に得られた収益との差額から、福島原発事故により負担を免れた費用を控除した額が減収分となる（中間指針第6［損害項目］1（備考）2）参照）。

　(ウ)　東京電力の賠償基準

　東京電力の賠償基準は、その他の政府指示等に係る減収分（逸失利益）の算定について、「逸失利益＝売上減少額－費用減少額」という一般的基準を示すにとどめているため、請求者は、損害の実態に応じて適宜この基準の他の箇所を参照しつつ請求額を算定することになると思われる。

〈表9〉　証拠──営業損害（その他の政府指示等に係る損害）

営業損害（減収分）	福島原発事故前の確定申告書、損益計算書その他の決算書類、帳簿、伝票、日誌等
営業損害（追加的費用）	領収書等、追加的費用の支出が必要であったことについての報告書

(2) 就労不能等に伴う損害

> （指針）
> 　同指示等に伴い、同指示等の対象事業者の経営状態が悪化したため、そこで勤務していた勤労者が就労不能等を余儀なくされた場合には、かかる勤労者について、給与等の減収分及び必要かつ合理的な範囲の追加的費用が賠償すべき損害と認められる。

(ア) 対象者

賠償対象者は、「その他の政府指示等」の対象事業者における勤労者である。

(イ) 追加的費用

追加的費用には、転職等を余儀なくされた場合の転居費用や通勤費の増加分が含まれる（中間指針第3［損害項目］8（備考）7）参照）。

(ウ) 因果関係の立証

避難指示等があった場合と異なり、当該指示等があれば必ず就労不能となるという関係にはないため、因果関係の立証にあたって「経営状態が悪化した」という事実が重要となるはずである。しかし、その他の政府指示等の対象事業者が、勤労者に対し休業等を命じたという事実により、営業状態の悪化の事実は相当程度推認されるものと考えられる。

(エ) 損害の終期

就労不能等に伴う損害の終期については、基本的には対象者が従来と同じまたは同等の就労活動を営むことが可能となった日とすることが合理的とされている。一般的には、転職等により対応する可能性があることから、終期には一定の限度があること等に留意する必要がある。

(オ) 証　拠

損害を証明する証拠としては、①就労状況証明書、保険証、②就労不能等であることを裏付ける資料（商業登記簿謄本、ニュースリリース、適時開示情報、破産手続開始通知書）、③福島原発事故前の源泉徴収票、給与明細、預金通帳、領収書等があげられる。

(3) 検査費用（物）

(指針)
　同指示等に基づき行われた検査に関し、同指示等の対象事業者が負担を余儀なくされた検査費用は、賠償すべき損害と認められる。

(ア) 対象者
賠償対象者は、「その他の政府指示等」の対象事業者である。

(イ) 検査費用
「検査費用」には、検査のための運送費等の付随費用が含まれる（中間指針第**被害**［損害項目］9参照）。

(ウ) 証　拠
損害を証明する証拠としては、検査結果証明書、検査の領収書、高速道路料金等の領収書があげられる。

Ⅶ　いわゆる風評被害

1　一般的基準

(指針)
Ⅰ）いわゆる風評被害については確立した定義はないものの、この中間指針で「風評被害」とは、報道等により広く知らされた事実によって、商品又はサービスに関する放射性物質による汚染の危険性を懸念した消費者又は取引先により当該商品又はサービスの買い控え、取引停止等をされたために生じた被害を意味するものとする。
Ⅱ）「風評被害」についても、本件事故と相当因果関係のあるものであれば賠償の対象とする。その一般的な基準としては、消費者又は取引先が、商品又はサービスについて、本件事故による放射性物質による汚染の危険性を懸念し、敬遠したくなる心理が、平均的・一般的な人を基準として合理性を有していると認められる場合とする。

Ⅲ）具体的にどのような「風評被害」が本件事故と相当因果関係のある損害と認められるかは、業種毎の特徴等を踏まえ、営業や品目の内容、地域、損害項目等により類型化した上で、次のように考えるものとする。
　①　各業種毎に示す一定の範囲の類型については、本件事故以降に現実に生じた買い控え等による被害（Ⅳ）に相当する被害をいう。以下同じ。）は、原則として本件事故と相当因果関係のある損害として賠償の対象と認められるものとする。
　②　①以外の類型については、本件事故以降に現実に生じた買い控え等による被害を個別に検証し、Ⅱ）の一般的な基準に照らして、本件事故との相当因果関係を判断するものとする。
Ⅳ）損害項目としては、消費者又は取引先により商品又はサービスの買い控え、取引停止等をされたために生じた次のものとする。
　①　営業損害
　　　取引数量の減少又は取引価格の低下による減収分及び必要かつ合理的な範囲の追加的費用（商品の返品費用、廃棄費用、除染費用等）
　②　就労不能等に伴う損害
　　　①の営業損害により、事業者の経営状態が悪化したため、そこで勤務していた勤労者が就労不能等を余儀なくされた場合の給与等の減収分及び必要かつ合理的な範囲の追加的費用
　③　検査費用（物）
　　　取引先の要求等により実施を余儀なくされた検査に関する検査費用

(1) 意　義

　中間指針第7「1　一般的基準」では、中間指針におけるいわゆる「風評被害」の定義、福島原発事故との相当因果関係の判断における一般的基準、具体的判断の枠組みおよび損害項目が示されている。

　中間指針は、少なくとも福島原発事故のような原子力事故における「風評被害」とは、「必ずしも科学的に明確でない放射性物質による汚染の危険を回避するための市場の拒絶反応によるもの」と考えるべきであるとする。そして、このような回避行動が平均的・一般的な人を基準として合理的といえる場合には、これによる損害は、福島原発事故と相当因果関係のある原子力損害として、賠償の対象となるとしている（中間指針第7・1（備考）1）参

照)。

　この指針内容の策定にあたっては、名古屋高金沢支判平成元・5・17判時1322号99頁が参考にされている。同判決は、敦賀湾の一部である浦底湾にある原子力発電所からの放射能漏れ事故により湾内が汚染され、魚介類が売れなくなったとして、魚介類の仲介業者が日本原子力発電株式会社に対して不法行為に基づき損害賠償を請求した事案について、「本件事故の発生とその公表及び報道を契機として、敦賀産の魚介類の価格が暴落し、取引量の低迷する現象が生じたものであるところ、敦賀湾内の浦底湾に放射能漏れが生じた場合、漏出量が数値的には安全でその旨公的発表がなされても、消費者が危険性を懸念し、敦賀湾産の魚介類を敬遠したくなる心理は、一般に是認でき、したがって、それによる敦賀湾周辺の魚介類の売上減少による関係業者の損害は、一定限度で事故と相当因果関係ある損害というべきである」と判示している。

　「風評被害」には、農林水産物や食品に限らず、動産・不動産といった商品一般、あるいは、商品以外の無形のサービス（たとえば観光業において提供される各種サービス等）に係るものも含まれる（中間指針第7・1（備考）2）参照）。

(2) 相当因果関係の判断枠組み

　中間指針は、「風評被害」に係る相当因果関係の具体的判断枠組みについて、①相当因果関係が認められる蓋然性が高い類型を列挙し、これらについては類型該当性の主張をもって原則として相当因果関係が推認されること（上記指針Ⅲ）①の類型）、②前記類型に該当しない「風評被害」については、上記指針Ⅱ）の一般的基準に基づく相当因果関係の立証により（ただし、立証の際には、客観的な統計データ等による立証方法の合理化が考えられるとの指摘がなされている）、賠償の対象となる、との枠組みを示している（中間指針第7・1（備考）3）参照）。

(3) 福島原発事故に加えて他原因の影響が認められる場合

　福島原発事故と他原因（たとえば、東日本大震災自体による消費マインドの落ち込み等）との双方の影響が認められる場合には、福島原発事故との相当

因果関係のある範囲で賠償すべき損害と認められるとする（中間指針第7・1（備考）4）参照）。もっとも、他原因の影響の有無、程度を定量的に判断することには困難が予想されるので、この点についても立証方法の合理化、立証責任の適切な分配が必要となろう。

(4) 東京電力の賠償基準

東京電力の賠償基準は、観光業の風評被害における福島原発事故以外の要因による売上減少率を20％（ただし、平成23年3月から8月について）、サービス業等の風評被害（販売を行う物品または提供するサービス等に関して風評被害が生じた場合に限る）における福島原発事故以外の要因による売上減少率を3％（ただし、平成23年3月から8月について）と設定し、この部分については賠償しないとしている。

(5) 損害の終期

「風評被害」が賠償の対象となる期間の限度（終期）について、中間指針は、いまだ福島原発事故が収束していないこと等から、現時点において一律に示すことは困難であるとしている（中間指針第7・1（備考）5）参照）。

(6) 損害項目

中間指針は、Ⅰ）のとおり「風評被害」を定義したうえで、当該「風評被害」に係る損害項目として、営業損害、就労不能等に伴う損害および物に係る検査費用の3つをあげている（上記指針Ⅳ））。

しかし、およそ風評被害に係る損害には、たとえば商品（不動産・動産）の価値の減少による損害など、前記3項目に含まれないものもありうることに留意しなければならない。これらについては、Ⅱ）の基準に照らして、福島原発事故との相当因果関係を個別に判断することになる。

2 農林漁業・食品産業の風評被害

（指針）
Ⅰ）以下に掲げる損害については、1Ⅲ）①の類型として、原則として賠償すべき損害と認められる。

① 農林漁業において、本件事故以降に現実に生じた買い控え等による被害のうち、次に掲げる産品に係るもの。
　ⅰ）農林産物（茶及び畜産物を除き、食用に限る。）については、福島、茨城、栃木、群馬、千葉及び埼玉の各県において産出されたもの。
　ⅱ）茶については、ⅰ）の各県並びに神奈川及び静岡の各県において産出されたもの。
　ⅲ）畜産物（食用に限る。）については、福島、茨城及び栃木の各県において産出されたもの。
　ⅳ）水産物（食用及び餌料用に限る。）については、福島、茨城、栃木、群馬及び千葉の各県において産出されたもの。
　ⅴ）花きについては、福島、茨城及び栃木の各県において産出されたもの。
　ⅵ）その他の農林水産物については、福島県において産出されたもの。
　ⅶ）ⅰ）ないしⅵ）の農林水産物を主な原材料とする加工品。
② 農業において、平成23年7月8日以降に現実に生じた買い控え等による被害のうち、少なくとも、北海道、青森、岩手、宮城、秋田、山形、福島、茨城、栃木、群馬、埼玉、千葉、新潟、岐阜、静岡、三重、島根の各道県において産出された牛肉、牛肉を主な原材料とする加工品及び食用に供される牛に係るもの。
③ 農林水産物の加工業及び食品製造業において、本件事故以降に現実に生じた買い控え等による被害のうち、次に掲げる産品及び食品（以下「産品等」という。）に係るもの。
　ⅰ）加工又は製造した事業者の主たる事務所又は工場が福島県に所在するもの。
　ⅱ）主たる原材料が①のⅰ）ないしⅵ）の農林水産物又は②の牛肉であるもの。
　ⅲ）摂取制限措置（乳幼児向けを含む。）が現に講じられている水を原料として使用する食品。
④ 農林水産物・食品の流通業（農林水産物の加工品の流通業を含む。以下同じ。）において、本件事故以降に現実に生じた買い控え等による被害のうち、①ないし③に掲げる産品等を継続的に取り扱っていた事業者が仕入れた当該産品等に係るもの。

Ⅱ）農林漁業、農林水産物の加工業及び食品製造業並びに農林水産物・食品の流通業において、Ⅰ）に掲げる買い控え等による被害を懸念し、事前に自ら

出荷、操業、作付け、加工等の全部又は一部を断念したことによって生じた被害も、かかる判断がやむを得ないものと認められる場合には、原則として賠償すべき損害と認められる。
Ⅲ) 農林漁業、農林水産物の加工業及び食品製造業、農林水産物・食品の流通業並びにその他の食品産業において、本件事故以降に取引先の要求等によって実施を余儀なくされた農林水産物（加工品を含む。）又は食品（加工又は製造の過程で使用する水を含む。）の検査に関する検査費用のうち、政府が本件事故に関し検査の指示等を行った都道府県において当該指示等の対象となった産品等と同種のものに係るものは、原則として賠償すべき損害と認められる。
Ⅳ) Ⅰ) ないしⅢ) に掲げる損害のほか、農林漁業、農林水産物の加工業及び食品製造業、農林水産物・食品の流通業並びにその他の食品産業において、本件事故以降に現実に生じた買い控え等による被害は、個々の事例又は類型毎に、取引価格及び取引数量の動向、具体的な買い控え等の発生状況等を検証し、当該産品等の特徴（生産・流通の実態を含む。）、その産地等の特徴（例えばその所在地及び本件事故発生地からの距離）、放射性物質の検査計画及び検査結果、政府等による出荷制限指示（県による出荷自粛要請を含む。以下同じ。）の内容、当該産品等の生産・製造に用いられる資材の汚染状況等を考慮して、消費者又は取引先が、当該産品等について、本件事故による放射性物質による汚染の危険性を懸念し、敬遠したくなる心理が、平均的・一般的な人を基準として合理性を有していると認められる場合には、本件事故との相当因果関係が認められ、賠償の対象となる。

(1) 対　象

Ⅰ) では、農林漁業・食品産業における「風評被害」に係る損害（事業者については営業損害および検査費用、勤労者については就労不能等に伴う損害）のうち、以下のものについては、中間指針第7「1　一般的基準」Ⅲ) ①の類型として、原則として賠償の対象になるとしている。

(ア) 農林漁業

〈表10〉の品目類型ごとに指定された産地で産出されたものに係る損害が対象となる。

〈表10〉　農林漁業における風評被害の賠償対象

品目類型	産地
a) 食用農林産物（茶および畜産物を除く）	福島県、茨城県、栃木県、群馬県、千葉県、埼玉県
b) 茶	福島県、茨城県、栃木県、群馬県、千葉県、埼玉県、神奈川県、静岡県
c) 畜産物（食用）	福島県、茨城県、栃木県
d) 水産物（食用・餌料用）	福島県、茨城県、栃木県、群馬県、千葉県
e) 花き	福島県、茨城県、栃木県
f) その他の農林水産物	福島県
g) 牛肉、食用に供される牛（平成23年7月8日以降に生じた損害に限る）	北海道、青森県、岩手県、宮城県、秋田県、山形県、福島県、茨城県、栃木県、群馬県、埼玉県、千葉県、新潟県、岐阜県、静岡県、三重県、島根県（注）
h) a)〜g)の農林水産物を主な原材料（当該農林水産物の重量の割合がおおむね50％以上を目安）とする加工品	

（注）　これらの道県以外で新たに汚染された稲わらの流通・使用による牛肉の価格低下等が確認された場合、同様の扱い。

　(イ)　農林水産物の加工業および食品製造業

以下①〜③の産品等に係る損害が対象となる。

① 〈表10〉のa)〜g)の農林水産物を主な原材料（重量の割合がおおむね50％以上を目安）とするもの

② 加工または製造した事業者の主たる事務所または工場が福島県に所在するもの

③ 摂取制限措置（乳幼児向けを含む）中の水を原料として使用する食品

(ｳ)　農林水産物（加工品を含む）および食品の流通業

　〈表10〉および上記(ｲ)①から③の産品等を継続的に取り扱っていた事業者が仕入れた当該産品等に係る損害を対象とする。

　(ｴ)　自主的な出荷、操業等の断念

　上記指針Ⅰ）に掲げる「風評被害」に係る損害を回避または軽減するための自主的な出荷、操業等の断念についても、当該判断がやむを得ないものと認められる場合には、原則として賠償の対象となる（上記指針Ⅱ）参照）。

　(ｵ)　検査費用

　上記指針Ⅲ）によって賠償の対象となる検査費用には、たとえば、政府の指導によって水道水の放射性物質の検査を行っている都県において、食品の製造の過程で使用する水について、取引先からの要求等によって検査を行った場合の費用が含まれる（中間指針第7・2（備考）8）参照）。

　(ｶ)　その他

　上記指針に該当しない「風評被害」についても、上記指針Ⅳ）に記載の考慮事項を考慮のうえ、福島原発事故との相当因果関係が認められれば、賠償の対象となる。

(2)　東京電力の賠償基準

　東京電力の賠償基準は、農業における風評被害による損害（逸失利益）の計算方法について、「前年取引高合計×価格下落率」により求めるとしている。そして、価格下落率については、被害対象県の平均価格変動率と被害対象県を除く全国の平均価格変動率の差により求めるとしている。

　また、農林水産業の加工業・食品製造業・流通業における風評被害による減収分（逸失利益）の計算方法については、「売上高減少額×貢献利益率」により求めるとしている。そして、貢献利益率については、「(粗利＋売上原価中の固定費－経費中の変動費)／売上高」にて算出するとしている。

〈表11〉　証拠——風評被害（農林漁業・食品産業）

営業損害（減収分）	事故前の確定申告書、決算書類、帳簿、伝票、日誌等

営業損害 (追加的費用)	請求書、領収書等
検査費用	請求書、領収書等
前記(1)(カ)記載の相当因果関係の立証資料	専門調査報告書、政府の公表資料、新聞雑誌の記事等

3 観光業の風評被害

(指針)

Ⅰ) 観光業については、本件事故以降、全国的に減収傾向が見られるところ、本件事故以降、現実に生じた被害のうち、少なくとも本件事故発生県である福島県のほか、茨城県、栃木県及び群馬県に営業の拠点がある観光業については、消費者等が本件事故及びその後の放射性物質の放出を理由に解約・予約控え等をする心理が、平均的・一般的な人を基準として合理性を有していると認められる蓋然性が高いことから、本件事故後に観光業に関する解約・予約控え等による減収等が生じていた事実が認められれば、1 Ⅲ) ①の類型として、原則として本件事故と相当因果関係のある損害と認められる。

Ⅱ) Ⅰ) に加えて、外国人観光客に関しては、我が国に営業の拠点がある観光業について、本件事故の前に予約が既に入っていた場合であって、少なくとも平成23年5月末までに通常の解約率を上回る解約が行われたことにより発生した減収等については、1 Ⅲ) ①の類型として、原則として本件事故と相当因果関係のある損害として認められる。

Ⅲ) 但し、観光業における減収等については、東日本大震災による影響の蓋然性も相当程度認められるから、損害の有無の認定及び損害額の算定に当たってはその点についての検討も必要である。この検討に当たっては、例えば、本件事故による影響が比較的少ない地域における観光業の解約・予約控え等の状況と比較するなどして、合理的な範囲で損害の有無及び損害額につき推認をすることが考えられる。

(1) 観光業とは

いわゆる「観光業」とは、ホテル、旅館、旅行業等の宿泊関連産業、レジャー施設、旅客船等の観光産業、バス、タクシー等の交通産業、文化・社会教育施設、観光地での飲食業、小売業等を指す（中間指針第7・3（備考）1）①参照）。

(2) 賠償の範囲

上記指針Ⅰ）およびⅡ）では、観光業における「風評被害」に係る損害のうち、下記①および②については、中間指針第7「1　一般的基準」Ⅲ）①の類型として、原則として賠償の対象になるとしている。

① 福島県、茨城県、栃木県、群馬県の観光業者の営業損害（減収分と追加的費用）とその観光業者の勤労者の就労不能等に伴う損害（給与等の減収分と追加的費用）

② 外国人観光客に関する国内の観光業者における福島原発事故前の予約について、平成23年5月末までの通常の解約率を上回る解約により発生した減収分と追加的費用

なお、追加的費用の例としては、宿泊者のためにすでに準備した食材の返品・廃棄・保管費用などが考えられる。

上記①および②の類型に属さない損害であっても、観光業者における個別具体的な事情に鑑み、福島原発事故との相当因果関係が認められる場合には、賠償の対象となりうる。ただし、観光業の減収等については、東日本大震災自体による消費マインドの落ち込みの影響の有無、程度の検討が不可欠となろう（上記指針Ⅲ）参照）。

(3) 東京電力の賠償基準

東京電力の賠償基準は、観光業者の風評被害による減収分（逸失利益）の計算方法について、「基準となる売上高×貢献利益率×（売上減少率－福島原発事故以外の要因による売上減少率）」により求めるとしている。そして、福島原発事故以外の要因による売上減少率については、20％（ただし、平成23年3月から8月について）と設定している。

また、外国人観光客の予約解約による減収分（逸失利益）の算定方法につ

いては、「平成23年3月11日現在の外国人観光客の予約人数×福島原発事故によるキャンセル率×予約1人あたりの逸失利益額」により求めるとしている。

(4) 仮払法による措置

平成二十三年原子力事故による被害に係る緊急措置に関する法律（いわゆる「仮払法」）に基づき、福島県、茨城県、栃木県または群馬県の区域内の営業所または事務所において観光業を行う中小企業者については、以下の方法により算定した損害の概算額の10分の5の額が、仮払金として国（原子力損害賠償支援機構）より支払われる予定である（仮払法施行令2条2項、同法施行規則4条1項2項）。

損害の概算額＝①－② (①：減収総額の概算、②：原子力事故以外の原因による減収の概算)

① ＝ A×(M÷12)×〔1－B÷{C×(M÷12)}〕

② ＝ A×(M÷12)×1÷5

　A：基準事業年度（平成20年以降に開始する事業年度のうち請求者が選択したもの）の売上総利益の額

　B：請求対象期間における売上高の額

　C：基準事業年度の売上高の額

　M：請求対象期間の月数（1カ月未満の端数期間は切り上げ）

〈表12〉 証拠――風評被害（観光業）

営業損害(減収分)	事故前の確定申告書、決算書類、納税証明書、帳簿、伝票、事故前および事故後の予約解約率を示す帳簿、日誌、宿泊管理台帳等
営業損害（追加的費用）	返品伝票、領収書等

4 製造業、サービス業等の風評被害

（指針）
I）前記2及び3に掲げるもののほか、製造業、サービス業等において、本件事故以降に現実に生じた買い控え、取引停止等による被害のうち、以下に掲げる損害については、1 III）①の類型として、原則として本件事故との相当因果関係が認められる。

① 本件事故発生県である福島県に所在する拠点で製造、販売を行う物品又は提供するサービス等に関し、当該拠点において発生したもの

② サービス等を提供する事業者が来訪を拒否することによって発生した、本件事故発生県である福島県に所在する拠点における当該サービス等に係るもの

③ 放射性物質が検出された上下水処理等副次産物の取扱いに関する政府による指導等につき、
　ⅰ）指導等を受けた対象事業者が、当該副次産物の引き取りを忌避されたこと等によって発生したもの
　ⅱ）当該副次産物を原材料として製品を製造していた事業者の当該製品に係るもの

④ 水の放射性物質検査の指導を行っている都県において、事業者が本件事故以降に取引先の要求等によって実施を余儀なくされた検査に係るもの（但し、水を製造の過程で使用するもののうち、食品添加物、医薬品、医療機器等、人の体内に取り入れられるなどすることから、消費者及び取引先が特に敏感に敬遠する傾向がある製品に関する検査費用に限る。）

II）なお、海外に在住する外国人が来訪して提供する又は提供を受けるサービス等に関しては、我が国に存在する拠点において発生した被害（外国船舶が我が国の港湾への寄港又は福島県沖の航行を拒否したことによって、我が国の事業者に生じたものを含む。）のうち、本件事故の前に既に契約がなされた場合であって、少なくとも平成23年5月末までに解約が行われたこと（寄港又は航行が拒否されたことを含む。）により発生した減収分及び追加的費用については、1 III）①の類型として、原則として本件事故と相当因果関係のある損害として認められる。

III）但し、I）及びII）の検討に当たっては、例えば、サービス等を提供する

事業者が福島県への来訪を拒否することによって発生する損害については、東日本大震災による影響の蓋然性も相当程度認められるから、損害の有無の認定及び損害額の算定に当たってはその点についての検討も必要である。

(1) 製造業・サービス業における「風評被害」の例

上記指針Ⅰ）①の例としては、福島県の工場が放射性物質による汚染の懸念があるとして取引を拒否されたことによる減収分、追加的費用（取引先から求められた放射線検査費用や製品の除染費用等）などが考えられる。

上記指針Ⅰ）③ⅱ）の例としては、放射性物質が検出された下水汚泥等を原料の一部として使用していたセメント製品等について取引先から取引を拒否されたことに伴い生じた減収分および追加的費用（下水汚泥や製品の検査・回収・保管費用等）などが考えられる。

上記指針Ⅱ）の例としては、コンサート事業者における外国人アーティスト等の来日・出演拒否による公演中止に伴い生じた減収分および追加的費用（チケット払戻し手数料等）、輸入業者等に生じた外国船舶の日本への寄港拒否に伴う減収分および追加的費用（荷揚予定港までの輸送費用等）などが考えられる。

(2) 東京電力の賠償基準

東京電力の賠償基準は、製造業における風評被害による減収分（逸失利益）の計算方法について、「基準となる売上高×貢献利益率×売上減少率」により求めるとしている。

また、サービス業等の風評被害による減収分（逸失利益）のうち、販売を行う物品または提供するサービス等に関して風評被害が生じた場合における逸失利益については、「基準となる売上高×貢献利益率×(売上減少率－福島原発事故以外の要因による売上減少率)」により求めるとしている。そして、福島原発事故以外の要因による売上減少率については、3％（ただし、平成23年3月から8月について）としている。

他方、サービス業等の風評被害による減収分（逸失利益）のうち、サービス等を提供する事業者から来訪を拒否されたことにより損害が発生した場合

における逸失利益については、「売上の減少額－費用の減少額－(違約金等の受取額－違約金等の支払額)」により求めるとしている。

〈表13〉　証拠——風評被害（製造業、サービス業等）

営業損害（減収分）	事故前の確定申告書、決算書類、納税証明書、帳簿、伝票、契約書等
営業損害 （追加的費用）	請求書、領収書等

5　輸出に係る風評被害

（指針）
Ⅰ）我が国の輸出品並びにその輸送に用いられる船舶及びコンテナ等について、本件事故以降に輸出先国の要求（同国政府の輸入規制及び同国の取引先からの要求を含む。）によって現実に生じた必要かつ合理的な範囲の検査費用（検査に伴い生じた除染、廃棄等の付随費用を含む。以下（備考）の3）において同じ。）や各種証明書発行費用等は、当面の間、1Ⅲ）①の類型として、原則として本件事故との相当因果関係が認められる。
Ⅱ）我が国の輸出品について、本件事故以降に輸出先国の輸入拒否（同国政府の輸入規制及び同国の取引先の輸入拒否を含む。）がされた時点において、既に当該輸出先国向けに輸出され又は生産・製造されたもの（生産・製造途中のものを含む。）に限り、当該輸入拒否によって現実に廃棄、転売又は生産・製造の断念を余儀なくされたため生じた減収分及び必要かつ合理的な範囲の追加的費用は、1Ⅲ）①の類型として、原則として本件事故との相当因果関係が認められる。

(1)　輸出に係る「風評被害」の例

上記指針Ⅰ）の例としては、海運事業者等に生じた外国当局からの入港拒否等の指示に伴う追加的費用が賠償の対象となる。追加的費用の例としては、輸出コンテナ等の放射線検査費用や除染費用などが考えられる。

上記指針Ⅱ）の例としては、ある国への輸出用に食品を製造したところ、

輸出先国の輸入拒否により輸出を断念せざるを得なくなり、パッケージを日本語のものに貼り替えて、国内で販売した場合があげられ、これに伴う①国内で販売したことによる減収分、②転売に要した費用(パッケージの張り替え費用等)が賠償の対象となる。

(2) 東京電力の賠償基準

東京電力の賠償基準は、輸出品に係る減収分(逸失利益)の計算方法について、「予定売上高−転売価格等(廃棄の場合は0として計算)−費用の減少額」により求めるとしている。

〈表14〉 証拠――風評被害(輸出)

検査費用、追加的費用	請求書、領収書、廃棄証明書等
営業損害(減収分)	契約書、解約通知、確定申告書、決算書類、帳簿、伝票等

Ⅷ いわゆる間接被害

(指針)
Ⅰ)この中間指針で「間接被害」とは、本件事故により前記第3ないし第7で賠償の対象と認められる損害(以下「第一次被害」という。)が生じたことにより、第一次被害を受けた者(以下「第一次被害者」という。)と一定の経済的関係にあった第三者に生じた被害を意味するものとする。
Ⅱ)「間接被害」については、間接被害を受けた者(以下「間接被害者」という。)の事業等の性格上、第一次被害者との取引に代替性がない場合には、本件事故と相当因果関係のある損害と認められる。その具体的な類型としては、例えば次のようなものが挙げられる。
  ① 事業の性質上、販売先が地域的に限られている事業者の被害であって、販売先である第一次被害者の避難、事業休止等に伴って必然的に生じたもの。
  ② 事業の性質上、調達先が地域的に限られている事業者の被害であって、調達先である第一次被害者の避難、事業休止等に伴って必然的に生じたも

の。
　③　原材料やサービスの性質上、その調達先が限られている事業者の被害であって、調達先である第一次被害者の避難、事業休止等に伴って必然的に生じたもの。
Ⅲ）損害項目としては、次のものとする。
　①　営業損害
　　　第一次被害が生じたために間接被害者において生じた減収分及び必要かつ合理的な範囲の追加的費用
　②　就労不能等に伴う損害
　　　①の営業損害により、事業者である間接被害者の経営が悪化したため、そこで勤務していた勤労者が就労不能等を余儀なくされた場合の給与等の減収分及び必要かつ合理的な範囲の追加的費用

1　指針の内容

　中間指針第8では、中間指針におけるいわゆる「間接被害」の定義、福島原発事故と相当因果関係があると認められる類型および損害項目が示されている。

　中間指針は、上記指針Ⅱ）①〜③の類型以外にも、福島原発事故によって生じた被害を個別に検証して、間接被害者の事業等の性格上、第一次被害者との取引に代替性がない場合には、福島原発事故との相当因果関係が認められるとし、その例として、第一次被害者との取引が法令により義務づけられている間接被害者において、第一次被害者との取引に伴って必然的に生じた被害をあげている（中間指針第8（備考）1参照）。

　上記指針Ⅱ）③の「原材料やサービスの性質上、その調達先が限られている」場合とは、取引における事前のリスク分散が不可能または著しく困難な場合であるとし、その例として、「ある製品に不可欠な原材料が特殊な製法等を用いて第一次被害者で生産されているため、同種の原材料を他の事業者から調達することが不可能又は著しく困難な場合」をあげている。ただ、「この場合でも、一定の時間が経過すれば、材料・サービスの変更をするな

どして、被害の回復を図ることは可能であると考えられるため、賠償対象となる期間には限度がある」としている（中間指針第8（備考）2）参照）。

また、中間指針は、「必ずしも上記Ⅰ）で定義する間接被害者に当たらないが、第三者が、本来は第一次被害者又は加害者が負担すべき費用を代わって負担した場合は、賠償の対象となる」としている（中間指針第8（備考）3）参照）。

2　間接被害の裁判例

東京地判平成22・9・29判時2095号55頁は、被告の船舶が、航行中に送電線を切断したため、電力会社からの送電が停止し、原告会社の列車の運行が一時不能になったとして、原告会社（つまり間接被害者）が被告に対し運賃の払戻費用等の損害を請求した事案において、この損害は特別損害に該当するうえ、予見可能性がないから、相当因果関係がないとし、原告会社の請求を棄却している。

中間指針には明確には記載されていないが、間接被害においても、特別損害に該当し、予見可能性がない場合には、上記の裁判例のように相当因果関係の存在が否定され、その損害賠償請求は認められないことになる。

3　東京電力の賠償基準

東京電力の賠償基準は、「間接被害」中の「営業損害」の計算方法について、「間接被害による減収分（逸失利益）＋追加的費用」により求めるとしている。そして、「間接被害による減収分（逸失利益）」については、「売上減少額－費用減少額」にて算出するとし、「追加的費用」については、実費（放射線検査費用等）を支払うとしている。

また、「間接被害」中の「就労不能等に伴う損害」については、原則として福島原発事故と相当因果関係を有する間接被害を被った法人および個人事業主に対する営業損害として支払うとしている。ただし、被用者から請求があった場合、個別に対応について協議するとしている。

〈表15〉　証拠——間接被害

第一次被害者と間接被害者の間に一定の経済的関係があることを裏付ける資料	契約書、会社案内、商品やサービスに関するパンフレット、第一次被害者の陳述書等
第一次被害者の避難、事業休止、倒産等を裏付ける資料	商業登記簿謄本、ニュースリリース、適時開示情報、破産手続開始通知書、第一次被害者の陳述書等
営業損害（減収分）	福島原発事故前の確定申告書、損益計算書その他の決算書類、帳簿、伝票、日誌等
営業損害（追加的費用）	領収書等
就業不能に伴う損害	就労状況証明書、保険証、就労不能等であることを裏付ける資料（商業登記簿謄本、ニュースリリース、適時開示情報、破産手続開始通知書等）、福島原発事故前の源泉徴収票、給与明細、預金通帳、領収書等

Ⅸ　放射線被曝による損害

（指針）
　本件事故の復旧作業等に従事した原子力発電所作業員、自衛官、消防隊員、警察官又は住民その他の者が、本件事故に係る放射線被曝による急性又は晩発性の放射線障害により、傷害を負い、治療を要する程度に健康状態が悪化し、疾病にかかり、あるいは死亡したことにより生じた逸失利益、治療費、薬代、精神的損害等は賠償すべき損害と認められる。

1　指針の内容

　中間指針第9では、放射線被曝による損害のうち、賠償すべき損害と認められるものが具体的に例示されている。

2 損害の範囲と算定

　中間指針は、同指針で示した「生命・身体的損害を伴う精神的損害」の額は、前記Ⅲ3(6)の場合とは異なり、生命・身体の損害の程度等に従って個別に算定されるべきであるとしている（中間指針第9（備考）1）参照）。

　放射線被曝による生命・身体的損害については、晩発性の放射線障害も考えられるが、福島原発事故に係る放射線に曝露したことが原因であれば、これも賠償すべき損害と認められるとしている（中間指針第9（備考）2）参照）。

3　東京電力の賠償基準

　東京電力の賠償基準は、「放射線被曝による損害」の賠償基準については明確にしておらず、請求があった場合、個別に対応について協議するとしている。

4　証　拠

　損害を証明する証拠としては、病院等の医療機関の診断書、病院等の医療機関での診療費用の領収書、診療報酬明細書、病院等の医療機関への通院のための交通費の領収書、薬代の領収書等があげられる。

Ⅹ　被害者への各種給付金等と損害賠償金との調整

> （指針）
> 　本件事故により原子力損害を被った者が、同時に本件事故に起因して損害と同質性がある利益を受けたと認められる場合には、その利益の額を損害額から控除すべきである。

1 損益相殺の法理

　一般の不法行為法上、被害者が不法行為によって損害を被ると同時に、同一の原因によって利益を受けた場合には、被害と利益との間に同質性がある限り、その利益の額を加害者が賠償すべき損害額から控除すること（損益相殺の法理）が認められている。

　そこで、中間指針では、「具体的にどのような利益が損害額から控除されるべきかについては、個々の利益毎に損害との同質性の有無を判断していくほかない」としつつ、損害額から控除すべきものや控除すべきでないものについて、以下の考え方を示している（中間指針第10・1（備考）2）〜4）参照）。

2 損害額から控除すべきと考えられるもの

(1) 損益相殺の法理により控除すべきと考えられるもの

　損益相殺の法理により控除すべきと考えられるものとして、下記①、②があげられる。

　① 労働者災害補償保険法および厚生年金保険法に基づく各種保険給付（前者については附帯事業として支給される特別支給金を除く）並びに国民年金法に基づく各種給付（死亡一時金を除く）

　　同質性の認められる損害に限り、各種逸失利益の金額から控除する。

　② 国家公務員災害補償法および地方公務員災害補償法に基づく各種補償金並びに国家公務員共済組合法および地方公務員等共済組合法に基づく各種長期給付

　　同質性の認められる損害に限り、各種逸失利益の金額から控除する。

(2) 損益相殺の対象とはならないが、損害額から控除すべきと考えられるもの

　損益相殺の対象とはならないが、損害額から控除すべきと考えられるものとして、下記①〜③があげられる。

　① 地方公共団体から被害者に支払われた宿泊費または賃貸住宅の家賃に

関する補助

避難費用の金額から控除する。
② 賃金の支払いの確保等に関する法律に基づき立替払いがなされた未払い賃金

就労不能等に伴う損害の金額から控除する。
③ 損害保険金

財物価値の喪失または減少等の金額から控除する。

3 損害額から控除すべきでないと考えられるもの

損害額から控除すべきでないものとしては、下記①～⑥があげられる。
① 生命保険金
② 労働者災害補償保険法に基づき附帯事業として支給される特別支給金
③ 国民年金法に基づく死亡一時金
④ 雇用保険法に基づく失業等給付
⑤ 災害弔慰金の支給等に関する法律に基づく災害弔慰金および災害障害見舞金（損害を塡補する目的である部分を除く）
⑥ 各種義援金

4 農畜産業振興機構による支援金の取扱い

　牛農家の資金繰りのため、農林水産省所管の独立行政法人農畜産業振興機構は、自前の資金を支援に回し、畜産関係団体を通じて農家に対し1頭あたり5万円を支援することとしている。農林水産省は、上記支援について、東京電力による賠償の立替払いであり、追って同社に賠償請求するとしており、これを前提とすると、さらに農家が同社に満額の損害賠償請求をした場合、二重請求になってしまうことから、上記支援については、損益相殺の対象になると考えられる。

XI 地方公共団体等の財産的損害等

(指針)
　地方公共団体又は国（以下「地方公共団体等」という。）が所有する財物及び地方公共団体等が民間事業者と同様の立場で行う事業に関する損害については、この中間指針で示された事業者等に関する基準に照らし、本件事故と相当因果関係が認められる限り、賠償の対象となるとともに、地方公共団体等が被害者支援等のために、加害者が負担すべき費用を代わって負担した場合も、賠償の対象となる。

1　損害の範囲

　中間指針は、地方公共団体等が所有する財物の価値の喪失または減少等に関する損害、および地方公共団体等が民間事業者と同様の立場で行う事業に関する損害については、個人や私企業が被った損害と別異に解する理由が認められないことから、中間指針で示された事業者等に関する基準に照らして、賠償すべき損害の範囲が判断されるとしている（中間指針第10・2（備考）1）参照）。

　他方、福島原発事故に起因する地方公共団体等の税収の減少については、特段の事情がある場合を除き、賠償すべき損害とは認められないとしている（中間指針第10・2（備考）2）参照）。

2　東京電力の賠償基準

　東京電力の賠償基準は、「地方公共団体等の財産的損害等」の賠償基準については明確にしておらず、「『避難等対象区域』の解除日程が確定していないこと、除染方法が明らかになっていないこと等から、『本件事故』の収束状況等を踏まえつつ、継続的に検討を行ったうえで、改めてご案内させていただきます」としている。

3　法律の措置

　平成23年8月26日に成立し、同月30日に公布された「平成二十三年三月十一日に発生した東北地方太平洋沖地震に伴う原子力発電所の事故により放出された放射性物質による環境の汚染への対処に関する特別措置法」は、地方公共団体等が、放射性物質により汚染された廃棄物の処理や、放射性物質により汚染された土壌等（草木、工作物等を含む）の除染等の措置等を実施する旨、そして、同法のこれらの措置等は、原賠法による損害に係るものとして、関係原子力事業者（東京電力）の負担の下に実施する旨定めている。

第5章

各分野における原子力損害の検討

　本章では、第4章で説明した中間指針に基づいて、各分野においていかなる原子力損害が認められるかその内容および損害賠償の範囲並びに具体的な立証資料について説明をしている。また、各分野において、中間指針の範囲外の事項についても検討をしている。

　本章の作成にあたっては、原子力損害賠償紛争審査会の「専門委員調査報告書」[1]を参考にし、わかりやすく整理したものである。

　また、中間指針において、残された論点として検討が続けられている、「自主避難者」の損害についても検討している（XXVI）。

I　農林漁業

1　総論

　本項では、福島原発事故による原子力損害のうち、農林漁業分野における損害賠償について概説する。

　福島原発事故により、農林漁業分野において生じた損害は、①政府による避難指示等に係る損害（下記2）、②政府等による出荷制限指示等に係る損害（下記3）、③政府による航行危険区域等の設定に係る損害（下記4）、および④風評被害（下記5）の4つの類型に分類できるものと考えられる。以

---

[1]　http://www.mext.go.jp/a_menu/anzenkakuho/baisho/1308617.htm

下、上記分類ごとに具体例をあげつつ（下記2から5まで）、損害賠償の範囲および立証資料について検討を加えることとする。

なお、本項では、自営業者としての農林漁業従事者を念頭におくものとする。

2　政府による避難指示等に係る損害関係

中間指針において認められる、政府による避難指示等（ここでいう「避難指示等」の意味については、中間指針第3参照）に係る損害のうち、農林漁業に関連するものとしては、営業損害（下記(1)）、検査費用（下記(2)）、および財物価値の喪失または減少（下記(3)）の3つがあげられる。

なお、自営業者や家庭内農業従事者等の逸失利益分は、別途営業損害であるから、就労不能等に伴う損害の対象とならない（中間指針第3・8（備考）2））。

(1)　（避難指示等に係る）営業損害

本損害項目においては、以下のとおり、㋐減収分、㋑追加的費用、並びに㋒避難指示等の解除後の減収分および追加的費用が賠償すべき損害と認められる。[2・3]

㋐　減収分

避難指示等に伴う農林漁業の減収の具体例および立証資料としては下記があげられる。

> ○　避難指示対象区域内で営農していたが、避難をしたため、廃業し、減収が生じた
> ○　避難指示対象区域内で営農していたが、作業者の健康や生産された農作物への影響を懸念し、作付けを自粛したため、減収が生じた（立証資料：確定申告書、決算書等）

㋑　追加的費用

避難指示等に伴う農林漁業の追加的費用の具体例および立証資料としては、

下記があげられる。

> ○ 避難指示等対象区域内の倉庫に保管していた福島原発事故以前に収穫した作物の廃棄費用、避難指示等対象区域から他地域の放牧場への輸送費用（立証資料：廃棄料および輸送費の請求書等）
> ○ 避難先で営農を開始・継続するための費用（移転先畜舎等を探すための費用、事務所、農地、機械、飼料、備品等の購入費用等）（立証資料：各費用についての請求書等）

(ウ) 避難指示等の解除後の減収および追加的費用

避難指示等が解除された後の農林漁業における①減収および②追加的費用の具体例、およびそれぞれの立証資料については、下記があげられる。

> ○ 避難のため、乳牛に繁殖障害が生じ、今後、減収が生じることとなった場合の減収（①）（立証資料：確定申告書、決算書等）
> ○ 機械・設備等の再稼働に係る除染費用、整備費用、および風評被害防止に係る費用（PR、説明会等の費用）（②）（立証資料：各費用につい

---

2 この政府による避難指示等に係る損害額の具体的算定方法としては、以下の方法による算定が考えられる。「①損害の算定は『取引予定価格』と『取引予定数量』を乗じた『売買予定額』が基本。・『取引予定価格』と『取引予定数量』の考え方は、（中略）政府等による出荷制限指示等に係る損害と同様。・避難等の指示がなければ負担したであろう『生産経費』（農薬・肥料、燃料費等）は、統計データ等をもとに取りまとめ主体ごとに統一的に一定額を設定し、売上予定額から控除。ただし、既に負担している資材費等の経費（種子、育苗資材等）のほか、作付に関わらず負担が必要な経費については、売上予定額から控除しない。②上記のほか、前年度に用いた確定申告書や事業決算書等に記載された収入等を用いて損害を算定することも可能。③避難により証拠書類を準備することが困難な場合は、客観的な統計データ等を用いて推計することにより損害額を算定することも可能（例えば、品目別の面積当たり得べかりし利益に、品目の面積を乗じて算定する等）。④なお、避難等により営農継続が困難となり、その後、経営再開が可能となるまでの逸失所得（休業補償）についても、売上予定額から負担したであろう費用を引いて算出することが基本。また、これに係る考え方も、上記と同様」（専門委員調査報告書（第1分冊）23頁以下参照）。

3 農林業の一部を避難指示対象区域内で営んでいれば対象となりうる（中間指針第3・7（備考）1））。なお、減収分の算定は、逸失利益を基準とするが、その「収益」には、売上高のほか、事業の実施に伴って得られたであろう交付金等（たとえば、農業における戸別所得補償交付金）の交付金相当分も含まれる（中間指針第3・7（備考）2））。

ての請求書等)

(2) (避難指示等に係る) 検査費用

避難指示等に伴う農林漁業の検査費用の具体例および立証資料としては下記があげられる。

○ 商品を検査機関まで運送し（運送費）検査を行った（検査費）費用、検査機器を購入し（購入費用）検査を実施した（人件費（評価額））費用（立証資料：各費用についての請求書等）

(3) (避難指示等に係る) 財物価値の喪失または減少

避難指示等に伴う農林漁業の財物価値の喪失または減少の具体例としては下記があげられる。

○ 避難により避難指示等対象区域内に所有していた財物（家畜、立木等）が管理できなくなり、その価値が喪失した場合（家畜の死亡、立ち木が枯れたなど）の価値喪失額[4]

○ 福島原発事故後、避難指示等対象区域内の農地に関する賃料が下落した場合の下落相当額

なお、所有する家畜を死亡させることとなった畜産農家等における精神的損害を賠償すべきかについて中間指針では明示されていない。[5]

3 政府等による出荷制限指示等に係る損害

中間指針において認められる、政府等による出荷制限指示等（ここでいう「出荷制限指示等」には、摂取制限指示や作付制限指示も含まれる。その意味につ

---

4 なお、合理的な修理、除染等の費用は、原則として当該財物の客観的価値の範囲内のものとされるが、農地は代替性がない財物として、例外的に合理的な範囲で当該財物の客観的価値を超える金額の賠償も認められうる（中間指針第3・10（備考）4））。

5 家畜の死亡による精神的損害を、経済的信用等を含めた無形の損害の1つとして認定した裁判例（岐阜地高山支判平成4・3・17判時1448号155頁）を参照。

いては、中間指針第5参照）に係る損害のうち、農林漁業に関連するものとしては、営業損害（下記(1)）および検査費用（下記(2)）の2つがあげられる。

(1) （出荷制限指示等に係る）営業損害

本損害項目では、(ア)減収分、(イ)追加的費用、並びに(ウ)出荷制限指示等の解除後の減収分および追加的費用が賠償すべき損害と認められる。[6]

(ア) 減収分

出荷制限指示等に伴う農林漁業の減収の具体例および立証資料としては下記があげられる。

○ 出荷制限指示により、すでに収穫済みの農産物を販売できず、収益が減少した

○ 出荷制限指示が出される前に自主的に作付けを行わなかったため、収益が減少した（立証資料：確定申告書、決算書等）

(イ) 追加的費用

出荷制限指示等に伴う農林漁業の追加的費用の具体例および立証資料としては、下記があげられる。

○ 農産物の廃棄費用、直売所等から商品を回収した場合の回収費用、およびその人件費

○ 出荷制限指示により、廃棄処分方法が定まるまでの間、保管した費

---

6 この政府による出荷制限指示等に係る損害額の具体的算定方法としては、以下の方法による算定が考えられる。「・損害の算定は、『取引予定価格』と『取引予定数量』を乗じた『売買予定額』が基本。・『取引予定価格』としては、過去同時期における取引価格等（市場価格であれば、例えば『昨年の価格』、『過去3年間の平均価格』、『過去5年程度のうち、異常年として最も価格が高かった年と最も価格が低かった年を除いた年の平均価格』等。市場外出荷の場合は、過去の同時期の契約取引価格や直売所契約価格等）また、『取引予定価格』には、生産・販売事業に伴い国から支払われる交付金（戸別所得補償制度交付金等）も含めて算定。・『取引予定数量』は、作付予定面積に単位面積当たり収量（統計データ等をもとに取りまとめ主体ごとに統一的に設定）を乗じて得た数量が基本。・原発事故の発生日から出荷制限期間を対象時期として算定（なお、出荷制限等の解除後において、価格下落等の損害を被った場合、風評被害として算定）。なお、作付を断念した場合はその昨期も対象時期として算定」（専門委員調査報告書（第1分冊）23頁以下参照）。

用（保管に係る倉庫代、光熱水料金等について、通常業務に伴う保管費用と按分により算定することになる）（立証資料：各費用についての請求書等）

(ｳ) 出荷制限指示等の解除後の減収および追加的費用

出荷制限指示等に伴う農林漁業の出荷制限指示等の解除後の、①減収および②追加的費用の具体例および立証資料としては、下記があげられる。

○ 搾乳牛への給与制限のため乳牛に繁殖障害が生じ、今後、減収が生じることとなった場合の減収（①）

○ 搾乳牛への給与制限のため、今後乳牛に繁殖障害が発生し、減収が生じる懸念から治療を受けさせた費用（②）、茶農家が二番茶以降の収穫に向けた除染のため中切りをした費用[7]（②）、風評被害防止に係る費用（②）（立証資料：各費用についての請求書等）

(2) （出荷制限指示等に係る）検査費用

出荷制限指示等に伴う農林漁業の検査費用の具体例および立証資料としては下記があげられる。

○ 政府等の指示等に基づき商品を検査機関まで運送し（運送費）、検査を行った（検査費）費用・同指示等に基づき検査機器を購入し（購入費用）、検査を実施した（人件費（評価額））費用（立証資料：各費用についての請求書等）

4 政府による航行危険区域等の設定に係る損害
──営業損害

中間指針において認められる、政府による航行危険区域等の設定に係る損

---

[7] 中切り（中刈り）を行うと次年度の一番茶の収量は2割減少することが報告されている（専門委員調査報告書（第1分冊）50頁）。

害のうち、農林漁業に関連するものとしては、営業損害があげられる。

本損害項目における賠償すべき損害については、中間指針第4参照のこと。

(1) 減収分

政府による航行危険区域等の設定に伴う農林漁業の減収の具体例としては、下記があげられる。

> ○ 航行危険区域設定により、従前の漁場での漁ができなくなり、減収が生じた

(2) 追加的費用

政府による航行危険区域等の設定に伴う農林漁業の追加的費用の具体例としては、下記があげられる。

> ○ 福島原発事故後、航行危険区域設定前に、自主的な判断で、後に航行危険区域に設定された区域を迂回して航行したため、通常より多くの燃料費がかかった

5 風評被害

(1) 意義および一般的基準

福島原発事故以降、日本および海外の多くの消費者等が汚染を懸念して商品の買い控え等の措置をとり、それによって（政府指示等によってではなく風評によって）損害を被った農林漁業者が数多く存在した。かかる被害について賠償すべき損害を定めているのが本項目である。なお、風評被害の一般的基準については、中間指針第7・1を参照のこと。

(2) 農林水産物の風評被害

(ア) 中間指針第7「1 一般的基準」Ⅲ）①の類型に該当するもの

農林漁業の風評被害については、中間指針第7「2 農林漁業・食品産業の風評被害」において、損害の範囲が定められている。

> ○ 千葉県において、同県産のカタクチイワシの安全性が確認されたことから、漁の操業を再開したものの、取引価格の低迷により休漁を余儀なくされ減収が生じた
> ○ 福島県で産出されたサクランボについて、価格低迷に伴い、出荷に係るコストが利益を上回ったため廃棄した際の減収および廃棄費用
> ○ 静岡県で産出された生茶について、基準値を下回ったものの、茶商が販売できない可能性があると判断したため、取引が停止し、倉庫保管のための賃借料を支払った場合の商品保管費用

(イ) 風評被害を懸念して自ら作付けを断念したことによる損害[9]

風評被害を懸念して自ら作付けを断念したことによる農林漁業の損害の具体例および立証資料としては、下記があげられる。

> ○ 福島県で野菜を生産していたが、買い控えによる損害を軽減するために事前に作付けを休止したため、収益が減少した場合の減収(立証資料:確定申告書等)

---

[8] この風評被害による損害については、以下の方法による算定が考えられる。「・損害額の算定は、出荷記録に基づいて算定した『価格下落に係る損害』及び『出荷後の廃棄に係る損害』の合計とすることが基本・『価格下落に係る損害』としては、取引予定価格(過去の同時期における取引価格等)と本年の取引価格の差に本年の取引数量を乗じて算出。・『出荷後の廃棄に係る損害』としては、出荷後廃棄となった数量を取引予定価格に乗じて算出。・さらに、農家がほ場等に廃棄した数量があれば、そのほ場廃棄数量を取引予定価格に乗じて算出。なお、廃棄したほ場面積に単位面積当たり収量(統計データ等をもとに取りまとめ主体ごとに統一的に設定)を乗じて得た数量。・上記のほか、過去の実績等に基づく売上予定額から本年の売上高を控除して算出することも可能」(専門委員調査報告書(第1分冊)23頁以下参照)。

[9] 農林水産物および食品については、以下の傾向があることから、一定の範囲で買い控えを行うことも、平均的・一般的な人を基準として合理的であるといえるとされる(中間指針第7・2(備考)1))。すなわち、①放射性物質による土地や水域の汚染の危険瀬への懸念が、これらへの懸念に直結する、②特に食品は、体内に取り入れられることから内部被曝をおそれ、特に敏感に敬遠する、③食品は日常生活に不可欠であり、さほど高価でもないから、東日本大震災自体による消費マインドの落ち込みという原因で買い控えに至ることは通常考えにくい、④花き等は、収穫後洗浄されない状態で流通するから、接触を懸念する傾向がある、⑤一般に農林水産物も食品も、代替品として他の産地の物を比較的容易に入手できる。

(ウ) 取引先の要求等による検査にかかった**検査費用**

風評被害を懸念した取引先等からの要求による農林漁業の検査費用の具体例および立証資料としては、下記があげられる。

> ○ 取引先からの要請により、外部分析機関に検査を外部委託したが、検体の輸送費用が発生した場合の輸送費用および検査費用（立証資料：各費用についての請求書等）
> ○ 顧客からの要請により、自ら検査機器を購入し（購入費用）、出荷ごとに放射線量を検査した場合の人件費

(エ) その他

風評被害の一般的基準でも述べたとおり、賠償すべき風評被害は、中間指針第7「1 一般的基準」におけるⅠ）からⅢ）の類型に限られるものでなく、当該類型にあたらない場合でも個別的に検証して福島原発事故との相当因果関係があるものについては賠償対象になる。

> ○ 風評被害拡大防止に係る費用（PR、説明会等の費用）

Ⅱ 食品産業分野

1 総論

本項では、福島原発事故による原子力損害のうち食品産業分野に係るものについて概説する。

食品産業分野とは、食品加工業者、外食産業者（ファミリーレストランなど）、食品卸売業、冷凍・製造業等のことであり、発生している損害は、①政府による避難指示等に係る損害（下記2）、②政府等による出荷制限指示等に係る損害（下記3）、③その他の政府指示等による損害（下記4）、④風評被害（下記5）、⑤間接被害（下記6）に分類できると考えられる。

中間指針においても上記類型ごとに賠償すべき損害が定められている。そこで、以下、類型ごとに具体例をあげつつ、損害の算定方法や立証資料についても検討を加えることとする。

2 政府による避難等の指示等に係る損害

中間指針において認められている、避難指示等に係る損害のうち、食品産業従事者に関連するものとしては、①営業損害（下記(2)）、②就労不能に伴う損害（下記(3)）、③検査費用（下記(4)）、④財物価値の喪失または減少等（下記(5)）があげられる。

(1) （避難指示等に係る）営業損害

(ア) 減収分

避難指示等に係る食品産業分野の減収分の具体例としては、下記があげられる。

> ○ 避難区域内で食品業を営んでいたが、避難指示によって営業を継続することができなくなり、廃業を余儀なくされ、収益がなくなった場合の減収分

(イ) 追加的費用

避難指示等に係る食品産業分野の追加的費用の具体例としては、下記があげられる。

> ○ 避難区域にある本店を仮店舗等に移転するための椅子、机、パソコン、機械等の運搬費用（ガソリン代、駐車場代等を含む）、避難区域の倉庫の商品・備品等の廃棄のため支出した費用
> ○ 仮店舗等を賃借するための礼金、仲介手数料、家賃等
> ○ 避難区域にある自社工場で商品を製造できなくなり製造を外注したために生じた余分な経費

(ウ) 避難指示等の解除後の減収分および追加的費用

避難指示等の解除後の食品産業分野の減収分および追加的費用の具体例としては、下記があげられる。

> ○ 避難区域の指定の解除に伴い、仮店舗から元の店舗等に戻るためにかかった椅子、机、パソコン、機械等の運搬費用（運送業者への料金、ガソリン代、駐車場代等）

(2) （避難指示等に係る）就労不能等に伴う損害

(ア) 減収分

避難指示等に係る食品産業分野の就労不能等に伴う減収分の具体例としては、下記があげられる。

> ○ 避難区域内にある食品業者に勤務していた者が、避難指示による会社の廃業に伴い同社を解雇された場合の減収分
> ○ 避難指示によって避難先が従前の勤務先から遠方になったために就労が不能になり会社を退職せざるを得ず、職を失った場合の減収分

(イ) 追加的費用

避難指示等に係る食品産業分野の就労不能等に伴う追加的費用の具体例としては、下記があげられる。

> ○ 避難区域内に居住していたが、避難指示によって勤務先からより遠い地域に避難させられた場合の通勤費（自己負担分）の増加分
> ○ 避難区域内の食品業者に勤務していたが、避難指示によって同社が移転したために、転居を余儀なくされた場合の転居費

(3) （避難指示等に係る）検査費用

避難指示等に係る食品産業分野の検査費用の具体例としては、下記があげられる。

> ○ 避難区域内にあった食品が販売可能なものかどうか検査する際の検査費用
> ○ 避難指示により工場を移転し、同時に機械類も移転させたが、食品の製造に係る機械であるため放射能の検査を行った際の検査費用

(4) （避難指示等に係る）財物価値の喪失または減少等

避難指示等に係る食品産業分野の財物価値の喪失または減少等の具体例としては、下記があげられる。

> ○ 避難区域内の工場に定期的にメンテナンスを必要とする機械が置いたままになっており、メンテナンスが不可能となったために壊れてしまった場合の当該機械の価値相当分

3 政府等による農林水産物等の出荷制限指示等に係る損害

福島原発事故の後、政府は、出荷制限指示、摂取制限指示、作付制限指示、放牧および牧草の給与制限指導、食品衛生法の規定に基づく販売禁止（同法6条2号）、食品の放射性物質検査の指示等（以下、「出荷制限指示等」という）を行い、それによって多くの食品産業従事者の行動が制限され、損害が生じた。中間指針は、かかる出荷制限指示等による損害についても賠償対象となると認めている。

(1) （出荷制限指示等に係る）営業損害

(ア) 減収分

出荷制限指示等に係る食品産業分野の減収分の具体例としては、下記があげられる。

> ○ 出荷制限指示によってすでに製造済みであった商品の出荷が禁じられたために減少した収益
> ○ 福島原発事故後、出荷制限指示が出される前に自主的に出荷を止め

> ていたために減少した収益

　(イ)　追加的費用

　出荷制限指示等に係る食品産業分野の追加的費用の具体例としては、下記があげられる。

> ○　出荷制限指示によって出荷できない商品を廃棄せざるを得ない結果、かかった廃棄費用

　(ウ)　加工・流通業者の減収分および追加的費用

　出荷制限指示等に係る加工・流通業者の減収分および追加的費用の具体例としては、下記があげられる。

> ○　出荷制限指示等のあった日にすでに仕入れ済みだった対象品目を販売できなかった場合の減収分、当該対象品目の廃棄処分にかかった廃棄費用

　(エ)　指示解除後の減収分および追加的費用

　出荷制限指示解除後の食品産業分野の減収分および追加的費用の具体例としては、下記があげられる。

> ○　出荷制限を受けていた商品の販売を再開する旨を顧客に通知するためにかかった費用

　(2)　(出荷制限指示等に係る)就労不能等に伴う損害

　出荷制限指示等に係る食品産業分野の就労不能等に伴う損害の具体例としては、下記があげられる。

> ○　勤務先が出荷制限指示を受けて営業を一時休止したためにもらえなかったその間の給料

(3) （出荷制限指示等に係る）検査費用

出荷制限指示等に係る食品産業分野の検査費用の具体例としては、下記があげられる。

> ○ 出荷制限指示に基づいて商品の検査が必要となりかかった検査費用

4 その他政府指示等に係る損害

(1) （その他政府指示等に係る）営業損害

(ア) 減収分

その他政府指示等に係る食品産業分野の減収分の具体例としては、下記があげられる。

> ○ 食品製造過程で原料として摂取制限の対象となった水を使用する食品産業において、当該摂取制限の期間中食品の製造休止を余儀なくされたために減少した収益

(イ) 追加的費用

その他政府指示等に係る食品産業分野の追加的費用の具体例としては、下記があげられる。

> ○ 食品製造業者が製造休止を回避するために当該摂取制限の対象となっていない水を一時的に調達し、余計にかかった調達費用

(ウ) 指示解除後の減収分および追加的費用

その他政府指示等が解除された後の食品産業分野の減収分および追加的費用の具体例としては、下記があげられる。

> ○ 摂取制限が解除された後に、商品の販売を再開する旨を顧客に通知するためにかかった費用

(2) （その他政府指示等に係る）就労不能等に伴う損害

その他政府指示等に係る食品産業分野の就労不能等に伴う損害の具体例としては、下記があげられる。

> ○ 摂取制限の対象となった水を食品製造過程で使用する食品業者が当該摂取制限の期間中食品の製造休止を余儀なくされた場合における、同社従業員の当該期間中の減収分

(3) （その他政府指示等に係る）検査費用

その他政府指示等に係る食品産業分野の検査費用の具体例としては、下記があげられる。

> ○ 学校の利用判断に関する指導に基づいて校舎・校庭の放射能検査を行った際にかかった検査費用

5 風評被害

(1) 意義および一般的基準

福島原発事故により損害を受けた食品産業従事者は、前記2から4で述べたような政府指示等の対象になった者だけにとどまらない。すなわち、福島原発事故以降、日本および海外の多くの消費者等が汚染を懸念して商品の買い控え等の措置をとり、それによって（政府指示等によってではなく風評によって）損害を被った食品産業従事者が数多く存在した。かかる被害について賠償すべき損害を定めているのが本項目である。風評被害の一般的基準については、中間指針第7「1　一般的基準」を参照のこと。

(2) 食品産業の風評被害

(ア) 中間指針第7「1　一般的基準」Ⅲ）①の類型に該当するもの

被害の内容が、中間指針第7「1　一般的基準」Ⅲ）①の類型と認められる場合、福島原発事故以降に現実に生じた買い控えが原則として賠償の対象と認められる。そして、食品産業の風評被害については、同「2　農林漁

業・食品産業の風評被害」の項において、上記1Ⅲ）①の類型に該当する損害の範囲が定められている。

> ○　茨城県において算出された野菜を含む食品（原材料のおおむね50％以上が当該野菜）について、福島原発事故以降買い控えが生じたために減少した収益

(イ)　風評被害を懸念して自ら出荷等を断念したことによる損害

風評被害を懸念して食品産業が出荷等を断念したことによる損害の具体例としては、下記があげられる。

> ○　福島県の工場で製造した福島県産の牛肉を含む食品（原材料のおおむね50％以上が当該牛肉）につき、買い控えによる損害を軽減するために事前に製造を休止したことで減少した収益

(ウ)　取引先の要求等による検査にかかった検査費用

風評被害を懸念した取引先等からの要求により検査を受けた費用の具体例としては、下記があげられる。

> ○　政府が水道水の放射性物質の検査を行った都県において、取引先の要求によって、食品製造過程で使用する水についての検査を行ったためにかかった検査費用

(エ)　その他

中間指針第7「1　一般的基準」にあるとおり、賠償すべき風評被害は同Ⅰ）からⅢ）の類型に限られるものでない。当該類型にあたらない場合でも個別的に検証して福島原発事故との相当因果関係があるものについては賠償対象になる。

6　間接被害

(1)　意義および一般的基準

間接被害の意義および一般的基準については中間指針第8を参照のこと。

(2)　具体例

食品産業分野における間接被害の具体例としては、下記があげられる。

> ○　通常の仕入先の原材料の農産物等が出荷停止になったため他から調達し、余分に支出した費用
> ○　避難区域内にあった会社に販売した商品の売掛金を有していた場合において、原発事故後当該会社が避難指示により倒産してしまったために回収できなくなった当該売掛金

7　損害の立証資料

前記2から6までの各損害の立証資料として、たとえば以下のようなものが考えられる。

(1)　営業損害

(ア)　減収分

食品産業分野の減収分の立証資料としては、①福島原発事故前の確定申告書、決算書、預金通帳、注文書、納品書、請求書、領収書等、②福島原発事故前、事故後に取引先から受信したFAXや電子メール、日誌等があげられる。

(イ)　追加的費用

食品産業分野の追加的費用の立証資料としては、①廃棄費用・倉庫料等の請求書、領収書等、②移転のための運送料（ガソリン代、駐車場代等を含む）の請求書・領収書、仮設店舗の賃貸借契約書、礼金・家賃の領収書、店舗内装費用等の請求書・領収書等、③事業再開のための機械・什器備品等の運送費用の請求書、領収書等、④事業再開のための機械等のメンテナンス費用・

事務所の清掃費用の請求書、領収書等があげられる。

(2) 就労不能等に伴う損害

　食品産業分野における就労不能等に伴う損害の立証資料としては、①休業証明書、解雇理由書、内定取消しの旨を記載した書面等、②給与明細、源泉徴収票、所得証明書等があげられる。

(3) 検査費用

　食品産業分野における検査費用の立証資料としては、①検査料の領収書、説明書、検査の際の交通費の領収書等、②取引先等からの検査要求のFAX、電子メール等があげられる。

(4) 財物損害

　食品産業分野における財物損害の立証資料としては、①機械等の領収書、説明書、伝票、固定資産税等の納税通知書等、②財物の除染費用・廃棄処理費用等の請求書、領収書等があげられる。

III　農林水産物・食品の輸出関係

1　総　論

　本項では、福島原発事故による原子力損害のうち、農林水産物・食品の輸出に係るものについて概説する。福島原発事故以降、諸外国においても、各種輸入規制措置（①放射能検査、②産地証明、③検査強化、④輸入停止等）が実施され、それによって輸出関連業者（商社、食品製造業者、農林漁業者等）においては、検査費用・各種証明書発行費用等（下記2）、輸入拒否に係る減収分および追加的費用（下記3）等の損害が生じている。中間指針は、当該損害について、必要かつ合理的な範囲で賠償の対象と認めているので、以下具体例をあげつつ、損害算定方法および立証資料について検討を加える。

　なお、輸出先国の政府による輸入規制措置に係る損害に限られず、取引先による輸入規制措置に係る損害も賠償の対象とされている点に注意を要する。

2　検査費用・各種証明書発行費用等

農林水産物・食品の輸出関係における検査費用・各種証明書発行費用等の具体例については、下記があげられる。

○　輸出先国政府（または同国の取引先）が要求する放射能検査にかかる費用が業者負担とされた場合の検査費用、産地証明を要求された場合の証明書発行費用
○　輸出先国政府（または同国の取引先）が要求する放射能検査に不合格となった場合の商品価値および廃棄にかかった費用

3　輸入拒否に係る減収分および追加的費用

輸入を拒否された場合、廃棄、転売、輸出機会喪失等による減収分および追加的費用が、必要かつ合理的な範囲で賠償の対象となる。

○　輸出先国政府によって輸入停止が導入されたことを知り得ず出港し、現地で商品を廃棄させられた場合の商品価値、廃棄にかかった費用
○　輸出先国政府による輸入拒否の後廃棄を免れて他の販売先へ転売できた場合の、販売価格の減少分、港から倉庫への積戻し費用、倉庫保管料、輸送料等

4　合理的な損害の算定方法および立証資料の例

中間指針においては、損害の証明方法および損害額の算定方法についての言及はないが、以下、合理的と思われる損害の証明方法および損害の算定方法につき掲記する。

(1)　検査費用・各種証明書発行費用等

原則として、検査に要した実費（合理的と認められる範囲）を損害とすべきである。検査に用いるサンプル費用、検査待ちの場合の保管料等も含まれる。

また、立証資料としては、①検査料、証明書発行料の領収書、説明書、検査の際の交通費の領収書等、②取引先等からの検査等要求のFAX、電子メール等があげられる。

(2) 輸入拒否に係る減収分および追加的費用

(ア) 廃棄に係る損害

(A) 減収分

原則として、廃棄された商品の価額を減収分の損害額とすべきである。

立証資料としては、商品の領収書、説明書、伝票等があげられる。

(B) 追加的費用

廃棄等にかかった実費を損害とすべきである

立証資料としては、廃棄にかかった費用の請求書、領収書等があげられる。

(イ) 転売に係る損害

(A) 減収分

原則として、転売された商品の本来得られるはずであった販売価格から、実際に販売された価格を控除したものを損害額とすべきである。

立証資料として、商品の領収書、伝票等があげられる。

(B) 追加的費用

転売までの保管料、輸送料、積戻し費用等を損害額とすべきである。

立証資料として、①転売先までの輸送料（ガソリン代、駐車場代等を含む）の請求書、領収書等、②転売までの倉庫保管料の領収書等があげられる。

(ウ) 輸出機会損失等に係る損害

(A) 減収分

原則として、福島原発事故がなかった場合の通常の売上高から、福島原発事故がなければ負担していた費用を控除した粗利益を損害額とすべきである。

立証資料としては、①福島原発事故前の確定申告書、決算書、預金通帳、②注文書、納品書、請求書、領収書等があげられる。

(B) 追加的費用

追加的費用については、休止期間中の雇用労働者への給与支払分、輸出できない産品の保管料などを損害額とすべきである。

立証資料としては、①賃金台帳、②保管料の請求書・領収書等があげられる。

Ⅳ 建設業

1 総 論

本項においては、原子力損害のうち、建設業の損害関係について概説する。建設業には他業種にない特性があり、それによる特有の問題点がみられるところである[10]。以下では、そのような特性等を意識しつつ、建設業における原子力発電所の事故に起因する損害のうち特に営業損害を概観する。

2 政府による避難等の対象区域に係る損害関係

(1) 逸失利益

(ア) 警戒区域等の制限区域内における受注の途絶または減少[11]

警戒区域内は、当該区域内の新規受注が皆無となっており、計画的避難区域および緊急時避難準備区域においては、放射性物質による影響に敏感な子育て世帯が転出したため、新築住宅の需要がほとんどなくなっているとの調査報告がある。

---

10 専門委員調査報告書によれば、建設業は、単品受注生産、屋外生産、移動生産、といった特性があるとされる。また、本社・作業場・営業所から離れた個々の建設工事現場において建設業務が行われるのが通常であり、請負業務である性格から、業務期間が長期間となる点、工事代金が引渡しとの同時履行である点などが指摘されている。また、関係法令等による完成工作物の安全確保の要請から、技術者や建築士等を継続的に雇用する必要があり、これらの固定費の扱いが他業種にない問題点として指摘されている。

11 公共の工事や建築設計の発注にあたり、本店等の所在地に関する事項を競争参加資格とする「地域要件」の設定が広く行われ、かつ入札にあたり管内における実績が考慮されることも多い。また、民間受注においても、地域での信用・信頼が事業の存立基盤となっている。このような建設業の特性から、本店の移転、営業地域を変更して、従前の業務量、売上高を確保することは不可能に近いとの調査報告がある。このような事情に鑑みると、警戒区域内等の対象地域に拠点をおく事業者が移転して、損害の軽減を図ることは容易ではない。そうすると、建設業者は、他業種より移転による損害軽減が困難であるとして、その営業損害（逸失利益）は比較的長期間賠償の対象となると考えることができる。

いずれも、福島原発事故に起因する受注機会の途絶、減少であることは明らかであり、賠償の対象となると考える。「福島原発事故がなければ得られたであろう収益」の算定は基本的に過去数年の平均売上高が基準とされるべきと考える。なお、逸失利益を算定するにあたっては、制限区域外や福島県隣県で見込まれる復興関連需要を織り込むことが調査報告書内で指摘されている。

この場合の立証資料としては、過去数年分の帳簿類が必要となるであろう。

(イ) 事故発生時に契約済み取引の解約等

　　(A) 現　状

警戒区域、計画的避難区域および緊急時避難準備区域においては、福島原発事故発生時に契約済みもしくは着工済みであった工事・建築設計等の案件が、施主の意向により事実上解約状態となったり、立入り禁止により工事が中断し工事の続行の見通しが全くつかなくなったり等、代金回収が困難な状態になっているとの調査報告がある。

以下、契約の解約、未解約の場合、未解約のうち履行の可能不可能について場合分けをしつつ、賠償の可否について検討する。

　　(B) 未解約の場合

まず、履行可能の場合、建設工事では不可抗力による災害等によって、一時期工事をすることができず、工事を中断しなければならないことがあっても、特殊な場合を除いて工事をすることが不可能となることはない。工事が再開可能になれば、かりに不可抗力による事故のため目的物が毀損したときでも請負者は工事をしなければならず、その費用はすべて請負者が負担しなければならないことになる。このような建設工事の性格からすると、未解約であり、かつ、将来工事を完成し、工事代金として受け取ることが可能であるならば、未収工事代金そのものを損害と考えることができない。[13]

もっとも、原子力発電所周辺地域の事故収束の見通しが全く立たず、政府

12　滝井繁男『逐条解説工事請負契約約款〔四訂新版〕』153頁。
13　もっとも、発注者の避難による探索不能等による代金回収不能の場合は、損害として原子力賠償の対象となりうる。

指示解除までどれくらいの期間を要するかも全く不明な状況からすれば、「社会の取引観念を標準として、本来の給付内容を目的とする債権を存続させることが不適当な場合[14]」にあたるとして工事の完成債務は、履行不能になると評価することも可能な場合もあると思われる。この場合の危険は、個別の契約内容次第であるが、請負業者負担として工事代金請求権も消滅するのが原則である（民法536条1項）。請求できなかった工事代金全額は、建築確認もなされ、工事着工後である場合には、福島原発事故がなければ工事は計画どおり完了し、引渡し・代金支払いに至った「確実性」があるとして、逸失利益として賠償の対象となると思われる。なお、契約関係消滅によって、残りの工期で支出するはずだった資材等の費用は損益相殺として控除する必要がある。

対象区域の分類でいえば、警戒区域の案件の多くは後者にあたるものと思われる。

(C) 解約の場合

福島原発事故に起因する建築請負契約解除原因のほとんどは、民法641条（注文者による契約の解除）であろう。この場合、工事完成引渡しによる「得べかりし利益」は、注文者により賠償されるので建設業者の損害となることはない。

(ウ) **存置した資機材等を使用できないことによる受注機会の喪失**[15]

警戒区域に営業所のある建設業者にあっては、当該区域に機材や資材を存置しているため、それらを使用して警戒区域外の業務を受注することができなくなっており、建築士事務所等も、設計図書等の業務成果図書が警戒区域に存置しているため同様に警戒区域外の業務を受注できないとの調査報告がある。

14　中田裕康『債権総論』102頁。
15　建設業の特性として、関係法令等による完成工作物の安全確保の要請から、技術者や建築士等を継続的に雇用する必要がある。当該技術者が原子力発電所の事故を理由に退職した企業は、資機材の使用不能と同様に受注できず、または受注機会が減少することが考えられる。その場合の損害も資機材の使用不能と同様に賠償の対象となると考える。

「これら資機材等があれば現実にあった注文を受注し、完成・引渡し等納品できた」という確実性が認められれば、当該注文の売上相当額は、賠償の対象となる損害であると考える。また、受注能力がないことが理由で受注が減少した場合、売上減少分のうち合理的な範囲は、前記(ア)と同様に賠償の対象となると考える。

(2) 追加的負担費用

(ア) 警戒区域等からの避難、移転費用

警戒区域内事業者が、警戒区域外に仮事務所等を設置し、これに伴う事務所移転料、賃借料、備品購入費、CAD等のソフトウェア購入費等の追加費用が発生しているほか、警戒区域に存置した機械について、搬出費用、除染費用等の追加的費用が発生しているとの調査報告がある。

政府指示による避難対象区域から避難・移転するために負担した交通費・資機材の移動費用等の実費分は、必要かつ合理的な範囲のものは賠償の対象となると考える[16]。

この場合の立証資料としては、各費用の領収書があげられる[17]。

(イ) 営業に要する交通費等

警戒区域外を迂回移動するための追加的費用負担が生じているほか、資材等の調達先に対象区域への配達を拒否され、引き取りのために対象地域外の配送拠点まで出向かなければならないとの調査報告がある。

政府指示等に起因する追加的な経費は、必要かつ合理的な範囲であれば、相当因果関係のある損害として賠償の対象となると考える[18]。

立証資料としては、給油の際の領収書が必要となるほか、事故前の通常時の移動費用を証する資料も必要であろう。

---

16 中間指針第3［損害項目］2参照。中間指針の記載は個人の避難を対象としたものであるが、事業者の損害についても、同様に考えることができる。

17 領収書がない場合、平均的な費用を推計する方法による立証が認められるべきとされている。中間指針第3［損害項目］2参照。

18 中間指針第3［損害項目］2参照。避難対象者等が避難を余儀なくされているために余分に支出した生活費の増加費用は、賠償の対象となるとされている。これは、対象区域外に拠点をおいた事業者の経費の増加費用にもあてはまるものと考える。

(ｳ)　工事の延期に伴う追加的費用

　着工済みで工事が中断している案件について、現場事務所、電気設備、機材等のリース料金や保険料を支払い続けなければならず、また、専任の技術者を配置している場合にあっては、当該技術者の人件費負担が続き、他の現場に配置することもできない状態にあるとの報告がある。

　前記(1)(ｲ)(A)のとおり、建設工事においては、不可抗力による天災・人災によって、工事が一時中断したとしても、請負者は工事をしなければならない。そして、その追加費用は、請負者の負担となるのが原則であるので、前記追加的費用は、請負業者の損害となる。

　対象区域内の現場であるならば、福島原発事故と因果関係があることは明らかであると思われるので、前記の延期に伴う追加的費用は、賠償の対象となると考える。

　この損害の立証資料としては、領収書、給料明細の写し等があげられる。

(ｴ)　政府による避難指示等の対象区域内における作業の忌避

　多くの下請け建設企業が社内基準等により福島第一原子力発電所から30キロメートル圏内での工事を行わないとしているため、元請建設企業が工事金額を上積みして協力会社を探している状況にあるとの調査報告がある。

　このような上積み分の損害も不可抗力による損害であるため、請負業者負担となるのが原則であり、現実には負担し損害となったものは賠償の対象となる。他方で、契約上発注者責任とされている場合は施主に請求すべきものと考える。

　この損害の立証資料としては、新旧の下請契約書等があげられる。

(ｵ)　従業員の退職を回避し継続雇用するための追加的費用

　子供のいる従業員が放射性物質を避け遠隔地の避難所等に生活し、勤務先まで長距離通勤するほか、遠隔地の避難所等に住む家族と離れて勤務先の近隣に単身赴任している従業員がおり、こうした従業員を継続雇用するため、通勤手当や借上げ住宅のための経費が発生しているとの調査報告がある。

　前記追加的費用は、「関係法令等による完成工作物の安全確保の要請から、技術者や建築士等を継続的に雇用する必要がある」建設事業者の特性からす

れば、事業者側が負担せざるを得ない。これらは、必要かつ合理的な費用（損害）として、賠償の対象となると考える。

この損害の立証資料としては、領収書、給与明細の写し、賃貸借契約書等があげられる。

(3) 財産価値の喪失・減少関係

(ア) 警戒区域に存置せざるを得なかった重機や資材等

警戒区域内に重機等の機材を存置せざるを得なくなり、定期的なメンテナンスができないために、潮風による塩害で相当なダメージを受けているおそれがあるとの調査報告がある。

これら毀損の修理費、除染費用、使用不能による現在価値の賠償は、相当因果関係のある損害として賠償の対象となる。また、重機等の機材がリース物件であった場合、リース業者から契約に基づき買取りや損害賠償の請求をされた場合、ユーザーたる建設業者の当該支出分を福島原発事故に起因する損害として求償することが考えられる。

損害の算定方法としては、下記のとおりの考え方が調査報告書に示されている。

〈固定資産を現実に売却できる場合〉

> （資産の現在価値の50％を標準として補償するが、実情によりこれにより難しい場合には、現在価値及び処分価格について専門業者の見積もりを徴し、次式により売却損を判定）
> 売却損の補償額＝現在価格－売却価格

〈解体せざるを得ない場合〉

> 売却損の補償額＝現在価格＋解体・処分費－発生材価格

〈スクラップ価値しかない場合〉

> 売却損の補償額＝現在価値－スクラップ価格

この損害の立証資料としては、帳簿類、リース契約書、重機の中古価格の市場調査結果報告書等、領収書があげられる。

(イ) 建築中の住宅など（財物価値の低いもの）

　警戒区域内の工事着工済み案件について、建設業者の所有物たる当該出来形に対する所有権侵害を理由に損害賠償請求をすることも可能であると考える。もっとも、個別契約に上記のような損害が発注者責任とされている場合は、福島原発事故による賠償請求とするのではなく、発注者に請求することになる。この点、民間（旧四会）連合協定工事請負約款（平成21年5月改訂）21条では、一定の手続を経ていれば、不可抗力によって工事の出来形部分に生じた損害は発注者責任となる。

3　政府指示等の対象区域外に係る損害関係（いわゆる風評被害）[19]

(1) 対象区域に隣接する市域で育成している造園用樹木

　政府指示等の対象区域に隣接する市域で育成している造園用樹木について、産地証明書に当該市域の名称の付いた樹木は受け取ってもらえず、販売が見込めないとの調査報告がある。

　これが合理的な回避行動といいうるかは難しいところであるが、放射線量について確かな情報を得られない現状では、庭先等の敷地内に植えられ継続的に至近距離におかざるを得ない造園用樹木について、原子力発電所周辺の商品を避けたいと考えることは、一般人を基準にして合理的な回避行動であるとして、前記逸失利益は損害賠償の対象となりうると考える。

(2) 除染した資材等の忌避

　警戒区域に存置されたた建築資材については、今後除染したとしてもなお

19　建設業は、受注生産、屋外生産、移動生産といった特性があり、本社・作業場・営業所から離れた建設工事現場において建設業務が行われるのが通常であるため、営業所が政府指示等の対象地域外にあっても、建設業の特性上、取引先や建設現場が対象地域内にある場合には、基本的に「政府による避難等の対象地域に係る損害関係」（本文前記2）と同じ損害や支障が生じていると考えるべきであるとの調査報告がある。この報告に従って、現時点では対象地域外の損害関係については、風評被害関係のみふれることとする。

それを忌避する発注者への配意から廃棄せざるを得ないとの調査報告がある。

建築資材については、それを使用して建築された住宅棟の内部に人が長時間滞在することや、一定の化学物質については建築基準法により建築資材への使用が規制されている。そして、前記(1)同様、放射線量について確かな情報を得られない状況が続いていることを考慮すれば、これら警戒区域に存置され相当程度被曝している建築資材については、除染後についてもこれを回避することは、一般人をして合理的な行動と評価することが自然である。

よって、これら資材について売買契約を了していた場合は、逸失利益としてその代金相当額について、特段売却の予定のない在庫は価値相当分について、賠償の対象となると考える。

V 不動産業

1 総論

本項では、不動産業の損害関係、特に営業損害、財産価値の滅失・減少等を概説する。

2 政府による避難等の対象区域に係る損害関係

(1) 逸失利益（対象区域内に拠点をおく不動産事業者）

(ア) 警戒区域等の制限区域内における不動産取引の途絶

(A) 不動産売買（販売収入、仲介報酬収入）

警戒区域内立入禁止等の措置によって、取引が全く行えない状態となっており、販売収入や仲介報酬収入が途絶している。これら減収分は、福島原発事故と相当因果関係をもった損害として賠償の対象となる[20]。「福島原発事故がなければ得られたであろう収益」の算定は、基本的に過去数年の平均売上高が基準とされるべきと考える。

---

20 中間指針第2・1参照。

この損害の立証資料としては、過去数年分の帳簿類があげられる。

　(B)　不動産賃貸（賃料収入、仲介報酬収入）

　警戒区域立入禁止等の措置によって、新規入居者が皆無となった結果、賃料収入や仲介手数料収入が途絶している。また、既往の賃貸借関係も、避難指示により、賃貸借契約解約に至るか、契約関係が残存していても、不動産の使用収益をさせる義務が履行不能となり、危険負担により賃料請求権は消滅したことになる。

　これら賃料収入、仲介手数料収入の減収分も、原子力発電所の事故と相当因果関係をもった損害として賠償の対象となる。「福島原発事故がなければ得られたであろう収益」は、仲介手数料の場合、過去数年のうち平均取引件数分、既往賃料の場合契約の満了までの賃料が対象となりうると考える。新規契約により得られたであろう賃料収入の損害は、過去数年分の平均入居率相当程度は、賠償の対象と考えることも可能であろう。

　この損害の立証資料としては、現在および過去の賃貸借契約書、過去数年分の帳簿類があげられよう。

　なお、平成23年8月現在、政府が、長期間の立ち入り禁止のため、原子力発電所周辺の土地を借り上げることを検討しているとの報道がある[21]。この借り上げがある場合、土地に対する政府からの賃料分は損益相殺の対象となり得る。

　(イ)　事故発生時の契約済み取引の解約等

　不動産売買契約の締結拒絶または途中破棄等に係る損害については、福島原発事故がなければ当初予定していた価格で契約が成立していたとの確実性が認められる場合には、合理的な範囲で現実の契約価格との差額につき賠償すべき損害と認められる[22]。

　事故発生前に着工した注文住宅や建築工事が、工事途中のまま解約された

21　「菅政権（筆者注：当時）は、東京電力福島第一原発の周辺で放射線量が高い地域の住民に対し、居住を長期間禁止するとともに、その地域の土地を借り上げる方向で検討に入った。地代を払うことで住民への損害賠償の一環とする」平成23年8月22日3時4分 Asahi.com 〈http://www.asahi.com/national/update/0821/TKY201108210385.html〉。

22　中間指針第3「10　財物価値の喪失又は減少等」（備考）6）参照。

ような場合、工事代金等損害が生じ得る。これらが賠償の対象となり得るかどうかは、前記IV「建設業関係」を参照されたい。

(2) **追加的負担費用**

(ア) **警戒区域等からの避難、移転費用**

　事業者のみならず、制限区域内の避難対象者の避難・移転費用として区域外への交通費、営業資産の移動費用、宿泊費等、避難等によって増加した経費等は、賠償の対象となる。[23]

　この損害の立証資料としては、領収書があげられる。[24]

(イ) **賃貸住宅管理費用**

　制限区域内の資産（賃貸物件等）を管理する事業者等が、物件の点検、巡回を行った場合、その交通費実費や防犯対策費用、補修費用は賠償の対象となり得る。

　この損害の立証資料としては、領収書、作業報告書があげられる。

　なお、高濃度の放射性物質に汚染されている政府指示対象区域等については、国が除染について責任をもつ方針を出している。この方針が実現すれば、対象区域内の不動産所有者管理者は、自らの出損で検査・除染をする必要はなく損害も発生しない。

(ウ) **金融機関の融資条件変更に伴う追加的費用**

　制限区域内の金融機関において、事故発生後、契約改定、貸付け条件の変更等の動きがあるとの調査結果がある。これにより、貸付金利の上昇や追加担保の提供の要求があった場合、追加負担金利、追加担保提供費用（調達費その他登録免許税等）等の支出については、福島原発事故がなければ当該金利変更や追加担保要求がなかったとの確実性が認められれば、相当因果関係のある損害として賠償の対象となると考える。

　この損害の立証資料としては、貸付条件変更約定書等契約書、領収書があげられる。

23　中間指針第3［損害項目］2参照。
24　領収書がない場合、平均的な費用を推計する方法による立証が認められるべきとされている。中間指針第3［損害項目］2参照。

(3) 財産価値の喪失・減少関係

　制限区域内の土地、建物は、福島原発事故により、相当程度の線量値の放射性物質に曝露したことは明らかである。また、警戒区域設定による立入禁止等によって、管理が不能となる。この場合、前記不動産の被曝および不管理に伴う毀損は、まさに不動産所有権侵害による損害として、不動産の価値の喪失・減少分につき賠償を受けることができる。

　ところで、不法行為に基づく損害賠償がなされた場合にも、公平の見地から「賠償者の代位」を規定する民法422条が類推適用されるとするのが通説[25]であることから、不動産の価値喪失として東京電力から価値全額の賠償がなされた場合、当該土地や建物の所有権が、当然に、東京電力に移転することになる。被害を受けた企業等の法人または個人が、政府指示解除後も居住・保有する意向の場合、価値相当分全額の賠償を受けることは慎重に検討すべきである。

　なお、平成23年8月に政府が発表した制限区域内一括借上げの方針が実現した場合、政府から支払われる賃料は損益相殺の対象となると思われる。

㈦ 入居者が避難した賃貸住宅

　制限区域内の物件については、相当程度の放射線量値が計測される場合、線量の評価について定まったものがない状況下では、除染を行ったとしても、入居者が帰宅し、または新規に入居者が入り、住宅として再び使用することは、極めて困難となるという見解がある。この見解に従えば、制限区域内の賃貸用建物は、賃貸用としての価値は喪失したと評価できると考える。

　もっとも、営業損害としての入居率相当額の逸失利益の賠償を受けるか、財産価値喪失としての賠償を受けるかは、いずれが適切かは個別の事情にもよるが[26]、基本的に選択的な関係にあると考える。

　この損害の立証資料としては、不動産鑑定書（原子力発電所事故前）、帳簿類（事故発生直前期）、賃貸借契約書、建築資料、領収書（追加費用）があげ

25　奥田昌道編『注釈民法10債権(1)』718頁。
26　中間指針第3『10　財物価値の喪失又は減少等』（備考）1）参照）。

られる。

(イ) **建築途中で契約解除された物件**

　福島原発事故を理由に注文者が一方的に契約解除したことにより、建築途中の住宅がそのままの状態で放置されているとの調査結果がある。

　しかし、民法641条による解除の場合、請負人たる事業者に損害は生じないので、請求はできない。

(ウ) **保有不動産**

　将来の避難指示解除、原子炉の廃炉、適切な除染等の対応がなされれば、不動産の価値も相当程度回復し得るのであるから、保有し続けるのであれば、価値喪失ないし減少等の損害賠償を請求するのは難しいものと考える。

　他方で、将来福島原子力発電所周辺地域の収用がある場合や所有者が上記政府対応等未了な段階で処分を希望するような場合は、以下のような賠償請求も可能かと思われる。

　土地収用の場合、収用時の不動産鑑定評価における正常価格と福島原発事故に起因する減価要因を考慮しない不動産鑑定評価価格との差額を価値減少分として請求する。移転・転居するため現時点で処分したい場合は、上記政府対応未了の段階では不動産取引のマーケットがないため正常価値算定不能として、福島原発事故に起因する減価要因を考慮しない不動産鑑定評価価格全額（価値喪失）を請求する。後者の場合で賠償がされれば、前述のとおり、所有権は東京電力に移転する。

　これらの立証資料として、不動産鑑定報告書、固定資産評価証明書等があげられる。

3　政府指示等の対象区域外に係る損害関係

(1) **逸失利益（対象区域外に拠点をおく不動産事業者）**

(ア) **警戒区域等の制限区域内における不動産取引の途絶**

　事務所や営業所が政府指示等の対象区域外にあっても、取扱物件所在地が広範囲となる不動産業の特性上、取扱不動産が警戒区域等の対象区域内にある場合には、制限区域内の取引の途絶による影響により、販売収入や仲介報

酬収入の継続的減少があり損害を被り得る。この場合、取扱地域における制限区域が占める割合などを資料により立証し、減収と福島原発事故の因果関係を立証する必要があると思われる。

立証資料としては、過去数年分の帳簿類、取扱地域範囲を証明する資料があげられる。

　(イ)　事故発生時の契約済み取引の解約等

事務所や営業所が政府指示等の対象地域外にあっても、取扱不動産が警戒区域等の対象区域内にある場合には、宅地造成事業の中止、契約済み住宅販売が中止、契約予定取引のキャンセル等による販売収入、仲介報酬収入の減少等の損害が生じうる。これらは、前記2(1)の対象区域内拠点業者の場合と同様に賠償の対象となると考える。

ところで、対象区域外拠点の事業者の場合、個別の取引が制限区域内のものであったことを、事業計画書、契約書、広告等の資料により、立証する必要がある。また、宅地造成事業などの場合、福島原発事故がなかったならば契約に至っていたとの確実性を立証する必要がある。

立証資料としては、事業計画書、契約書、広告等、解約申入書があげられる。

(2)　追加的負担費用（対象区域外に拠点をおく不動産事業者）

事務所や営業所が政府指示等の対象区域外にあっても、取扱物件所在地が広範囲となる不動産業の特性上、取扱不動産が警戒区域等の対象区域内にある場合には、前記2(2)同様、追加的費用を負担せざるを得ず、当該損害も賠償の対象となる。

(3)　風評被害

事故の収束の気配がなく、放射線量について確かな情報を得られず、さらに政府の対応方針もみえない段階では、政府の避難指示等の対象となっていない地域においても、高額である住宅や不動産の取引を平常どおりに行える状況にはなっていないとの調査報告がある。

そのような先行きについて不透明な状況にあることを考えると、福島原発事故による放射性物質による汚染の危険性を懸念し、一定範囲内の制限区域

外不動産の取引を敬遠したいと考える心理は、平均的・一般的な人を基準として合理性を有しているものと思われる。

　(ア)　営業損害

　　(A)　事故発生時に契約済み取引の解約等、予定価格から減額して締結した契約

　契約締結前物件のキャンセル、契約解除のほか、郡山エリアで当初契約予定価格の1割から2割程度の値引き交渉もしくは売買契約が行われているとの調査報告がある。

　これらの損害のすべてが賠償の対象となるとは考えにくいが、現実の契約価格と福島原発事故前の契約価格の差額等につき合理的な範囲で賠償を受けるためには、少なくとも、①原子力発電所と近距離またはいわゆるホットスポット等の多量の放射線量が測定される地域であること、②福島原発事故がなければ当初予定していた価格で契約が成立していたことの確実性、の2点は立証する必要があると考える（立証資料は、3(1)(イ)とおおむね同じと思われる）。

　　(B)　自主避難者の未収賃料

　警戒区域外でも、賃借人が自主的に避難し家賃が未払いになっているとの調査報告があるが、契約が残っている以上、第一次的には借主に請求するべきである。万が一、事実上退去し、請求できなくなっている費用や代金は、事故がなければ請求できた確実性があれば、損害賠償の対象になりうると考える。

　(イ)　追加費用

　　(A)　金融機関の融資条件変更

　制限区域外の地域でも、事故発生後、融資審査が通らなかった、追加担保の要求があった等、金融機関の審査が厳格化した事例があるとされるが、この場合は、金融審査の基準が変更されなかった確実性があるだけでなく、厳格化に伴う金融機関の判断に合理性があると認められれば、福島原発事故との相当因果関係が認められ、当該費用は賠償の対象となると考える。

　　(B)　検査費用、除染費用

賃借人、購入予定顧客の要請により、物件に対しての検査および除染をする必要があり、検査費用、計測機購入費、除染費用等の費用が発生しているとの調査報告がある。

放射線量値についての定まった評価が確立されていない現在の状況下では、原子力発電所からの一定距離または風向き地形等の条件により相当程度の線量値が計測される地域においては、建物使用者である顧客が、放射線による汚染を懸念することは、十分合理性を有するものであるから、当該追加費用は相当因果関係ある損害として賠償の対象となると考える。

Ⅵ 製造業

1 総論

本項では、福島原発事故による原子力損害のうち、製造業分野に係るものについて概説する。福島原発事故による製造業分野の損害のうち、賠償の対象として認められるものは、中間指針に照らし、以下の類型に分類することができる。

2 政府による避難等の指示等の対象区域に係る損害およびその他政府指示等に係る損害

避難指示等の対象区域内で工場や事業所（以下本項において、「対象区域内工場等」という）を有していた製造業者が当該避難指示等により被った損害およびその他政府指示等（水に係る放射性物質検査の指導、放射性物質が検出された上下水処理等副次産物の取扱いに関する指導等）の対象製造業者の損害である。

(1) **営業損害**

(ア) 減収分（逸失利益）

避難指示等、その他政府指示等に伴う製造業の減収分の具体例としては下記があげられる。

> ○ 製造不能または搬出不能による減収分
> ○ 当該製造業者による納入遅延を懸念した取引停止による減収分
> ○ 下水汚泥等から放射性物質が検出されたことから、これを原料の一部としていたセメント業において、安全確認がされるまでの間の製品出荷停止により生じた減収分

　立証資料としては、①工場等の所在地を証明する登記簿謄本等、②過年度および今年度の損益計算書等、帳簿等、③取引のキャンセル等があったことを示す取引先とのやりとりの文書があげられる。

　対象地域内工場等における機械等のリース料、保険料、従業員の給料等の固定費のうち、福島原発事故により支払いを免れたものは、減収分の算定から控除される。他方、支払いを続けていた固定費は減収分の算定から控除されない分、損害として算定される額は増加することになる。東京電力は、固定費の支払い分も実費として加算して賠償するという整理をしている。[27]

　(イ) 追加的費用

　避難指示等、その他政府指示等に伴う製造業の追加的費用の具体例としては下記があげられる。

> ○ 避難区域内工場等の機能を、避難区域外に移転させるための、機械、資材等の運搬および再設置工事の費用、搬出した製品等の保管場所の賃料並びに従業員の旅費
> ○ 製造の一部を外注したためにかかった余分な経費
> ○ 対象区域内工場等への立入りのための防護服や放射線検査機器の購入費用
> ○ 避難指示等解除後、対象区域内工場等を復旧させるための輸送費用や除染費用

---

[27] 東京電力平成23年9月21日付プレスリリース別紙2 〈http://www.tepco.co.jp/cc/press/betu11_j/images/110921e.pdf〉参照。

立証資料としては、①追加費用を支出したことを証する領収書、注文書、見積書等、②追加費用の支出が必要だったことを示す社内での報告書、稟議書等があげられよう。

　なお、営業拠点移転のために新たに固定資産を取得した費用（投資費用）のうち当該資産の価値分については、被害者の財産となるため賠償の対象とはならない。[28]

(2) 検査費用

　検査費用およびその付随的費用のうち、対象区域内工場等およびそこに所在した製品、原材料、産業廃棄物等の財物に係るもの並びにその他政府指示等により支出を余儀なくされたものが賠償の対象である。

　具体例としては、下記があげられる。

○ 織物業者が、織物の安全性確保のために、自主的に実施した放射線検査費用

○ 福島県内で発生する産業廃棄物の他県への搬入につき、放射性物質の濃度の測定を要請する茨城県発令の文書に対応して発生した検査費用

○ 水の放射性物質検査等の指導を行っている都県において、水を製造過程で使用する事業者が、取引先の要求等によって検査を実施したことにより生じた検査費用

　立証資料としては、検査に係る領収書、高速道路料金等交通費に係る領収書等があげられよう。

(3) 財物価値の喪失または減少等

　避難等を余儀なくされ、対象区域内工場等およびその内部に保管された部品、原材料や製品の管理ができなくなったために、故障や腐敗などによってこれらの価値が毀損された場合は、福島原発事故発生時の時価または帳簿価

28　文部科学省「中間指針に関するQ&A集」〈http://www.mext.go.jp/a_menu/anzenkaku-ho/baisho/1310610.htm〉［問81］106頁。

額を基準として、工場等や製品等の価値の減少または喪失分が、賠償すべき損害と認められる。製品の廃棄については、それによる減収分を営業損害として評価することも可能である。工場や機械を一定期間利用できないことによる損害は、逸失利益として評価すべきであろう。

この損害の立証資料としては、不動産評価証明書、部品、原材料、製品等が利用不能であることを示す鑑定書または報告書があげられる。

3　風評被害

(1)　意義および一般的基準

風評被害の定義および相当因果関係は、中間指針第7で詳述されている。

工業製品については、国による放射線量の安全基準値はほとんどの場合において示されていないため、消費者または取引先による回避行動が合理性を有すると認められ、福島原発事故との相当因果関係が認められる場合が多いのではないかと思われる。

(2)　中間指針第7「1　一般的基準」Ⅲ）①の類型に該当するもの

製造業においては、福島原発事故以降に現実に生じた買い控え等のうち、原則として賠償の対象と認められる類型には、福島原発事故発生県である福島県所在の拠点で発生した被害であるもの、上下水処理等副次産物に係るものであるもの、または、水の放射性検査の指導に係るものがある。

具体例としては、下記があげられる。

○　福島県所在の製造業者において、末端顧客から放射能汚染につき問題がないことの保証を求められたが科学的に証明できず、商品を廃棄したために生じた費用および減収分

○　セメント業において、汚染の度合いにかかわらず、下水汚泥等を用いた製品ということを理由に顧客による受取り拒否があり、取引量が減少したことによる減収分および製品回収費用

この損害の立証資料としては、①原料および製品に関する新聞・雑誌・イ

ンターネット上の記事、②発注の停止、受入れの拒否等に至る相手方とのやりとりの経緯を示す書類、③営業損害、就労不能による損害、検査費用等に係る立証資料があげられる。

(3) (2)以外の風評被害（輸出に係るものを含む）

前記の類型以外の風評被害には、個別的な相当因果関係の検証が必要とされる（中間指針第7「1　一般的基準」Ⅲ）②)。なお、わが国からの輸出品につき、業種や製造地域によらず、外国政府や海外取引事業者から放射能非汚染証明を求められる事例が相次いだ。[29] このような広範にすぎる証明要求に基づく検査費用は、予見可能性がなかったとして相当因果関係を否定される可能性もある。この場合、諸外国に対して早期に適切な情報提供をしなかった政府に対する国家賠償請求を検討する余地があろう。

具体例としては、下記があげられる。

○ ユーザーの食品工場（宮城県）において、放射線測定結果が高いとの理由で生産を停止したことに伴い、香料製造業者において取引のキャンセルや停止が相次いだことによる減収分
○ サウジアラビア政府が、日本から輸入されるすべての消費財について放射線検査を義務づけることを通達してきたが、基準値が発表されていなかったため認定機関による適合証明の発行が遅れ、検査費用および取引遅延による減収分

4　間接被害

製造業者と、福島原発事故による第一次被害者との取引に代替性がない場合、第一次被害の結果当該製造業者が被った損害は、間接被害として賠償の対象と認められる。

具体例としては、下記があげられる。

---

[29] 経済産業省ホームページ「諸外国・地域における鉱工業品分野の放射線検査実施状況」〈http://www.meti.go.jp/earthquake/smb/commodities_link_02.pdf〉参照。

> ○ 第一次被害者たる避難区域内の企業に専用の原料の製造を依頼していたため、当該企業が製造場所を変更するまでの間、原料の調達困難により製品の販売機会を喪失したことによる減収分
> ○ 市場シェアが非常に大きい原材料調達先が避難区域にあったため、代替品の確保に要した追加の費用
> ○ 農産物の出荷停止・風評被害に伴い、農産物用包装材料の製造業者において出荷が止まったことによる減収分

この損害の立証資料としては、①調達部品や材料・工法の特殊性に関する専門家の報告書・特許等の資料、②調達先の市場シェアを示す資料、③取引先の第一次被害の内容を示す前記2または3の証拠があげられよう。

VII 情報通信

1 総論

情報通信分野の原子力損害関係は、専門員調査報告書の分類に従えば、「電気通信関係」「民間放送関係」「郵政関係」に分けられる。本項においては、このうち「民間放送関係」について、営業損害、追加的費用、財物価値の喪失または減少等の損害類型について概説する。

2 民間放送関係

(1) 政府指示による避難等の対象区域に係る損害関係

(ア) 逸失利益

「専門委員調査報告書」では、対象区域に係る営業損害(逸失利益)はふれられていなかった。これは、警戒区域等に本社社屋や放送局がない場合は、一応の番組制作および放送が可能であるうえ、受信料収入による事業収入ではないため、対象区域住民が避難したことによる損害が発生しないことによ

るものと思われる。

　(イ)　追加的費用

福島原発事故に起因する追加費用については、以下の例が考えられる。

○　放射能防護服、線量計を購入した
○　中継設備、中継車両を除染した
○　福島県内の対象区域隣接地域での番組制作を製作会社が忌避したため他の制作会社を探したまたは追加の手当てを請求された

これらは中間指針に照らして、賠償の対象となると思われる。他方で、福島原発事故関連の取材経費の増加については、賠償の対象となる「損害」といえるかは慎重に検討する必要があると思われる。

立証資料としては、領収書等があげられる。

　(2)　政府指示等の対象区域外に係る損害関係

　(ア)　逸失利益①──放送事業収入の減少

民放各社は、タイムCM収入、スポットCM収入、番組制作収入、販売収入（DVD、キャラクター商品等の収入）を放送事業収入として得ている。福島原発事故の時期からして、平成22年度の事業収入への影響は軽微なものにとどまるが、平成23年度事業収入は、福島原発事故の影響によるCM出稿の取止め・自粛が原因で、大幅な減少となる可能性が高いとの調査報告がある。

損害算定方法としては、「専門委員調査報告書」によれば、福島原発事故との相当因果関係にある放送収入の減少の程度の算定および地震・津波に起因する損害と原発事故に起因する損害との区別の方法について、「東北・信越の地震・津波等に被災した地域の民放社の放送事業収入との比較する方法」が、福島県の民放各社の放送収入を算定するうえで、効率的、簡便であるとされている。

具体的には、地震・津波の影響を受けた東北6県と新潟・長野2県の民放各社の放送事業収入の平均減収率（前年度同期の収入額からの減少の割合）と

福島県の民放各社の減収率を比較し、有意な差がある場合にその差を基準として算定した額を、原子力損害に起因する損害と推定する方法とされている。

この損害を、立証する資料としては、業態別の東北・信越・福島（被害事業者）各社の中間決算、年度末決算の会計書類があげられる。

(イ) 逸失利益②――その他事業収入の減少

民放各社は、ビデオ・出版、催し物（入場料）開催、不動産賃貸（ホール等）など、定款記載の放送事業以外の事業を行い「その他事業収入」を得ている。

福島県各社ともイベント会場が避難場所となっているなどの理由により、多くのイベントが中止に追い込まれており、大幅な収入減となっているとの調査報告がある。

ビデオや出版物の販売に影響があるかは不明であるが、イベントの中止に係る損害については、後記XIX「サービス業」を、不動産賃貸に関する損害については、前記V「不動産業」を参照されたい。

(3) その他の損害

放送局社員の被曝、精神的ダメージ等に係る費用は、他の企業、業種と同様である。

VIII 陸運（旅客輸送）

1 旅客自動車運送事業者の特徴

いわゆる乗合バス事業、貸切バス事業、タクシー事業（以下、「旅客自動車運送事業」という）は、地域密着型の事業である。そのため、地域の通勤、通学、通院、買い物、出張、観光などの需要動向に左右されやすい。また、旅客自動車運送事業は、その営業を営むには、さまざまな許認可が求められ、原子力発電所の事故の発生に伴う被害を軽減するため、他の地域に移転して営業を行うことは極めて困難である。さらに、消費者保護の観点から求められる運賃・料金規制や、需給ギャップの存在から旅客自動車運送事業は、原

子力発電所事故の発生に伴う損害を運賃に転嫁することは極めて困難な状況にある。このような状況の下、旅客自動車運送事業者には、以下の損害が発生している。

2 政府による避難等の指示等の対象区域内で全部または一部事業を営んでいた旅客自動車運送事業者の損害

(1) 政府による避難等の指示等に係る損害

(ア) 避難等の指示等に伴う減収分（逸失利益）

(A) 逸失利益

政府による避難等の指示等に係る旅客自動車運送事業者の減収の具体例としては、下記があげられる。

> ○ 住民が当該区域から区域以外の地域へ広範囲に避難することで当該区域内の人口が減少し、輸送需要が大幅に減少したことによる運送収入の大幅な減少

(B) 旅客自動車運送事業者が受けていた交付金

乗合バスの赤字の運行系統については、国・都道府県・市区町村等からの補助金の交付を受けて運行が確保・維持されている場合がある。また、自治体が運行主体となるコミュニティバス等に対しては、委託費が支払われている場合がある。中間指針では、これら事業の実施に伴って得られたであろう交付金等については、本来事故がなければ得られたであろう収益に含めてよいとの見解が示されている（中間指針第3・7（指針）Ⅰ）参照）。

(C) 従業員への給与

中間指針によれば、就労が不能等となった期間のうち、雇用者が勤労者に給与等を支払った場合には、この金額も営業損害で考慮されるべきとされている（中間指針第3〔損害項目〕8（備考）3）参照）。よって、震災前に雇用していた従業員を雇用継続している場合の人件費は損害として認められる。

(イ) 追加費用

中間指針では、従業員に係る追加的な経費、営業資産の廃棄費用、除染費用、事業拠点の移転費用、営業資産の移動、保管費用等の追加的費用も必要かつ合理的な範囲で賠償すべきとされている（中間指針第3・7（指針）II）参照）。

具体例としては、下記があげられる。

○ バス、タクシーの除染費用
○ バス、タクシーを移動して管理することにより新たに発生した駐車場費用
○ 新たに購入するパソコン・事務機器等の什器・備品費用
○ 仮設事務所の家賃、建設費用
○ 車両購入費
○ 事務所移転費用

(ウ) 財産価値の喪失または減少等による価値喪失・減少分および追加費用

原子力発電所の事故により避難区域に所在する財物の価値が喪失または減少している。具体例としては、下記があげられる。

○ 避難指示等による避難等を余儀なくされたことに伴い管理することができずに残置されたバスの評価損や、修復するために要した費用等
○ 旅客自動車運送事業者が保有するターミナル、事業所等の不動産の評価損

---

(2) 立証資料

前記(1)の損害を立証する資料としては、①従前の収入金額を証明する書類として、たとえば法人の場合は決算書、個人事業主の場合は確定申告書等、②追加的費用を証明する書類として、領収書等、③避難区域等に路線や営業区域の一部のみが含まれている場合には、過去の輸送実績データや運転日報、乗降調査記録等があげられる。

3 政府指示等の対象区域外に所在する旅客自動車運送事業者の損害

(1) 間接被害

(ア) 概　要

中間指針第8では、間接被害とは、福島原発事故により第一次被害が生じたことにより、第一次被害を受けた者と一定の経済的関係にあった第三者に生じた被害と定義されている。そして、間接被害を受けた者の事業等の性格上、第一次被害者との取引に代替性がない場合には、福島原発事故と相当因果関係のある損害と認められるとされている（中間指針第8（備考）1）参照）。

冒頭で述べたとおり、旅客自動車運送事業は、地域密着型の事業であるうえ、他の地域へ営業範囲を移転することは事実上極めて困難であることから、原子力発電所周辺地域の利用客との間において一定の経済的関係にあるうえ、第一次被害者との取引に代替性のない場合にあたるといえる。

(イ) 間接被害の損害の種類

(A) 避難区域等の周辺区域の利用客の減少による減収

具体例として、下記があげられる。

○　避難区域等の周辺区域における自主避難による人口減少に伴う利用客の減少
○　被曝を避けるため、遠足やスポーツ大会などの屋外でのイベントが中止されることによる利用客の減少

(B) 首都圏への貸切バスの運休の影響による減収

貸切バス業界の間接被害は、周辺地域の自主避難等の人口の減少による影響だけではなく、首都圏への貸切バスの運休の影響も存在する。

具体例としては、下記があげられる。

> ○ 計画停電の影響による、東京ディズニーランド行きの貸切バスの運休による減収

　東京ディズニーランドの営業再開が遅れた理由は、浦安地区の液状化現象等だけでなく、首都圏の計画停電の影響があることは否定できない。
　(C) 問題点
　(A)および(B)は、ともに避難区域等利用客そのものの減少によるものではない。前記中間指針の間接被害の定義によれば、この場合の旅客自動車運送事業者は、第一次被害を受けた者と一定の経済的関係にあった第三者にあたらないことになる。
　しかし、福島原発事故当初は、避難区域等の周辺区域の住民にとっても、自らのおかれている状況（水素爆発の再発可能性、放射線量等）に関する情報は、現在と比べても相当不足し混乱していたと考えられ、そのような状況の中、住民が自主避難することはやむを得ないものであったというべきである。また、福島原発事故に伴う計画停電の影響による東京ディズニーランド行き貸切バスの運休も相当因果関係のある損害というべきである。したがって、避難区域等の周辺区域以外の利用客の減少による減収も、間接被害として認められるべきである。
　(ウ) 立証資料
　損害の立証資料としては、過去の輸送実績データや運転日報、乗降調査記録等があげられる。
　(2) 風評被害
　(ア) 風評被害の損害の種類
　具体例としては、下記があげられる。

> ○ 国内観光客の減少（修学旅行客、ツアー客等を含む）に伴う利用者の減少における減収
> ○ 外国人観光客の減少に伴う利用者の減少に伴う減収
> ○ 風評被害払拭のために事業者が独自に行う放射線の被曝検査費用

被災地周辺においては、東日本大震災発生後から4月頃にかけては東北新幹線等の運休による高速バスの増便による特需があったという側面があるが、少なくとも東北新幹線の運転再開により、その特需の影響がなくなった時点からの減収分については損害と認められるべきである。

(イ) 立証資料

中間指針第2・5においては、「避難により証拠の収集が困難である場合など必要かつ合理的な範囲で証明の程度を緩和して賠償することや、大量の請求を迅速に処理するため、客観的な統計データ等による合理的な算定方法を用いることが考えられる」として、客観的な統計データによる損害の算定が肯定されている。

立証資料としては、空港や海港の利用者数（国内線・国際線／日本人・外国人）、外国人向けの各種企画切符の販売実績、貸切バスのキャンセル状況やその際の理由を記録した電話受け、取引先へのアンケート調査結果、鉄道や周辺観光地の需要動向の記録、地元紙をはじめとする新聞記事等があげられよう。

IX　物流（トラック輸送）

1　トラック運送事業者の特徴

トラック運送事業者は、地域密着型産業といえるほか、トラックを配置する拠点が限定される関係上、取引先もおのずと原子力発電所周辺地域の取引先荷主および出入先荷主に限定されるため、取引に代替性のない事業者も多い。特に、荷主に対する輸送品質の向上に対する要求に応えるため、車両の仕様について貨物の品目に特化した車型・車種、装備を保有しているトラック運送事業者においては、これらの車両を、短期間の間に他の産業や荷主に転用することは事実上極めて困難である。また、荷主優位の情勢が続いており、減収分を運賃に転嫁することによって損害の回復を図ることは事実上極めて困難である。

以上のような状況にあるトラック運送事業者には、以下のような損害が発生している。

2 政府による避難等の指示等の対象区域内で全部または一部事業を営んでいたトラック運送事業者の損害

(1) 政府による避難等の指示等に係る損害の内容

(ア) 避難等の指示等に伴う減収分（逸失利益）

政府による避難等の指示等に係る減収の具体例としては、下記があげられる。

○ 避難指示により事業所に立ち入りが全くできずに、休業・廃業せざるを得なかった場合の逸失利益
○ 燃料が確保できずに休業せざるを得なかった場合の逸失利益
○ 従業員が出勤できないために休業せざるを得なかった場合の逸失利益

(イ) 従業員への給与

中間指針によれば、震災前に雇用していた従業員を解雇せずに雇用継続している場合の人件費は損害として認められる（中間指針第3・8（備考）3）参照）。

(ウ) 追加費用

中間指針では、従業員に係る追加的な経費、営業資産の廃棄費用、除染費用、事業拠点の移転費用、営業資産の移動、保管費用等の追加的費用も必要かつ合理的な範囲で賠償すべきとされている（中間指針第3・7（指針）Ⅱ）参照）。

具体例としては、下記があげられる。

○ トラックの除染費用
○ トラックを移動して管理することにより新たに発生した駐車場費用

○ 新たに購入するパソコン・事務機器等の什器・備品費用
○ 仮設事務所の家賃、建設費用
○ 車両購入費
○ 事務所移転費用

(エ) 財産価値の喪失または減少等による価値喪失・減少分および追加費用

政府による避難指示等に係る財産価値の喪失または減少等による価値喪失・減少分および追加費用の具体例としては、下記があげられる。

○ 避難指示等による避難等を余儀なくされたことに伴い管理することができずに、価値が減少したトラックの評価損や、修復するために要した費用等
○ トラック運送事業者が保有するターミナル、事業所等の不動産の評価損

(2) 立証資料

前記(1)の損害を立証する資料としては、①従前の収入金額を証明する書類として、法人の場合は決算書、個人事業主の場合は確定申告書等、②追加的費用を証明する書類として、領収書等があげられる。

3 政府指示等の対象区域外に所在するトラック運送事業者の損害

(1) 間接被害

(ア) 概 要

中間指針第8において、間接被害とは、福島原発事故により第一次被害が生じたことにより、第一次被害を受けた者と一定の経済的関係にあった第三者に生じた被害と定義されている。そして、間接被害を受けた者の事業等の性格上、第一次被害者との取引に代替性がない場合には、福島原発事故と相当因果関係のある損害と認められるとされている（中間指針第8（備考）1）

参照)。

　冒頭で述べたとおり、トラック運送事業者の多くは、地域密着型産業であるうえ、トラックターミナル等の所在地により営業拠点が限られるため、原子力発電所周辺地域の取引先荷主および出入先荷主との取引に代替性のないものといえ、以下の間接被害が認められるべきである。

　　(イ)　間接被害の損害の種類
　政府指示等の対象区域外に所在するトラック運送事業者の間接被害としては、①荷主企業および配送先が警戒区域、計画避難区域にあることによる被害、②農林水産物の出荷停止、③農産品の作付け中止による被害、④荷主企業および配送先が自主避難したことによる被害、⑤荷主の風評被害による間接被害があげられる。

　①については、発荷主や着荷主が警戒区域、計画避難区域にあり、避難等のため輸送量が減少し、収入減となった被害である。具体例としては、下記があげられる。

○　荷主が避難地域にあり全く出荷がなくなった。

　④については、福島第一原子力発電所から20〜30キロメートル圏内にある荷主企業や配送先が自主避難したため輸送量が減少し、収入減となった被害である。

　⑤としては、発荷主が風評被害により出荷を制限したことによる減収分であり、具体例として、下記があげられる。

○　風評被害によりJAの農産物輸送、牛乳の出荷がなくなった。
○　風評被害に荷主であるメーカーが撤退した。

　①から③の被害については、第一次被害を受けた者との一定の経済的関係があった場合といえるため間接被害として認められるであろう。
　問題となるのは、④と⑤である。
　④の荷主企業および配送先が自主避難したことによる被害の場合、中間指

針の間接被害の定義からすると、自主避難した荷主企業や配送先の業者は第一次被害を受けたものにあたらないため間接被害に該当しない。しかし、福島原発事故当初は、周辺の住民にとっても、自らのおかれている状況（水素爆発の再発可能性、放射線量等）に関する情報は、現在と比べても相当不足していたと考えられ、そのような状況の中で、福島第一原子力発電所から20～30キロメートル圏内にある荷主企業や配送先が自主避難をしたことによる輸送量の減少に伴うトラック運送事業者の損害は間接被害の損害として認められるべきである。

⑤の荷主の風評被害による間接被害も、中間指針の間接被害の定義からすると、風評被害にあった荷主は第一次被害を受けたものに該当しないため間接被害に該当しないことになる。しかし、風評被害を受けた荷主と一定の経済的関係があった場合に、現実に、風評被害を受けた者が損害を受け、その影響により輸送量が減少しているのであれば、この被害も損害として認められるべきである。

　(ウ)　立証資料

前記(イ)の損害を立証する資料としては、荷主との契約書、過去の輸送実績データや運転日報等、納品書控等、取引先へのアンケート結果、地元紙をはじめとする新聞記事等があげられる。

　(2)　風評被害

　(ア)　風評被害の損害の種類

政府指示等の対象区域外に所在するトラック運送事業者の風評被害の損害の具体例としては、下記があげられる。

○　貨物の発地が福島であることによる貨物の受け取り拒否

○　福島（近県）ナンバーによる車両利用拒否、積み替え指示等

○　放射線量の検査の実施（放射能測定器の購入、レンタル、測定委託費用）

○　除染の実施（トラックの洗車等）作業が発生したことによる除染機器の購入費、増加した水道光熱費、人件費

上記の損害または費用については、福島原発事故当初の情報不足により国民の間でさまざまな不安・混乱があったのは事実であるから、少なくとも、福島原発事故当初に、これらの風評被害にあったトラック運送事業者の損害は認められるべきであろう。

(イ) 立証資料

前記(ア)の損害を立証する資料としては、荷主との契約書、過去の輸送実績データや運転日報、納品書控等、取引先へのアンケート結果、地元紙をはじめとする新聞記事等があげられる。

(3) 警戒区域および計画的避難区域を迂回することによるコスト増の被害

(ア) 被害の内容

まず、高速道路料金の増加あげられる。輸送ルートの迂回が生じた当初は地震や津波による道路損壊によって輸送ルートの迂回が生じた面もあるが、福島原発事故による修復作業の遅れ、迂回の長期化の側面があることは否定できない。そのため、震災による影響を超えて復旧が長期化した場合には、少なくとも荷主との運賃契約の更新時期まで等の一定の期間の迂回におけるコスト増の損害は認められるべきである。

また、迂回による燃料費の増加などに代表される燃料等輸送コスト、あるいは、迂回により労働時間が増え、従業員の早出・残業の増加による人件費の増加等による増コストの総額も損害といえる。

(イ) 立証資料

前記(ア)の損害を立証する資料として、領収書のほか、従業員の残業代の増加については賃金台帳、燃料費の増加については、迂回した距離の記録等から一定の計算式に基づいて算出することも考えられる。

X 物流（倉庫）

1 特　徴

　倉庫事業は、その地域の農産物や製品原材料やできあがった製品を預かり保管しており、その地域に根づく地場産業といえる。倉庫事業は、装置産業でもあり、多額の投資を長期間によって回収するものであり、原子力発電所の事故があったからといって、他の地域に移転して営業することは事実上困難である。特に農産物を取り扱う倉庫事業者は、地元の中小倉庫事業者が多く、福島県産農産物の生産動向等が、地元倉庫会社の経営状況に直接影響する。また、製造業者の原材料や製品を取り扱う倉庫事業者は、特定業者のための専用倉庫や製品特性に合わせた特別な設備をもつ倉庫も存在する。福島原発事故のように特定荷主の操業等が止まった場合、そのような専用倉庫等の役割を担っている倉庫事業者が、他の業者による代替貨物により短期間に収益を確保することは事実上困難といってよい。以上のような状況にある倉庫事業者には、以下のような損害が発生している。

2 政府による避難等の指示等の対象区域に所在する倉庫事業者の損害

(1) 政府による避難等の指示等に係る損害の内容

(ア) 避難等の指示等に伴う減収分（逸失利益）

　政府による避難等の指示対象区域に所在する倉庫事業者の減収の具体例としては、下記があげられる。

> ○ 避難区域に指定された顧客が製造を中止したため、その顧客の製品を保管する倉庫事業者の逸失利益

(イ)　従業員への給与

　中間指針によれば、東日本大震災前に雇用していた従業員を解雇せずに雇用継続している場合の人件費は損害として認められる（中間指針第3・8（備考）3）参照）。

　(ウ)　追加費用

　中間指針では、従業員に係る追加的な経費、営業資産の廃棄費用、除染費用、事業拠点の移転費用、営業資産の移動、保管費用等の追加的費用も必要かつ合理的な範囲で賠償すべきとされている（中間指針第3・7（指針）Ⅱ）参照）。

　倉庫事業者における損害の具体例としては、下記があげられる。

○　倉庫の除染費用

　(エ)　財産価値の喪失または減少等による価値喪失・減少分および追加費用

　政府の避難等の指示による対象地域に所在する倉庫事業者の財産価値の喪失または減少等による価値喪失・減少分および追加費用の具体例としては、下記があげられる。

○　倉庫事業者が保有する倉庫、事業所等の不動産の評価損

　(2)　立証資料

　前記(1)の損害を立証する資料としては、①従前の収入金額を証明する書類として、法人の場合は決算書、個人事業主の場合は確定申告書等、②追加的費用を証明する書類として、領収書等があげられる。

3　政府指示等の対象区域外に所在する倉庫事業者の損害

　(1)　間接被害

　(ア)　概　　要

　中間指針第8では、間接被害とは、福島原発事故により第一次被害が生じたことにより、第一次被害を受けた者と一定の経済的関係にあった第三者に

生じた被害と定義されている。そして、間接被害を受けた者の事業等の性格上、第一次被害者との取引に代替性がない場合には、福島原発事故と相当因果関係のある損害と認められるとされている。

冒頭で述べたとおり、倉庫事業者の多くは、地域に密着しており、第一次被害を受けた者と一定の経済的関係にある。そして、倉庫事業は装置産業であり営業拠点がおのずと固定されることから取引には代替性がない。よって倉庫事業者には以下の間接被害が認められる。

(イ) 間接被害の損害の種類

原子力発電所事故により避難区域等に指定されている区域内において、生産停止・営業停止となった生産者等が、主な取引先であった場合の当該区域外の倉庫事業者の収益の減少があげられる。特に、生産者等と極めて結びつきが強い倉庫事業者や、他に転用ができない設備等を有する倉庫事業者にとってはその影響は甚大である。

具体例として、下記があげられる。

○ 葉たばこの作付け中止に伴う保管減
○ 米・麦・雑穀・豆等の農産品の生産減に伴う保管減
○ 福島県内の食品メーカーの製造中止による保管減

(ウ) 立証資料

前記(イ)の損害を立証する資料として、荷主との契約書、保管実績を示す過去のデータがあげられる。

(2) 風評被害

(ア) 風評被害の損害の種類

政府指示等の対象区域外に所在する倉庫事業者の損害として、①寄託貨物・トラック・コンテナ等の放射能汚染を検査するための装置・機器等の経費、②契約者が福島県内の保管を嫌い、他の都道府県での保管に移ったことによる保管減による減収が損害といえよう。

①の具体例としては、下記があげられる。

○ 検査装置・機器（たとえばガイガーカウンター）を購入した場合の費用
○ 検査機関での検査費用

②の具体例としては、下記があげられる、

○ 契約者が、福島県での保管を嫌い、現在保管中のものを含めすべて他県の倉庫に移動してしまったため契約打ち切りになった場合

(イ) 立証資料

前記(ア)の損害の立証資料として、領収書のほか、打ち切りとなった荷主との従前の契約書、保管実績を示す過去のデータがあげられる。

XI 海事（内航海運・フェリー・旅客船）

内航海運・フェリー・旅客船を営む事業者には以下のような損害が発生している。

1 政府による航行危険区域設定に係る損害関係

(1) 政府による航行危険区域設定の実態

発災直後の迂回の距離については、海上保安庁の警報や国土交通省の特例措置を超えた離岸距離の迂回を行っている事例も見受けられるが、①震災直後の情報が混乱していたことや、②船員電離放射線障害防止規則上、一般に、船舶所有者は、船員が電離放射線を受けることをできるだけ少なくするよう努めることを船舶所有者は求められていること、③船員・乗客からの要請があったこと、から合理的な迂回の範囲として認められるべきであろう。

(2) 迂回により発生した損害の内容

航行危険区域の迂回については、航海距離の増加によって、燃料消費量の増加とともに追加の航海時間が発生している。

具体例としては、下記があげられる。

- ○ 迂回による増加した燃料費
- ○ 追加で発生した用船料
- ○ 航海時間の追加に伴い荷役時間が短縮することにより積み残しが発生したことによる営業損害

2 政府指示等の対象区域外に係る損害関係──風評被害

(1) 風評被害の種類

内航海運・フェリー・旅客船を営む事業者の政府指示等の対象区域外に係る風評損害としては、下記があげられる。

- ○ 外国人旅行者、修学旅行生の団体の利用客の減少

(2) 検査費用（物）

風評被害に伴う損害として、下記検査費用が損害としてあげられる。

- ○ 船舶および船員の被曝状況を確認するための検査費用

XII 海事・港湾（外航海運・港湾）

外港海運・港湾関係の事業者には以下の損害が発生している。

1 政府による避難等の指示等の対象区域に係る損害関係

(1) 政府による航行危険区域設定に係る損害

迂回運行による損害が発生している。具体例としては、下記があげられる。

- ○ 迂回ルートと通常ルートの距離の差およびそれに係る追加的運航費

(燃料費、用船料等)

(2) 政府による避難等の指示等に係る損害

避難等の指示等により回収不可能となっているコンテナ・船舶に係る損害である。具体例としては、下記があげられる。

○ 回収不能のため営業できないことによる逸失利益

2　政府指示等の対象区域外に係る損害関係

(1) 国内における放射線検査費用

国内においては、以下の放射線検査が実施され、費用が損害として認められよう。

○ 輸出コンテナに対する放射線検査実施費用
○ 外航船舶に対する放射線検査実施費用
○ 大気中の放射線検査実施費用
○ 海水中の放射線検査実施費用
○ その他費用（機器購入費用、除染費用）

(2) 海外における船舶入港拒否による損害

海外における船舶入港拒否に伴って以下の追加費用が発生している。

○ 追加用船料
○ 追加燃料費
○ 除染費用
○ 貨物横持ち費用
○ その他費用（外国政府等による放射能検査指示によるトラック待機費用、追加港費）

(3) 外国船主等による日本への寄港拒否に係る損害

寄港拒否による損害は以下のものがあげられる。

○ 貨物横持ちのための費用
○ タグボートの追加手配
○ 港湾荷役料金の減収

XIII 航 空

1 政府による飛行禁止区域設定に係る損害関係

(1) 追加費用

福島第一原子力発電所を中心とする半径30キロメートルの円内の空域（平成23年5月31日より半径20キロメートルの円内の空域に変更）を飛行禁止区域に設定されたことにより、航空路の迂回を余儀なくされたことによる燃料費用の実費相当分は追加費用として損害が認められるべきである。

(2) 事故リスクに対応した追加的措置に係る損害

原子力発電所事故が拡大して急な経路変更が発生した場合でも到着地までの飛行を可能とするため、予備燃料を追加搭載したため、燃費の悪化が発生し、燃料費用が増加した事例があったようである。

当該追加積載措置は、航空会社の自主的な判断で行われたものである。しかし、原子力発電所事故やその拡大懸念がなければ必要のないものであり、当該追加積載措置は、旅客・貨物の安全性を確保するため、急な経路変更等に対応できるようにするための措置といえる。したがって、相当因果関係の範囲内の損害といえ、実際に増加した燃料費用の実費相当分は認められるべきと考える。

2 政府指示等の対象区域外に係る損害関係──風評被害

(1) 旅客数の減少による売上げの減少

(ア) 国際線の旅客数の減少

東日本大震災および原子力発電所事故が発生して以来、国際線の需要が落ち込んでいる。これにより、航空運送事業の売上げが減少している。訪日旅客数の減少は、東日本大震災の影響よりも、原子力発電所事故の発生による影響が大きいといいうる。阪神淡路大震災のときと同列に論じることはできない。この場合の損害額は、東日本着の便に限定して渡航自粛勧告をしているか、日本全体に渡航自粛勧告をしているか、渡航自粛勧告を行っている期間の長短により異なるといえよう。

(イ) 国内線の旅客数の減少

国内線の旅客数の減少は、余震や計画停電による混乱、自粛ムード等による影響が一定程度存在するものの、原子力発電所事故の影響を懸念し、東日本への移動を回避していることによるものも大きいといえる。

(ウ) 空港利用客の減少

空港においても、国際線旅客（特に訪日旅客）および国内線旅客の減少により、利用者の減少が認められる。具体例として、下記があげられる。

> ○ 空港の営業収入（航空会社が空港ビル・空港会社に支払う空港施設使用料、空港ビル・空港会社が旅客から徴収する旅客取扱施設利用料、着陸料、旅客が空港ビルにおいて利用する飲食・物販等）の減少

(2) 安全性担保のための機内放射線量検査の実施

原子力発電所近辺を飛行する航空機内における放射線量にかかわる安全性を確認するために必要な客観的なデータ収集・分析のための検査の委託費用が発生している。

(3) 海外での放射線検査に対応する費用の発生

外国当局からの強制的な措置により、到着便貨物に対する放射線検査が義

務づけられ発生した放射線検査業者への委託費用が発生している。

XIV 中小企業

1 総論

中小企業基本法2条によると、中小企業者とは、従業員規模および資本金規模について、製造業・その他業種は300人以下または3億円以下、卸売業は100人以下または1億円以下、サービス業は100人以下または5000万円以下の企業をいう（小規模企業者については、従業員規模が卸売業その他業種は20人以下、商業・サービス業は5人以下の企業）。

中小企業の概念は、各法律または制度により異なるが、ここでは厳密な違いはさておき、大企業以外の企業であるという区別にすぎず、業種による区別はしない。そこで、各業種の損害論については別項目を参照していただくこととし、ここでは、中小企業分野における「専門委員調査報告書」記載の内容を中心に検討する。

2 政府による避難等の対象区域に係る損害

(1) 旧事業所の廃業

政府による避難等の対象区域に旧事業所が存在する場合、旧事業所に立ち入ることができないことから、その事業はほぼ休止ないし廃止せざるを得ない。この場合、他の区域に新事業所を開設し事業を担わせることが考えられるが、開設地や事業規模等をどうするかは経営者の経営判断であるため、新事業所における事業の再開・継続を前提として旧事業所の損害を算定することは困難である。そこで、実際は他に新事業所が開設されて事業が行われているとしても、旧事業所の事業については廃業したものとして損害の算定を行わざるを得ないと考えられる。

(2) 損害の算定方法

(ア) 事業用資産の損害

東日本大震災発生直前の評価を基準として算定する。ただし、地震、津波によって受けた被害部分は福島原発事故による損害ではないとして控除すべきとも考えられる。

また、残存耐用年数が1年未満の資産（食料品や陳腐化の早い商品等）は、全部滅失したものとして算定すべきであろう。それ以外のものについては、残存価値を残存耐用年数で除した額を損害額として、毎年度末に使用可能となるまでの期間損害を賠償するという方法も考えうる。

個人事業主については、事業用と生活用の資産の混用（住居兼店舗等）がよくあるため、事業用面積の比率等、事業専用割合に応じて損害額を算定すべきと考えられる。

(イ) 営業損害等

売上げにかかわらず毎月発生する固定費（人件費、家賃、減価償却費等）と過去5年間の税引き後平均純利益の合計額を逸失利益の算定基礎の年額とすべきと考えられる。

ただ、福島原発事故はいまだ継続しており、その終期が予想できないため、算定期間については検討を要する。

この点、中小企業は、10年の間に約半数の企業が主力事業を変更し、約1割は業種・業態そのものも変えている（2005年版中小企業白書2-1-23図参照）とされ、また、非第一次産業の事業所ベースの廃業率は、平成8年から平成18年までの間で、平均6.5％である（2010年版中小企業白書参照）。これらから、中小企業の残存事業年数をかりに原則として15年とし、これに年額を乗じたものを営業損害とする提案がされている（「専門委員調査報告書【第3分冊】」Ⅰ1(2)②参照）。

ただし、大企業と異なり、中小企業が当該地域でなければ営業できないという地域依存性がありうることや、原子力発電所の事故がなければ継続企業として存続する蓋然性が高い場合（たとえば何代も続く老舗など）などは別途考慮すべきである。

また、東日本大震災発生後しばらくの間は、福島原発事故以外に損害の原因として、余震・交通の遮断・自粛ムード等が競合していたと考えられる。

しかし、平成23年4月末には東北新幹線が全線復旧するなど交通が回復し、他の被災地では順次復興が始まっている事実がある。そこで、風評被害については、東日本大震災の発生後、平成23年4月末までは、福島原発事故による損害の比率を、たとえば3分の1とし、同年5月1日以降については100％とすることが検討されている。

3 政府による避難等の対象区域外に係る損害

(1) いわゆる風評被害

損害の算定方法等については、対象区域外であっても、風評被害が大きく、ここ数年で業績の回復の見込みがない場合には、前記2(2)の算定方法に準じて損害を算定するものとし、他方、損害がそれほど多額に上らない場合には、過去5年間の平均利益を基準として、減益分を毎年支払うべきとの検討がされている。

損害の対象区域については、福島県全域に加えて、福島第一原子力発電所から県内で最も遠い南会津郡檜枝岐村までの距離以上を半径とする同心円の範囲内を、また、農水産物等については暫定基準値以上の残留放射能が検出された地域については、少なくとも風評被害の対象地域とすることが検討されている。

(2) 間接被害

いわゆる間接被害を受けながら継続的に営業を行っている企業の損害の算定についても、前記2(2)の算定方法に準じて損害を算定すべきとの検討がされている。

XV 小売業

1 総論

本項では、流通業のうち、小売業と卸売業を対象として記述する。さらに、そのうち総合スーパー（GMS）、コンビニエンスストア、雑貨卸売等を主た

る対象として、原子力損害における当該業種固有の問題について取り扱うものとする。なお、食品流通は食品産業分野（前記Ⅱ）で取り扱う。

2　特　徴

　小売業は、日常生活にかかわる商品を提供するという性格から、消費者の嗜好や購買行動の変化に左右されやすく、風評被害の影響を受けやすいという特徴がある。

　また、小売業は、一定の商圏を基礎として営業を行うという性質があるため、直接的には、店舗や事業所自体が避難等指示区域には入っていないものの、避難等の指示が出されている地域の商圏が狭まってしまうことで、大きな被害が生じ得る。

　以下、本項では、政府による避難等の対象区域に係る損害（下記(1)）、政府等による出荷制限指示等に係る損害（下記(2)）の2項目に大別して検討することとする。

(1)　政府による避難等の対象区域に係る損害

⑺　営業損害（逸失利益）

(A)　算定方法

　詳細な説明は、第4章に譲ることとするが、避難指示等に伴って事業に支障が生じたために現実に減収があった場合には、その減収分（粗利益）が賠償すべき損害と認められる。この場合、事業の一部でも対象区域内で営んでいれば、賠償の対象に含めてよいと考えられる。

(B)　逸失利益の範囲

　小売業においては、顧客数の減少が逸失利益の重要な要素となることから、避難等の指示の出されていない30キロメートル圏外の区域であっても、粗利益の減少は生じ得る[30]。

　立証資料としては、①事故前と事故後の確定申告書、決算書、会計帳簿、

---

[30] 事故発生直後からしばらくは、具体的な放射能汚染の状況が把握できなかったことから、30キロメートル圏外の店舗であっても、事故直後から数カ月間自主的に休業した事業者もおり、これによって生じた売上減少等の被害も逸失利益に含まれてしかるべきであろう。

伝票等、②帳簿・日誌等、③商圏減少についての客観的資料として、会員データ等の資料（会員データ等の客観的資料がない場合には、大規模小売店舗立地法に規定されている届出の際の「想定商圏」を活用することも有益であろう）があげられる。

　(イ)　**営業損害（追加的費用）**
　　(A)　**事業運営に支障が生じたために負担した費用**
　政府による避難等の対象区域に係る小売業における追加的費用としては、まず、事業運営に支障が生じたために負担した費用があり、具体例として、下記があげられる。

○　在庫商品、営業資産等の廃棄、撤去、返品費用
○　商品調達等のコストの増加
○　リース契約の解約に伴う費用
○　避難による開店・再開にかかった費用
○　従業員の欠員による追加費用（外国人従業員が退職等した場合に、他の店舗や事業所等から応援要員を送った際の費用も含む）
○　今後発生し得る店舗や事業所等の除染補修費用、廃業費用等

　この損害の立証資料としては、①商品、営業資産を購入した際の請求書、領収書等、②商品、営業資産を市場で再調達した際の見積書、請求書、領収書等、③リース契約の契約書、解約金の請求書、領収書等、④店舗開店の際の賃貸借契約書、内装工事の見積書、発注書、請書、請求書、領収書等、⑤給与支払明細書、会計帳簿等、⑥汚染補修工事の見積書、発注書、請書、請求書、領収書等、⑦店舗の原状回復費用の請求書、領収書があげられる。

　　(B)　**事業への支障を避けるためまたは事業を変更したために生じた追加費用**
　次に、事業への支障を避けるため、または事業を変更したために生じた追加費用として、下記の具体例があげられる。

> ○ 店舗、事業所等の転居費用
> ○ 営業資産の移動・保管費用
> ○ 物流システムの改変が生じた場合の経費

　立証資料としては、①店舗、事業所等を転居した際の引越費用の請求書、領収書、②新店舗等の賃貸借契約書、初期費用を振り込んだ旨の記載のある預金通帳等、③営業資産運搬、保管の際の運搬費、保管費の請求書、領収書、④物流システム改変作業を外注で依頼した際の契約書、請求書、領収書等があげられる。

　　(ウ)　検査費用
　政府による避難等の対象区域に係る小売業における検査費用の具体例として、下記があげられる。

> ○ 避難指示等が出された区域の範囲で収穫された農畜産物等（稲わら等も含む）を自主的に検査した費用
> ○ 取引先や顧客等から要求されるなどして検査した費用（避難区域等に隣接している場所で生産されたなど、相当因果関係のある場合に限られる）

　この損害の立証資料としては、①検査費用の請求書、領収書、②検査機器の請求書、領収書、③検査にあたった従業員の給与支払明細書および業務日報等、④取引先からの検査要求のFAXや電子メール、⑤日誌があげられる。

　　(エ)　財物価値の喪失または減少等
　政府による避難等の対象区域に係る小売業における財物価値の喪失または減少等の具体例として、下記があげられる。

> ○ 避難指示等が出された区域内に所有していた動産、不動産の価値が下落した
> ○ 避難指示等が出された区域内に所有していた不動産の価値が減少し、

> 銀行の融資条件が悪化した
> ○ 避難指示等が出された区域内ではないが、高レベルの放射線量が検出されている地域やその隣接地などに動産、不動産を所有していたところ、価値が下落した

　この損害の立証資料としては、①対象財産が不動産の場合には、確定申告書、決算書、固定資産税等の納税通知書、不動産を購入した際の売買契約書等が、②動産の場合には、確定申告書、決算書、購入した際の請求書、領収書、再購入する場合の見積書等があげられる。

(2) 政府等による出荷制限指示等に係る損害

　農作物・畜産物・水産物のうち、政府等により出荷制限指示等が出されている項目に該当する農作物等は廃棄せざるを得ない。そのため、これらの農作物等を仕入れる側にある小売業についても、農家等と買取り契約を結び、かつ、入荷後に出荷制限指示等が出された場合などには、廃棄等を強いられることとなり、損害が生じることになる。

(ア) 営業損害（逸失利益）

　政府等による出荷制限指示等に係る小売業の逸失利益の具体例として、下記があげられる。

> ○ 出荷制限指示等が出たことにより、仕入れた農作物等を販売できなくなった場合の本来販売していたとすれば得られた収益に相当する金額（逸失利益）[31]

　この損害の立証資料としては、①対象品目の仕入費用がわかる発注書、納品書、請求書、領収書等、②事故前と事故後の対象品目の売上が分かる会計帳簿、伝票等があげられる。

---

[31] 政府等による出荷制限指示等がなければ、将来商品を販売することで得られたであろう売上高から、当該指示等がなければ負担していたであろう（当該指示等により負担を免れたであろう）売上原価を控除した額。

(イ) 営業損害（追加的費用）

政府等による出荷制限指示等に係る小売業の追加的費用の具体例として、下記があげられる。

○ 出荷制限指示等が出たことにより、農家等から仕入れた農作物等を廃棄せざるを得なくなった場合の廃棄費用、仕入費用
○ 出荷制限指示等が出たことにより、商品の調達先を変更する際に生じた人件費等の費用

この損害の立証資料として、①仕入費用のわかる発注書、納品書、請求書、領収書等、②増加人件費がわかる給与支払明細書があげられる。

(ウ) いわゆる風評被害
(A) 小売業における「風評被害」

中間指針第7「2　農林漁業・食品産業の風評被害」のⅠ)からⅢ)の類型に該当する損害は、原則として福島原発事故と被害との間に相当因果関係が認められ、損害として賠償されることになる。

もっとも、上記Ⅰ)からⅢ)の類型に限らず、具体的な事例ごとに、消費者または取引先が、農林水産物等について、福島原発事故による放射性物質による汚染の危険性を懸念し、敬遠したくなる心理が平均的・一般的な人を基準として合理性を有していると認められる場合には、福島原発事故との相当因果関係が認められ、損害賠償の対象となる。

なお、詳しくは、前記Ⅱ「食品産業分野」5を参照いただきたい。

以下のような具体例があげられる。

○ 中間指針第7・2のⅠ)からⅢ)の産地には該当しないが、出荷制限指示等が出された品目について、放射性物質による汚染の危険性が全国的に報道されたため、消費者が買い控えた結果、売上減少等の風評被害が生じた。

この損害の立証資料としては、①放射性物質による汚染の危険性等を取り

上げた新聞記事等、②報道の前後における当該品目の売上げの推移がわかる会計帳簿、伝票等があげられる。

(B) 観光業の風評被害に連動する小売業の売上げ減少

中間指針では、いわゆる「観光業」の中に、観光地での飲食業や小売業までも含まれるものとしているため、これらの損害については、後記XX「観光業」の解説を参照いただきたい。

XVI 雑貨卸売業

卸売業は、商品の流通過程で、製造業と小売業の中間に位置する業種である。福島原発事故に関する損害に関して、卸売業の損害は、基本的に小売業の売上げの減少に伴って減少するという副次的なものとして現れることから、小売業における損害類型に準じて、①営業損害（逸失利益）、②営業損害（追加的費用）、③検査費用、④財物価値の喪失または減少等に分類して処理することができる。

ただし、配送等の場面では、卸売業独自の損害項目も考えられることから、別途卸売業固有の損害についての考慮も必要である。また、卸売業の場合は、流通業の慣行として、仕入れ値の値上げを行うことでコスト転嫁を図ることが困難であり、卸売業者が追加的な費用を自社で負担しているケースが多いという現状がある。そのため、小売業者よりも深刻な損害を被っているケースもあるものと思われる。

なお、食品卸売業については、食品産業分野で取り扱うため、前記II「食品産業分野」を参照していただきたい。

XVII 卸売・小売業分野（石油製品販売業）関係

1 総論

石油製品販売事業者の多くが零細企業であり、元売りから継続的に石油製

品の供給を受けているという点が特徴の1つといえる。

以下本項では、石油製品販売業者が取り扱う4油種（ガソリン、軽油、灯油およびA重油）のうち、少なくとも1油種以上を取り扱っているガソリンスタンドを対象として検討する。

2　政府による避難等の対象区域に係る損害

他の卸売・小売業と異なり、石油製品販売業者の場合は、地方自治体からの要請により、ライフラインの一部であるガソリンや灯油の供給を行ったというケースも多い。そのため、顧客たる地域住民や企業が避難や自主的な転居、事務所の移転をした後でも、避難区域内における営業を継続したことで、損害が拡大したケースも少なからず見受けられる。

具体例としては、下記があげられる。

> ○　顧客である地元住人の大半が市外に避難等したことや、取引先企業が移転・営業短縮したことなどから、ガソリン等の石油製品の売上げが前年同期と比較して減少した。

この損害の立証資料としては、①前年度の確定申告書、決算書、②事故後の会計帳簿、売上伝票、預金通帳があげられる。

3　政府指示等の対象区域外に係る損害

政府指示等の対象区域外に係る石油製品販売業の損害の具体例として、下記があげられる。

> ○　店舗、事業所は避難等対象区域外にあるが、対象区域内の取引先が休業、操業縮小していることで、石油製品の売上げが減少した
> ○　店舗、事業所は避難等対象区域外にあるが、対象区域に隣接していたことで、政府指示等によって住民（顧客）が避難したことなどにより、石油製品の売上げが減少した

> ○ 風評被害により、観光客等の来店が減少した
> ○ 規制区域から距離は離れているが、当該地域の放射線量が依然として高いため、住民が自主的に避難したことなどによって、石油製品の売上げが減少した
> ○ 農産物や水産物が出荷制限等の対象とされた結果、作付けや出漁ができなくなったために、トラクターや漁船用に使用されるＡ重油等の石油製品の需要が減って売上げが減少した
> ○ 地方自治体等からの要請により、避難住民のために石油製品を供給したり、避難区域に向かう緊急車両等へ石油製品を供給したりするなど、公益目的で採算度外視の営業を行ったことにより、前年同期比の石油製品の売上げが減少した

　この損害の立証資料として、①前年度分（できれば前年同月分であることが望ましい）の売上げがわかる確定申告書、決算書、会計帳簿、売上伝票、預金通帳等、②事故後の売上げがわかる会計帳簿、売上伝票、預金通帳等があげられる。

XVIII　金　融

1　総　論

　金融分野における「専門委員調査報告書」[32]（以下、「金融分野報告書」という）においては、政府による避難等対象区域（以下、「原発避難区域」という）に店舗を有する預金取扱金融機関（以下、「金融機関」という）のうち、各業態（地方銀行、第二地方銀行、信用金庫、信用組合、農漁協）から、原子力発電所の事故の影響を強く受けた金融機関をそれぞれ1機関ずつ抽出して報告をしている。

---

[32] http://www.mext.go.jp/b_menu/shingi/chousa/kaihatu/016/attach/_icsFiles/afieldfile/2011/07/14/1308482_1.pdf

中間指針 Q&A の［問78］では、預金取扱金融機関においては、営業損害として、①貸倒れ等に伴い失った貸付債権の利息収入、②新規貸付けが行えなくなったことに伴い失った利息収入、③役務取引等が行えなくなったことに伴い失った手数料収入、④営業収益の減少を防止・軽減するための追加的費用（損害防止費用）、⑤金融機関としての通常の営業活動を継続するための追加的費用（営業継続費用）等が考えられる。ただし、これらの損害につき福島原発事故と相当因果関係が認められるか否かは、中間指針の各項目に照らして、個別に検討されるべきであると考えられる、としている。

2　営業損害

(1)　貸付債権（利息部分）

(ア)　貸付債権の貸倒れ等に伴う逸失利益

(A)　損害の内容

原子力発電所の事故のため避難を余儀なくされた住民・企業等が失業・長期休職等や廃業・倒産・大幅な営業縮小等をしたことにより、貸付債権が貸し倒れたり、貸倒れを回避するために金利減免を実施するなど、原子力発電所の事故が発生しなければ得られたであろう利息収入を逸失したと考えられる。

(B)　損害の算定方法

金融分野報告書では、以下の2案が提示されている。

【案1】
　a）貸倒債権額に貸出金利を乗じて得た額と、b）金利減免により減少した金利収入、の合計額から、資金調達コストを控除して算出する。

【案2】
　原子力発電所事故発生以降に延滞した債権総額から、保証協会等の確実な補償額を控除した額を「利息支払いが困難な貸付債権額」とみなし、当該債権額に個々の貸出金利を乗じて算出する。

(C)　請求時点

請求が可能となる時期としては、下記①から③があげられる。

①　損害が確定している場合には、現在の損害として、損害賠償請求することが可能

②　損害が確定しなくとも損害を一定の蓋然性をもって特定できる場合には、将来の損害の賠償を請求することが可能。ただし、賠償がなされる時点は、損害が確定的に発生した時点となる。

③　損害が確定も特定もできない場合には、将来、損害が確定・特定した時点で損害賠償請求することが可能。

　(イ)　将来貸付けを実行できなくなったことに伴う逸失利益

　　　(A)　損害の内容

原発避難区域内の店舗閉鎖の結果、将来にわたって貸付けを実行できなくなっており、当該貸付けに伴う利息収入を逸失している。

　　　(B)　損害額の算定方法（経過年数ごとの逸失利益（年次ベース））

①震災直前の1年間の新規貸付実行額に過去5年間の平均増加率を震災後の経過年数で累乗した値を乗じて得た額と、②震災後の経過年数の1年間の新規貸付実行額、との差額部分に平均利回りを乗じて得た額から、資金調達コストを控除して算出する。

　　　(C)　逸失利益の算出期間

かりに政府による避難等の指示が解除され、原発避難区域での営業が可能となったとしても、すべての顧客が当該区域に戻ってくるとは限らないため、現時点で、逸失利益の算定期間については言及していない。

　　　(D)　評　価

将来貸付けを実行できなくなったことに伴う逸失利益に関しては、判例上認められる損害軽減義務との観点で、一定の限界があると考えられる。

　(2)　役務取引等利益（手数料利益）

　(ア)　損害の内容

原発避難区域内の店舗閉鎖の結果、以下のような役務取引等を行うことができなくなっており、たとえば、以下のような役務取引に伴う手数料利益を

逸失している。

> ○ 為替取引（内国・外国）：送金手数料等
> ○ 投資信託・保険商品等の窓口販売：仲介手数料、販売手数料等
> ○ 保護預り・貸金庫：保護預り手数料、貸金庫手数料等

　(イ)　調査内容（立証方法）

　福島原発事故の結果として、役務取引等利益が通常の変動幅を超えて減少していることを示すために、役務取引等収益から役務取引等費用（たとえば、送金に際して他行に委託した為替業務に対して支払う手数料等）を控除して算出した利益の実績値および事業計画上の目標値（四半期ベース、過去5年間、原発避難区域内の店舗ごと）のデータについて調査している。これは、中間指針でも掲げられている客観的な統計的データによる原子力損害の立証方法（中間指針第2・5参照）といえるだろう。

　(ウ)　損害の算定方法

　事業計画上の目標値と比較しながら、過去5年間の実績値の傾向を踏まえ、原発避難区域内の店舗ごとに役務取引等利益の予測値を算出する。

　(3)　**損害防止費用および営業継続費用**

　(ア)　損害の内容

　原子力発電所の事故に伴う住民・企業等の避難等や原発避難区域内の店舗閉鎖の結果、営業収益の減少を防止・軽減するために必要な費用（損害防止費用）や、金融機関としての通常の営業活動を継続するために必要とされる費用（営業継続費用）が生じている。

　(イ)　調査方法

　通常の顧客サービスの提供水準を超えて臨時費用がかかったことを示すため、以下のデータについて調査している。これは、中間指針でも掲げられている客観的な統計的データによる原子力損害の立証方法（中間指針第2・5参照）といえるだろう。

- ○ 相談所等の設置数・場所・設置期間
- ○ 相談所等が果たしている機能（例：融資相談、預金払戻しなど）
- ○ 相談所等の職員の性質（臨時職員か、既存職員か）・人数（人／日）・勤務状況（勤務時間等）
- ○ 既存職員が相談所等の勤務を行うことによる既存店舗の営業への影響
- ○ 相談所等の利用者数（うち、原発避難区域内の住民・企業等の人数）

(ウ) 損害の算定方法

損害額の算定方法については、以下のような項目につき、実費等に基づき算出することとしている。

- ○ 相談所等の設置費用（場所、什器類、物資運搬費等）
- ○ 相談所等への移動費・宿泊費
- ○ 相談所等に動員された職員の人件費（休日・時間外手当等）
- ○ 相談所等への職員派遣に伴う既存店舗における損害
- ○ 顧客が県内外に避難し、原発避難区域内の閉鎖店舗以外の営業店および他行店舗に来店したことにより生じた費用（例：喪失届や届出事項変更届等の受付が急増し、通常営業に影響が生じた費用）
- ○ 法令等に基づく営業休止の告知に要した費用

3 財物価値の喪失または減少等

(1) 貸付債権（元本部分）

(ア) 損害の内容

福島原発事故のため避難を余儀なくされた住民・企業等が失業・長期休職や廃業・倒産・大幅な営業縮小等をしたことにより、貸付債権が貸し倒れたり、貸付債権の回収可能性の低下に応じた貸倒引当金の計上などの与信コストが増加するなどの損害が生じている。

(イ) 損害賠償の可否

　これはいわゆる「間接被害」に該当する損害である。金融分野報告書では、間接被害者であっても福島原発事故が地域の営業基盤を奪ったという重大性に鑑みて、損害賠償請求ができるとの考えに基づき、上記(ア)の損害についても損害賠償請求ができるという考え方に立っている。

　この点、中間指針第8では「間接被害」について、間接被害者の事業等の性格上、第一次被害者との取引に代替性がない場合には、福島原発事故と相当因果関係のある損害と認められるとしている。

　貸付債権（元本部分）については、金融機関と事業者との間に直接被害者と代替性がないとは必ずしもいえないので、中間指針の基準に従う場合には、かかる損害賠償請求をすることは難しいという考え方もあり得る。

(2) 保有している財物（不動産・動産等）価値の喪失または減少等および除染費用

(ア) 損害の内容

　福島原発事故により原発避難区域の保有不動産等が使用不可能または放射能に汚染され、その価値が喪失または減少している。かりに避難指示が解除され、不動産等が物理的に使用可能な状態になったとしても、放射能の除染費用が必要となる。

(イ) 損害額の算定方法

　財物の除染が可能な場合には、除染費用分と考え、実費等に基づき算出する。ただし、除染費用が不動産等の時価を上回る場合には、不動産等の時価を限度とする。

　財物の除染が不可能な場合には、全損とみなし、原子力発電所の事故発生直前の時価として算出する。

　時価を算定することが困難な財物の場合には、簿価または同等の機能を有するものの再調達価格と考えることもできることとする。

4　政府指示等の対象区域外に係る損害関係

　政府指示等の対象区域以外の店舗においても、原発避難区域内の顧客との

関係で営業損害等が発生している。たとえば、原発避難区域内の企業等の廃業・倒産等に伴う貸付債権の貸し倒れ等である。

もっとも、政府指示等の対象区域外の店舗に関しては、相当因果関係の判断（特別損害の東京電力による予見可能性）の観点において、政府指示等の対象区域の店舗と比して、損害賠償請求が認められる可能性は低くなる可能性がある。

XIX サービス業

1　総　論

本項では、福島原発事故による原子力損害のうち、サービス業分野における損害賠償について概説する。

福島原発事故により、サービス業分野において発生した損害を、中間指針に倣い、①政府による避難指示等に係る損害（下記2）、②風評被害（下記3）の類型に分類し、類型ごとに具体例をあげる。

サービス業の種類は、多岐にわたるため、具体例においては、適宜、特定の業界における損害項目の例を示すこととする。

2　政府による避難等の指示等に係る損害

政府による避難等の指示に係る損害のうち、サービス業分野に特有の損害については、（避難指示等に係る）営業損害として、以下のような例があげられる。

(1) （避難指示等に係る）営業損害
避難指示等に係るサービス業の営業損害の具体例として、下記があげられる。

> ○　避難指示区域に指定されたことにより、コンサート会場が使用不能となり、公演が中止となった（コンサート関係）。
> ※使用不能により公演が中止となったことによる営業損害の細目につ

いては、後記XXII「芸術文化・社会教育」2を参照。
- ○ 避難区域内の工場に残した（代金決済の済んだ）顧客預かり製品が滅失・毀損等したため、弁償または自社負担による他社での再生産を行い、その費用を支出した（印刷業）。
- ○ 政府による避難等対象区域に商圏が及ぶサービス業について、顧客が避難等することにより商圏が喪失し、売上げが減少した（近隣住民を対象としたサービス業）。

(2) リース業関係の損害

リース業については、ユーザーとリース会社における損害の負担の分担等に関して、リース契約に特有の問題が生じるため、項を分けて説明する。ここでは、ユーザーの損害およびリース会社の損害を区別して論じる。

なお、自動車リースに特有の損害に関しては、(ウ)で述べる。

(ア) 営業損害

(A) ユーザーの損害

避難指示等に伴うリース業に係るユーザーの損害の具体例は、下記があげられる。

- ○ 避難対象区域に所在するユーザーが支払ったリース料（契約終了時の残存リース料を含む）

(B) リース会社の損害

避難指示等に伴うリース業に係るリース会社の損害の具体例は、下記があげられる。

- ○ 支払猶予に伴ってリース会社が顧客に要求できなかった利息相当額（リース料の増額なしに支払猶予に応じた場合）
- ○ ユーザーの廃業・倒産の原因が原子力発電所事故に起因するものであれば、貸倒れ金額（リース料債権（未収リース料がある場合は未収リース料含む）から回収可能額を控除した額）

XX サービス業

(イ) リース物件の財物価値の喪失または減少
(A) ファイナンス・リース

避難等対象区域の制限が解除されるまでの間にリース契約が終了（中途解約したものを含む）するものについては、以下の損害が発生する。

> ○ 契約終了日時点の時価（算出不可能な場合は固定資産税課税標準額）、または蓋然性を根拠とした再リース料収益の見込額
> ○ リース物件に係る諸税・管理費用等

(B) オペレーティング・リース

避難等対象区域の制限が解除されるまでの間にリース契約が終了（中途解約したものを含む）するものについては、以下の損害が発生する。

> ○ 契約日時点の残価（時価が残価を上回る場合は時価）
> ○ リース物件に係る諸税・管理費用等

(ウ) 自動車リースに特有の損害
(A) ユーザーの損害

避難指示等に伴う自動車リース業に係るユーザーの損害の具体例は、下記があげられる。

> ○ 原子力発電所事故により車両価格（または処分額）が減少し、残価精算でマイナスが発生、またはプラスが減額された場合の損失（オープンエンド方式[33]の場合）
> ○ リース契約の解約損害金（避難等対象区域でリース車両の盗難（車両保険が付保されないもの）が発生した場合）

(B) リース会社の損害

---

33 リース契約において、契約終了時点の残存価格について、契約時点の見積残存価格と実際の売却額との差額をユーザーが負担する方式の契約をいう。

避難指示等に伴う自動車リース業に係るリース会社の損害の具体例は、下記があげられる。

> ○ 原子力発電所事故により車両価格（または処分額）が減少し、リース会社の車両売却益が減少、または売却損が発生した場合の損失（クローズドエンド方式の場合）[34]
> ○ 原子力発電所事故による風評被害で「福島ナンバー車両」の車両売却益が減少、または売却損が発生した場合の損失（クローズドエンド方式の場合）

3　風評被害

福島原発事故以降、消費者等が汚染を懸念してサービスの発注中止等の措置をとり、それによって損害を被ったサービス業従事者が数多く存在した。かかる損害について、賠償すべき損害を定めているのが本項目である。一般的基準については、中間指針第7（いわゆる風評被害について）・1を参照されたい。

サービス業の風評被害については、中間指針第7「4　製造業、サービス業の風評被害」に述べられているとおり、以下の損害について、福島原発事故以降に現実に生じた買い控え等に該当する被害として、原則として福島原発事故と相当因果関係のある損害として賠償の対象と認められる。

> ① 福島原発事故発生県である福島県に所在する拠点で製造、販売を行う物品または提供するサービス等に関し、当該拠点において発生したもの
> ② サービス等を提供する事業者が来訪を拒否することによって発生した、福島原発事故発生県である福島県に所在する拠点における当該サ

34　リース契約において、契約終了時点の残存価格について、契約時点の見積残存価格と実際の売却額との差額を精算しない方式の契約をいう。

―ビス等に係るもの
③ 放射性物質が検出された上下水処理等副次産物の取扱いに関する政府による指導等につき、
　ⓐ 指導等を受けた対象事業者が、当該副次産物の引き取りを忌避されたこと等によって発生したもの
　ⓑ 当該副次産物を原材料として製品を製造していた事業者の当該製品に係るもの
④ 水の放射性物質検査の指導を行っている都県において、事業者が福島原発事故以降に取引先の要求等によって実施を余儀なくされた検査に係るもの（ただし、水を製造の過程で使用するもののうち、食品添加物、医薬品、医療機器等、人の体内に取り入れられるなどすることから、消費者および取引先が特に敏感に敬遠する傾向がある製品に関する検査費用に限る）

具体例として、下記があげられる。

○ 福島原発事故を理由として、アーティストが来日拒否をしたことにより、公演が中止に追い込まれた（コンサート事業関連）。
○ 自粛ムード、心理的要因により、消費者が福島県およびその近隣地域に近づかないことで、売上げが減少した（レジャー関連サービス関連）。
○ 食品関連のパッケージ印刷について、福島県以外の工場での生産を一部の顧客に指定され、売上げが減少した（印刷業関連）。
○ 政府指示等の対象区域外に所在するリース物件について、売却・処分時に放射性物質の付着の有無の検査を求められ、検査費用を支出した（リース業関連）。

XX　観光業

1　観光業の特色

　観光業とは、①ホテル、旅館、旅行業等の宿泊関連産業のみならず、②レジャー施設（遊園地、アミューズメントパーク、アウトレットモール等の商業娯楽施設、プール、スキー場、ゴルフ場等のスポーツ施設）、③旅客船、バス・タクシー等の交通産業、④文化・社会教育施設、⑤観光地での飲食業や小売業（土産店等）までも広く含み得る。これらの業種に関して観光客が売上げに寄与している程度はさまざまであるが、当該寄与の限度で観光業としての損害ととらえることが可能である。

　なお、観光業における損害を検討するに際し、他の産業分野と異なる特色として、観光客が当該地域に足を運ぶことを前提とすることに留意する必要がある。すなわち、必ずしも科学的に裏付けられていない場合であっても、観光客が当該地域に足を運ぶことにより放射性物質による被曝を懸念して観光を差し控えるという心情に至ったとしても、平均的・一般的な人を基準として合理性があると認められうる場合があると考える。また、ひとたび風評被害が生ずると、当該地域の観光業全体に影響を与える傾向があり、観光客がこないことによる影響は、当該地域の観光業全体に対しさまざまな影響を与え得るのである。

2　観光業における損害類型の概要

　観光業における損害についても、大きく①政府による避難等の対象区域に係る損害と、②政府指示等の対象区域外に係る損害（主にいわゆる風評被害、間接被害）に分けられる。

　　(1)　**避難区域、警戒区域、屋内退避区域、緊急時避難準備区域、計画的避難区域、特定避難勧奨地点、南相馬市が一時避難を要請した区域の指定に伴う損害**

警戒区域（福島第一原子力発電所から20キロメートル圏内）等においては、宿泊施設が合計166、旅行業者の営業所が合計13所在しているところ、うち宿泊施設については警戒区域内の89すべて、計画的避難区域内の8すべて、緊急時避難準備区域内（20～30キロメートル以内）の69のうち38の合計135が、警戒区域および緊急時避難区域内の旅行業者の営業所については13すべてが休業中である（観光分野における「専門委員調査報告書」参照）。損害の詳細に関しては、別項を参照いただきたい。

(2) 前記(1)の対象区域外に係る損害

前記(1)の対象区域外に係る損害としては、①風評被害（下記3）、②間接被害（下記4）があげられる。下記を参照いただきたい。

3 観光業における風評被害

(1) 観光業における風評被害の考え方

避難等の対象区域外の観光施設等については、観光業の運営側と観光客側とも当該観光施設等への立入りを禁止されていないこと、当該観光施設等に立ち入った者が放射性物質による健康上の問題が生ずるとまではいいきれないことからすれば、物理的には営業を継続するのに支障はないはずである。

しかし、実際には、必ずしも科学的に裏付けられていない場合であっても、当該観光地に観光客が足を運ぶことにより生ずる放射性物質への被曝を懸念して、観光を差し控えて損害が発生しうる。かかる損害に関しては、福島原発事故と相当因果関係が認められる範囲で賠償対象とすべきである。

(2) 原則として相当因果関係が認められる損害

観光業については、福島原発事故以降全国的に減収傾向がみられるところ、少なくとも以下の損害については原則として現実に生じた損害と福島原発事故との相当因果関係が認められる（中間指針第7・3（指針）参照）。

① 福島県、茨城県、栃木県および群馬県に営業の拠点がある観光業者の営業損害（減収分と追加的費用）とその観光業者の勤労者の就労不能等に伴う損害（給与等の減収分と追加費用）

②　外国人観光客については、福島原発事故前にすでに予約が入っていた場合で、少なくとも平成23年5月末までに通常の解約率を上回る解約が行われたことにより発生した減収分と追加費用

(3) 前記(2)の損害に関する検討
(ア) 福島県、茨城県、栃木県および群馬県における風評被害

中間指針では、福島原発事故による風評被害のうち、福島県、茨城県、栃木県および群馬県における風評被害に限定して相当因果関係がある損害の類型と認めているが、これは以下の調査結果による。

すなわち、福島県、茨城県、栃木県および群馬県においては、他県と比べて、

①　ホテル・旅館の売上高を過去と比較すると、関東地域内で相対的に下落が大きいこと
②　平成23年5月においても回復の度合いが相対的に低く、地震・津波による交通インフラへの影響や自粛ムードとは別の要因が影響していると考えられること
③　旅行意識調査において、これら地域については観光を敬遠する傾向が顕著に認められることが確認されている（観光分野における専門委員調査報告書および中間指針Q&A［問108］参照）。

前記調査等を踏まえると、福島原発事故発生県である福島県のほか、少なくとも茨城県、栃木県および群馬県において、放射性物質による被曝を懸念し、観光を敬遠する心情に至ったとしても、原則として平均的・一般的な人を基準として合理性があると認められる。

(イ) 外国人観光客の予約キャンセルによる被害

福島原発事故以降、ホテル・旅館等の宿泊施設については、全国的に売上利益が減少しており、特に訪日外国人を主要な顧客としてきたホテル・旅館はかつてないほどに売上高が減少していること、また、全国的に旅行取扱額も大幅に減少しているところ、特に主要旅行業者の訪日外国人取扱額については、平成23年度4月分が過去3年同月比の2割程度まで激減していること

など、外国人観光客の訪日キャンセルによる被害が生じていることが確認された（観光分野における専門委員調査報告書Ⅲ・共通項目等参照）。

　外国人観光客については、一般に、海外に在住する外国人と日本国内にいる者との間に情報の格差があること、渡航自粛勧告等の措置を講じた国もあることから、少なくとも福島原発事故当時にすでに予約が成立しており、しかも福島原発事故発生からまだ間がない一定の期間内においてキャンセルがされたものについては、外国人観光客が日本での観光を控えるという心情に至ったとしても平均的・一般的な人を基準として合理性があると認められる。

　なお、外国人観光客について、福島原発事故発生後に新規予約が減少した部分は対象とせず、平成23年5月末までの予約キャンセルのみを対象としているのは、前記のとおり外国人観光客に関する特殊な事情から、例外的に日本人観光客よりも広い範囲で賠償範囲を認めるものの、一定の限度があること、新規予約が減少した分に関しては、事業者の営業形態・集客方法等はさまざまであり、一律に相当因果関係が認められる類型として示すことは難しいため、損害の発生がより確実である予約キャンセルのみに限定したこと、また、期間については、各国の渡航自粛勧告等がある程度緩和されたと認められる平成23年5月末までとすることが合理的と考えられるためである（中間指針第7・3（備考）2））。また、観光業におけるキャンセルは通常の場合でも一定程度発生しうるため、通常の解約率を上回る解約が行われた部分についてのみ、原則として福島原発事故との相当因果関係が認められる（中間指針第7・3（備考）2）参照）。

(4) 考慮事情

　観光業における減収等については、東日本大震災による影響（地震による建物倒壊、地盤沈下、道路寸断等地震を原因とした直接の被害以外にも、東日本大震災事態による消費マインドの落ち込みもありうる）、節電による影響の蓋然性も相当程度認められる（これに加えて、温泉地では地盤変化による温泉の枯渇なども影響の一要素として考慮されうるであろう）。したがって、損害の有無および損害額の算定においては、前記の要素を考慮する必要がある。

　この点、たとえば、同じく東日本大震災による被害を受けながら、福島原

発事故による影響が比較的少ない他地域における観光業の解約・予約控え等の客観的な統計データ等と比較することも考えられる。

(5) 中間指針に明示されていない損害等

前記のように、中間指針に相当因果関係が原則として認められるとされた損害以外にも、個別に現実的に生じた解約・予約控え等による損害について、福島原発事故による放射性物質による汚染の危険性を懸念し、敬遠したくなる心理が、平均的・一般的な人を基準として合理性を有していると認められる場合には、福島原発事故との相当因果関係が認められるべきである（中間指針Q&A［問110］等）。

たとえば、福島原発事故発生県に隣接していなくとも、一般的に風評被害の影響が大きい観光資源を活用した観光業（海を観光資源とした海水浴場など）や、福島原発事故現場から比較的離れた場所であっても当該地域のみ放射線量が高い場所（いわゆるホットスポット）などは、これに該当する可能性がある。

(6) 具体例

賠償対象となる損害の具体例としては、以下のようなものが考えられる。

> ○ 現実に発生したホテルや旅館等の宿泊キャンセル、予約控えに伴う減収分および追加費用。追加費用の例としては、宿泊者のためにすでに準備した食材の返品・廃棄・保管費用などが考えられる（宿泊施設等）。
> ○ 観光客の減少に伴う減収分および追加費用。追加費用の例としては、土産品等の返品・廃棄・保管費用などが考えられる（観光関連事業）。
> ○ 福島原発事故前にすでにされていた外国人観光客の日本国内における旅行関連の予約（ホテル等の宿泊施設、物販、レジャー等）について、平成23年5月末までにキャンセルされたことによる損害。ただし、賠償の範囲は平常時の解約率を上回る解約に係る減収分である（外国人観光客を顧客とする観光業）。

4 観光業における間接被害

観光業における間接被害としては、たとえば以下のようなものが考えられる（中間指針の概要「7　観光業者の方・間接被害」）。

> ○　ホテル・旅館等の宿泊施設における風評被害に伴って発生した、当該観光地のクリーニング業の減収分など、観光業者の被害に伴って必然的に生じた損害
> ○　土産を販売している観光関連の小売事業者における風評被害に伴って発生した、特産品を販売する地元製造者の減収分および廃棄・保管費用など、事業に支障が生じたために負担した費用等

5 立証資料――営業損害

損害の立証については、各資料を保管することが重要である。たとえば、以下のような書類等が考えられる。

(1) 減収分

観光業における減収分の立証資料としては、①事故前の確定申告書、決算書、預金通帳のほか、②宿泊施設等については、事故前および事故後の顧客台帳、予約台帳、予約およびキャンセルの電子メール、連絡書、請求書、領収書、FAX、日誌等、③物販・サービス等については、事故前および事故後の注文書、納品書、請求書、領収書、FAX、日誌等があげられる。

(2) 追加的費用

観光業における追加的費用の立証資料としては、①廃棄費用の請求書、領収書、②移転のための運送料（ガソリン代、駐車場代等を含む）の請求書、領収書、仮設店舗の賃貸借契約書、賃料領収書等、③店舗内装費用等の請求書、領収書等、④倉庫料等の請求書、領収書等、⑤事業再開のための機械・什器備品等の運送費用の請求書、領収書等、⑥事業再開のための機械等のメンテナンス費用、事務所の清掃費用の請求書・領収書等があげられれる。

(3) 検査費用

観光業における検査費用の立証資料としては、①検査料の請求書、領収書等、②取引先等からの検査要求FAX、電子メール等があげられる。

XXI 学　校

1　総　論

本項では、福島原発事故による原子力損害のうち、学校関係における損害賠償について概説する。本項において、「学校」とは、幼稚園、小学校、中学校、高等学校、大学等をいう。

福島原発事故により、学校関係での発生した損害を、中間指針に倣い、①政府による避難指示等に係る損害（下記2）、②その他の政府指示等に係る損害（下記3）、③風評被害（下記4）に分類し、類型ごとに具体例をあげる。

2　政府による避難等の指示等に係る損害

中間指針において認められている政府による避難等の指示に係る損害のうち、学校関係に特有の損害としては、①営業損害（下記(1)）、②財物価値の喪失または減少等（下記(2)）があげられる。

(1)　（避難指示等に係る）営業損害

学校を運営する事業者が被った損害がこの類型にあたる。本損害項目においては、以下のとおり、減収分、追加的費用（避難指示等の解除後のものも含む）等が賠償すべき損害と認められる。

(ア) 減収分

避難指示等に係る学校の減収の具体例としては、下記があげられる。

> ○　学校の一時休校（休園を含む）によって学納金収入が途絶えたことによって、収益がなくなった。

(イ) 追加的費用

避難指示等に係る学校の追加的費用の具体例としては、下記があげられる。

> ○ 従前の校舎が利用できなくなったため、校舎の移転を行うため、移転先に仮設校舎を設置することとし、設置費用を支出した。
> ○ 従前の校舎が利用できなくなったため、校舎の移転を行うため、移転先の建物を改修することとし、改修費用を支出した。

避難指示等により、学校の移転を余儀なくされた場合、移転に要する費用は賠償されるべき損害と考えられる。具体例としては、下記があげられる。

> ○ 学校が移転したため、遠隔地に居住することとなった生徒の通学手段を確保するため通学スクールバスの運行を行うこととし、業者に委託した。
> ○ 業者に委託せず、学校自らスクールバスを購入し、運行を行った。
> ○ 学校が移転したため、遠隔地に居住することとなった生徒に対し、交通費の補助を行った。

学校が移転した場合、学校は、当該学校に在籍していた生徒の通学手段を確保する必要がある。よって、生徒の通学手段の確保に要した経費は、学校の移転のため、支出を余儀なくされた費用として賠償されるべき損害と考えられる。

ただし、被害者においても、福島原発事故による損害を可能な限り回避・減少させる措置をとることが期待されていることから、学校が、生徒の通学手段の確保のため、過分に費用を要する方法を選択した場合には、損害賠償が否定される可能性があると思われる。具体例としては、下記があげられる。

> ○ 学校が移転したため、移転先校舎で授業を行うために必要な教材・備品を購入した。

(2) 財物価値の喪失または減少等

　福島原発事故による損害として、学校事業者の有していた財物の価値が喪失または減少するという損害が考えられる。中間指針第3「10　財物価値の喪失又は減少等」は、財物価値の喪失または減少等についても一定の範囲で賠償範囲と認めている。具体例としては、下記があげられる。

> ○　避難区域内の校舎、敷地、備品等が放射性物質に曝露し、財物価値が喪失した。

3　その他の政府指示等に係る損害

　福島原発事故により、政府が事業活動に関する制限または検査について、政府が福島原発事故に関し行う指示等に伴う損害が生じている。中間指針第6［対象］（備考）においては、学校等の校舎・校庭等の利用判断に関する指導等をその例としてあげている。具体例としては、下記のとおりである。

> ○　地方公共団体による校庭の空間線量の計測調査の結果、基準を超える数値を記録したため、政府の支援を受けて、校庭の表土除去を行った。

　中間指針は、校庭・園庭における土壌における土壌に関して児童生徒の受ける放射線量を低減するための措置について、「少なくとも、それが政府又は地方公共団体による調査結果に基づくものであり、かつ、政府が放射線量を低減するための措置費用の一部を支援する場合には[35]、学校等の設置者が負担した当該措置に係る追加的費用は、必要かつ合理的な範囲で賠償すべき損害と認められる」としているため、このような場合には、放射線量低減措置の費用は、賠償すべき損害に含まれると解される。

---

[35] 文部科学省は、平成23年5月27日、「当面の考え方」として、「土壌に関する線量低減策が効果的となる校庭等の空間線量率が毎時1マイクロシーベルト以上の学校を対象として、財政的支援を講じる」と発表している。

4　風評被害

　学校の所在地の放射能汚染による危険性等を学生（または保護者等）が懸念等することによって、風評被害として、営業損害が生じている。

　ただし、原子力発電所の事故による影響が強い地域は、概して東日本大震災による被害の大きい地域でもあることから、学生の減少がこのいずれの影響によるものかを判定する必要がある。

(1)　減収分

　学校の風評損害による減収の具体例としては、下記があげられる。

> ○　学生が入学辞退・退学・転学をしたことにより学生が減少し、学納金収入が減少した。
> ○　学生数が減少したことにより、学生数を算定根拠とする国、都道府県からの助成が減少した。
> ○　（翌年度以降）入学志願する者の数が減少し、学納金等の収入が減少した。

　教職員の解雇等が行われていない場合は、人件費は減少せず、修繕費、光熱水費、消耗品費、印刷製本費を含む教育研究費についても、学校運営が継続している場合には、大きく減少するものではないと考えられ、原則として上記による減収の全額が賠償すべき損害に含まれると考えられる。

　なお、本損害項目は、学生が入学辞退や退学・転学した場合には、原則として当該学生が在学した場合に予定される卒業までの期間継続して発生すると解される。

(2)　追加的費用

　学校の風評損害による追加的費用の具体例としては、下記があげられる。

> ○　福島原発事故を含む東日本大震災により経済的に困難となった児童生徒等の授業料等や経済的支援の弾力的取扱いを求める文部科学副大

> 臣通知[36]等を踏まえ、授業料の減免・奨学金の給付等、学生等の入学辞退・退学を防止するための措置を講じ、費用を支出した。

　減免した授業料相当額、給付した奨学金相当額が損害の額となり、原則として、避難指示の解除と家計状況の急変の解消のうち遅いものまでの期間について、減免等の対象となった学生等の卒業までの期間継続して発生すると解される。

> ○　留学生に対する寄宿料の免除、放射線の影響に関する啓発活動等の措置を行い、費用を支出した。
> ○　空中に放射性物質が飛散しているため、外気が屋内に入らないよう窓やドアを閉めきるよう保護者から要請があり、同措置を実行しているが、それによる教室内の暑さの改善のため、クーラーを設置した。

　福島原発事故による放射性物質の飛散および放射線量の上昇を受け、さまざまな媒体を通じて、放射性物質が飛散している状況では、外気が屋内に入らないよう窓やドアをすべて閉めるべき、コンクリート造りの建物のほうが木造よりも放射線の遮蔽効果が高い、子供のほうが大人に比べて甲状腺癌の発生率が高いなどの情報が伝えられている。

　上記の情報の内容から、保護者等から実際の放射線量にかかわらず、主にコンクリート造りである学校の校舎において窓をすべて閉めきることにより、子供の放射線の影響を少しでも減らしたいという心理が生じ、そのような保護者によって窓を閉めきって授業を行うよう要請がなされているとのことである。

　かりに心理的な作用であったとしても、放射線による強度の不安が認めら

---

[36]　「平成23年（2011年）東北地方太平洋沖地震における被災地域の児童生徒等の就学機会の確保等について（通知）」（平成23年3月14日付22文科初第1714号）、「東日本大震災により被災した幼児児童生徒の私立学校における就学機会の確保等について（通知）」（平成23年4月11日付23文科高第51号）

れる一定の地域においては、窓を閉めきる措置をとることは合理的であり、その措置により、教室内の温度管理が不可能となったとすれば、温度管理のためにクーラーを設置するのに要した費用には、福島原発事故との相当因果関係が認められると解しうるから、同費用は賠償すべき損害に含まれると考えるべきである。

XXII 芸術文化・社会教育

1 総　論

本項では、福島原発事故による原子力損害のうち、芸術文化・社会教育関係における損害賠償について概説する。

福島原発事故により、芸術文化・社会教育関係において発生した損害を、中間指針に倣い、①政府による避難指示等に係る損害（下記2）、②風評被害（下記3）、③間接被害（下記4）に分類し、類型ごとに具体例をあげる。

2 政府による避難指示等に係る損害

中間指針において認められている、政府による避難等の指示に係る損害のうち、学校関係に特有の損害としては、①営業損害（下記(1)）、②財物価値の喪失または減少等（下記(2)）があげられる。なお、施設等に雇用されていた従業員が被った損害は、中間指針第3［損害項目］「8　就労不能等に伴う損害」を参照されたい。

(1) 営業損害

(ア) 施設等の所有者について生ずる損害

政府による避難指示等に係る芸術文化・社会教育施設等の所有者について生ずる損害の具体例は、下記があげられる。

○　施設の使用料および入館料、入場料等の利益がゼロになり、著しい減収となった。

> ○ 施設の使用ができないことにより、施設内にある売店の売上げもゼロになり、著しい減収となった。
> ○ 施設建物が地域住民の避難所となったため、施設の光熱水費の増加による支出や施設が営業できないことによる減収、施設の復旧に要する費用の支出があった。

(イ) 前記(ア)以外の者に生ずる損害

政府による避難指示等に伴う芸術文化・社会教育施設に係る前記(ア)以外の者の所有者について生ずる損害の具体例は、下記があげられる。

> ○ 避難指示区域に指定され、利用が不可能となった施設で公演等を行うことを予定していた者について、かかる公演等は中止または内容変更、延期を行うことを余儀なくされた（公演等の中止等による損害については、下記3(2)を参照されたい）。
> ○ 公演等が中止されることにより、出演者を斡旋していたマネジメント業者について、出演料の減少に伴って斡旋手数料が減少した。
> ○ 施設内で売店等の運営を行っていた者について、売上げが皆無となった。

(2) 財物価値の喪失または減少等

政府による避難指示等に伴う芸術文化・社会教育施設に係る財物価値の喪失または減少等の損害の具体例は、下記があげられる。

> ○ 復旧等の措置が不可能で財物の価値が喪失した。
> ○ 復旧等の措置を行い、一定程度の回復は可能であったが、財物の価値は減少した。

復旧等の措置が不可能で、財物等の価値が喪失したような場合には、財物等の価値（時価）そのものの損害が発生すると解される。

復旧等の措置を行い、一定程度の回復が可能な場合は、復旧等の措置に要

する費用および復旧等の措置後になお残存する価値の減少分（時価の下落分）の合計額となる損害が発生すると解される。

> ○ 財物等の復旧または価値の減少を防ぐために修理・復旧を行い、費用を支出した。
> ○ 代替不可能な芸術的・文化歴史的価値の高い収蔵品・古文書等にカビが発生したため、その芸術的・文化歴史的価値を損なわないよう、多額の費用をかけて修復を行った。

　代替不可能な芸術的・文化歴史的価値の高い収蔵品・古文書等については、それらの芸術的・文化歴史的価値を損なわない適切な方法で修復、除染等の措置を行わなければならないため、その費用は、それぞれの収蔵品、古文書等に適した修復、除染方法に応じて算定されるべきである。

3　風評被害

　芸術文化・社会教育関係の施設等の所在地の放射能汚染による危険性等を利用者等が懸念等することによって、風評被害として、営業損害が生じている。その一般的な解説は中間指針（第7・1）を参照されたい。
　ここでは、具体例として、公演等の中止等による営業損害について、説明する。

(1)　公演等の中止等による損害（総論・共通項目）

　公演等には、多数の関係者が存在し、その中止等（中止、延期、内容変更をいう）により、公演の主催者を中心として、多方面の関係者が損害を被ることとなる。
　公演等の主催者には、「本来必要でなかった業務に係る費用」の損害が生じており、その費用分の損害が発生している。具体例としては、下記があげられる。

> ○ 公演等の中止等をチケット購入者に知らせるための広報費用（広告

費用および通信費用）
- チケットの払戻し費用
- チケット代払戻し手数料
- 会場、航空機等のキャンセル料
- 通常業務の範囲を超えた業務を行うための人件費（時間外勤務、休日勤務の賃金等）

(2) 公演等の中止による営業損害

公演等の主催者には、公演等の開催のために要した支出済の費用（および支払義務を負っており、支出が見込まれる費用）に加え、公演等の中止がなければ得られたであろう利益分の損害が発生している。具体例としては、下記があげられる。

- 音楽家等との出演交渉の費用（出張旅費、交渉費用等）
- コンサートホール使用料
- 会場の設営費用、舞台の大道具・小道具等の製作費用
- テレビ、新聞等のメディアを利用した広告・宣伝費用
- チケット発券手数料、チケット販売事務費用
- プログラム作成費用
- 保険料

(3) 公演等の延期による営業損害

公演等の主催者には、公演等の延期がなければ得られたであろう費用から、延期後に実際に得た利益を控除した額の損害が発生している。

(4) 公演等の内容変更による営業損害

公演等の主催者には、公演等の内容変更がなければ得られたであろう費用から、内容変更後に実際に得た利益を控除した額の損害が発生している。

(5) 公演等の主催者以外の者に生ずる損害

具体例としては、下記があげられる。

> ○ 施設所有者には、公演等の主催者に対する施設の使用料が得られないことによる営業損害が発生している。
> ○ 公演等のマネジメント業者には、公演等の中止により、出演料を得られなくなる営業損害が発生している。
> ○ 公演等の当日の会場設営、交通整理等の従事予定者などに就労の機会を失ったことにより、賃金等を得られなくなる損害が発生している。
> ○ チケット販売業者にチケット販売手数料を得られなくなることによる損害が発生している。

4　間接被害

芸術文化・社会教育における間接被害の具体例としては、下記があげられる。

> ○ 施設の休館に伴い、公演等が開催できないことにより、舞台関連の委託契約が解除され、関係者が解雇された。

XXIII　文化財

1　総論

本項では、福島原発事故による原子力損害のうち、学校・スポーツ・文化分野（文化財関係）における損害賠償について概説する。

福島原発事故により、文化財関係においては、政府による避難指示等に係る損害（下記2）が発生している。

2　政府による避難指示等に係る損害

中間指針において認められている、政府による避難等の指示に係る損害の

うち、文化財関係に特有の損害としては、①営業損害（下記(1)）、②財物価値の喪失または減少等（下記(2)）があげられる。

(1) 公開・活用している文化財の営業損害等

政府による避難指示等に伴う公開・活用している文化財の営業損害等の具体例としては、下記があげられる。

> ○ 文化財の使用料および入館料、入場料等の利益がゼロになり、著しい減収となった。
> ○ 文化財の使用ができないことにより、文化財を公開等している施設等の内にある売店の売上げもゼロになり、著しい減収となった。

(2) （文化財の）財産価値の喪失または減少等

政府による避難指示等に伴う文化財の財産価値の喪失または減少等の具体例としては、下記があげられる。

> ○ 避難指示により、温度・湿度調整の必要な登録有形文化財の管理ができなくなり、当該文化財がカビの発生によって毀損したため、文化財の価値を損なわないようカビを除去し、多大な費用を支出した。
> ○ 避難指示区域に存在した県指定重要文化財が放射線によって汚染したため、除染を行ったが、文化財の価値を損なわないため、通常の除染よりも多額の費用を要した。

国・地方公共団体による保護の措置が講じられている文化財等については、文化財保護法や文化財保護条例に基づき、文化財としての価値を損なわないよう、適切な技法、材種を用いて修理・復旧を行わなければならない。そのため、その費用は、それぞれの文化財等に適した修理・復旧方法に応じて算定されるべきである。この点は、放射線による汚染の除染に関しても同様である。

> ○ 避難指示区域に存在した重要文化財を、美術用専用車を用いて放射

性物質に曝露しない場所へ移動し、移動費用を支出した。
○ 避難にあたり、文化財を持ち出せなかったため、防犯措置を講じた。

　国・地方公共団体による保護の措置が講じられている文化財等については、それぞれの文化財等に適した損害防止方法に応じて算定されるべきであることは前述したところと同様である。

XXIV　医療施設

1　総　論

　本項では、医療・福祉等分野のうち、医療施設に関する原子力損害について、考えられる損害類型を紹介したうえで、問題点の検討や損害立証のためにどのような資料が必要とされるのかについて具体的に説明していくこととする。
　その際、中間指針に即し、①政府による避難等の対象区域に係る損害（下記2）と、②政府指示等の対象区域外に係る損害（下記3）の項目に大別して論ずることとした。

2　政府による避難等の対象区域に係る損害

(1)　医療機関の営業損害

(ア)　患者数減少による営業損害

　避難等の対象区域内の医療機関については、福島原発事故以降、地域住民が避難（政府指示か自主的かを問わず）したことにより、前年同月比での入院患者および外来患者数並びに保険請求額の減少が著しい。これらの要素は医療機関における主要な収益源であることから深刻な事態となっている。[37]
　この損害の立証資料としては、事故前の確定申告書、決算書、預金通帳、

---
[37] 特に、放射性物質による汚染を警戒してか、小児科および産婦人科において、患者数減少が顕著なようである。

請求書、領収書等があげられる。

　(イ)　その他の営業損害

　その他の営業損害の具体例および立証資料としては以下のようなものが考えられる。

○　避難等により、診療を停止していた期間に医薬品の使用期限が経過してしまったことで生じた当該医薬品の廃棄に伴う損害（立証資料：①医薬品購入時の請求書、領収書等、②再調達した際の請求書、領収書等）

○　避難指示によって避難した患者と連絡がつかなくなってしまったことによる入院費等の未収金の増加や貸与していた医療機器が返却されなくなってしまったことによる損害（立証資料：入院費等の請求書、未返却の医療機器を再調達した際の請求書、領収書等）

○　職員が自主退職、避難または休職したことにより、診療体制を縮小・停止・廃止したことに伴う減収。あるいは、これらの事象が将来起こる場合の減収分（立証資料：①職員の休職願、退職願、休業損害証明書、罹災証明書等、②事故前の確定申告書、決算書、預金通帳、請求書、領収書等、③事故後の会計帳簿、預金通帳、請求書、領収書等）。

○　職員の退職（自主退職、医療機関都合の退職を問わない）、避難または休職に伴う退職金や休業手当の支給に伴う損害（立証資料：①職員の休職願、退職願、休業損害証明書、罹災証明書等、②給与明細書、退職金支給明細書、会計帳簿、預金通帳等）。

○　医薬品、医療機器、衛生材料の配送作業が中断したことに伴う保険収入の減少、臨床検査業の集荷業務の中断や、医療機器の修理が遅れたことによる検査収入の減少（医療機器業者が風評等で対象地域内に入って業務をしなかったことによる場合も含む）に伴う損害（立証資料：①医薬品や医療機器等の発注書、納品書、②見積書、請求書、領収書等、③納入・集荷業者、修理業者とのやりとりが記載されているFAX、電子メール等、④事故発生の前年度の保険収入、検査収入がわかる確定申告書や決算書、伝票等、⑤事故発生後の保険収入、検査収入がわかる会計帳簿、伝

○　金融機関からの借入金の返済やリース料の支払いを延期したことによる利息の増加分相当額（立証資料：貸付証書、預金通帳、支払猶予の申入書等）

○　上記等の理由により損害を被ったことで倒産等に至った場合の損害（立証資料：事故発生後、倒産に至るまでの貸借対照表、損益計算書、資金繰り表等）

○　事態収束の見込みがつかないことによる自主的な移転・廃止をした場合の費用・損害。また、移転をした場合の従前と同様の営業形態を構築するために要した費用（立証資料：①移転や廃止に伴う費用の見積書、請求書、領収書等、②営業再開のために要した費用の見積書、請求書、領収書、給与明細書等）

○　福島県外の医師が風評等の影響で、県内への赴任を拒否した場合の事業の縮小に伴う経済的損害（立証資料：①辞令書、上申書、やりとりが記載されたFAX、電子メール等、②院内組織図、人員配置図等）

　(ｳ)　中間指針との関係

　中間指針においては、避難指示等があったことにより、自己または従業員等が対象区域からの避難等を余儀なくされたり、同区域内への車両等の出入りに支障が生じたなどの理由で、同区域内の事業者が負担することとなった費用は、営業損害として認められるものとされている。[38]

　そして、その対象事業の中には医療業もあげられており、営利目的の事業に限られず、事業の一部を対象区域内で営んでいれば対象となり得るものとされている。

　また、営業損害のうち逸失利益が問題となる場合の「収益」には、売上高のほか、事業の実施に伴って得られたであろう交付金等相当分も含まれ、その中には医療事業における診療報酬等も含まれるものとされている。

38　中間指針第3［損害項目］「7　営業損害」（備考）1））。

(エ) 損害額の算定方法

　逸失利益の算定方法は、他の事業の損害項目と同様に、収入から支出を控除して算出した利益額または損失額について、福島原発事故前と事故後とを比較することにより算出した差額とする。この際、医療機関においては、季節に応じて患者数の増減がみられることから、原則として前年同月比をもって算定することが妥当であろう。

　もっとも、被災した医療機関は、決算資料等を放置したまま避難している場合も多く、また、開業して間もないなど決算資料等が整っていない場合には、きちんとした証拠資料を用いた損害額の算定をすることは困難であるため、より簡便な方法による損害額の算定に代えることも許容されるべきである。

(2) 対象区域内の医療機関から入院患者を搬送した際に生じた損害

(ア) 医療機関が負担した搬送費用

　避難等の対象区域内の医療機関から、患者やその家族を域外に搬送した際の搬送費用や付添費用等を当該医療機関が負担した場合には、当該費用は賠償の対象となり得る。[39]

(イ) 今後発生すると思われる搬送費用

　今後、搬送患者および家族等の同行者が帰院・帰宅する際には、医療機関または患者等に交通費等の費用負担が発生することが考えられるが、その際の費用も賠償の対象となり得よう。

(ウ) 損害額の算定方法および立証資料

　中間指針における避難費用の算定方法がそのまま妥当する。すなわち、①避難費用のうち、交通費、家財道具の移動費用、宿泊費等については、避難した者が現実に負担した費用が賠償の対象となり、その実費が損害額となる。その立証資料としては、請求書、領収書等があげられる。ただし、領収書等による損害額の立証が困難な場合には、平均的な費用を推計することにより

---

[39] 当然、患者本人またはその家族等が搬送費用を負担した場合には、これらの者が負担した費用相当額のうち、合理的な範囲の費用が損害として認められるべきである。

損害額を立証することも認められるべきである。

②避難費用のうち、生活費の増加費用については、原則として、自宅以外での生活を長期間余儀なくされ、正常な日常生活の維持・継続が長期間にわたり著しく阻害されたために生じた精神的苦痛の額に加算して、その加算後の一定額をもって損害額とするのが公平かつ合理的な算定方法とされる。この損害の立証資料としては、入院証明書、賃貸借契約書等、住民票があげられる。[40]

(3) 対象区域内の医療機関の職員の就労不能等に伴う当該職員の損害

医療機関の職員についても、休業、解雇、自主退職等に伴う損害が発生しているが、この場合でも中間指針の考え方が妥当し、また、勤労者一般における損害と異なるところはない(後記XXV「勤労者」の損害項目を参照されたい)。

XXV 勤労者

1 総論

就労不能等による損害の考え方は、政府による退避等の指示等による就労不能については、すでに中間指針で示されている。また、東京電力からも退避等対象区域に住居または勤務地がある住民の就労不能の損害の取扱いについて発表されているので、ここでは簡単に概要をまとめるほか、中間指針では示されていない点について論じることとする。

---

[40] 中間指針第3［損害項目］「6 精神的損害」（指針）Ⅰ）①。
　　なお、この場面では主に入院患者の避難費用等が問題となっていることから、避難等の対象区域内に住居があるものの、福島原発事故発生時に対象区域外に居たため、長期間対象区域外での生活を余儀なくされたような場合、あるいは屋内退避区域の指定が解除されるまでの間、屋内退避を長期間余儀なくされたような場合の精神的損害等については考慮しないものとする。

2 政府による避難等の対象区域に係る損害関係

(1) 「勤労者」の定義、範囲
原則として労働基準法等において定義されている「労働者」と同義である。

(2) 「就労不能等」の範囲

(ア) 具体例
休業、解雇、雇止め、自己都合退職（内定辞退）、内定取消し、内定者の入職繰下げ（自宅待機）その他客観的に就労が妨げられていると認められる場合（以下、「離職等」という）、勤務先が遠方になったために就労が不能等になった場合も含まれる。

(イ) 就労予定者の取扱い
未就労者のうち就労が予定されていた者については、その就労の確実性によっては、就労不能等に伴う損害を被ったとして賠償すべき損害の対象となる。この「就労の確実性」については、明確に内定または労働契約の成立が認められれば、原則として、当該「確実性」は満たされよう。

(ウ) 就労の確実性の立証資料
就労の確実性の立証資料としては、①内定通知書（準ずる書類を含む）、②事業主による証明や③教育機関、職業紹介機関等の記録があげられる。

(3) 「就労不能等に伴う損害」とされる「給与等」の類型
「就労不能等に伴う損害」とされる「給与等」については、①離職等のため、就労していれば得られたであろう逸失給与等、②福島原発事故発生時（平成23年3月11日）において労働者が有している未払い賃金、③追加費用・慰謝料等が考えられる。

②については、労働者の雇用を維持したうえで、給与等を事業主が支払っている場合には、福島原発事故の発生がなければ得られたであろう給与等と事業主が支払った給与等の差額が勤労者の損害となる。

③について考えられる具体例には、以下のようなものがある。しかし、中間指針では、対象区域内にあった勤務先が、福島原発事故により移転、休業等を余儀なくされたために、勤労者が配置転換、転職等を余儀なくされた場

合に負担した転居費用、通勤費の増加分等および対象区域内に係る避難等を余儀なくされた勤労者が負担した通勤費の増加分しか示されていない。また、平成23年9月現在、東京電力の補償基準には、転居費用等の追加費用しかあげられていない。

> ○ 避難等区域内の事業所の休業等に伴う労働者の配置転換、離職等に伴う追加支出。
>   ・転居費用（家賃負担を含む）
>   ・勤務先の変更や避難等区域を迂回しなければならなくなった場合の交通費の増大、求職活動に係る費用（交通費等）
>   ・単身赴任等により家族との別居を余儀なくされたことにより増加した生活費（定期的な帰宅費用等）等
> ○ 勤務先の変更はないものの、避難指示等により住居を変更せざるを得なかった場合における追加支出（通勤費用の増大等）
> ○ 就労に必要な公的な免許証や証明書等の再発行費用（再発行手続のための交通費を含む）等
> ○ 福島原発事故の影響により、職業訓練受講生の訓練先が変更となった場合における追加支出（転居費用等）
> ○ 離職等に伴う先行き不安、家族と離れて労務に従事するなどの心理的負荷に起因し、精神障害（うつ、PTSD等）に罹患した場合の実費（治療費等）
> ○ 離職等（長期の休業や自宅待機を含む）自体による職業的地位の喪失や家族と離れて労務に従事すること等に伴う精神的損害（慰謝料）等

(4) 損害額の算定方法

(ア) 逸失給与の算定方法

逸失給与とは給与等の減少分である。

中間指針では、給与等の減少分とは、原則として、就労不能等となる以前の給与等から就労不能等となった後の給与等を控除した額とされている。東

京電力の補償基準では、「従前の平均収入－現在の実収入」とされている。実際に、訴訟等の紛争に発展した場合の逸失給与等の算定は、休業における民事損害賠償の判例や自賠責保険の休業損害算定基準が参考にされよう。収入額には本給のほか、各種手当、賞与が含まれる。

(イ) 立証資料

逸失給与の立証資料としては、給与明細書、賃金台帳等があげられる。給与明細書、賃金台帳がない場合には、銀行振込履歴、徴税機関、社会保険機関、公共職業安定所の有する記録等あるいは、当該地域における賃金相場等により、逸失給与等を算出する

(ウ) 避難等区域内の事業所の休業等に伴う労働者の配置転換、離職等に伴う追加支出の算定方法

原則は、支出した実費である。離職や家族と離れて労務に従事するなどの心理的負荷により精神障害を発症した場合については、以下のとおり、民事損害賠償や自賠責保険算定基準を参考にして、損害額の請求を行うことも考えられる。

① 治療費：必要かつ相当な実費全額（通院費、付添費、雑費含む）
② 就労不能等損害：発症前の収入を基礎として、発症したことによって就労不能等になったことによる現実の収入減とする。
③ 後遺症による逸失利益：後遺症による労働能力の低下の程度、収入の変化等を考慮して算定する。
④ 慰謝料（傷害）：入・退院慰謝料表を基準として、妥当な金額を決定する。
⑤ 慰謝料（後遺症）：後遺障害等級（1～14級）ごとに定められた基準で支給する。

3 政府指示等の対象区域外に係る損害関係

(1) 損害の類型

政府指示等の対象区域外に係る勤労者の損害類型としては、①自主避難の場合の通勤不能による減収、②避難者の受け入れに伴う業務変更により休

業・離職等に至った場合の減収、③福島原発事故に直接的に起因するものに限らず、間接損害による勤労者の就労不能等に伴う損害および追加費用・慰謝料等、④風評被害による勤労者の追加費用・慰謝料等があげられる。

(2) 損害額の算定方法

中間指針では、政府指示等の対象区域外の勤労者の損害については何も示されていない。しかし、事故当初の時期に、自らのおかれている状況について十分な情報がなく、そのため大量の放射性物質の放出による被曝を回避するために自ら避難を選択したことは合理性のある行動であるといえ、少なくとも事故当初の時期に、自主避難して就労不能になった場合は、政府による退避等の指示等による就労不能になった場合と同様に考えてよいのではないかと考える。

4 損害発生の終期の考え方

同等の就労機会を確定的に回復した場合には、少なくともこれらを損害発生の終期とすることが考えられるが、中間指針では、この点について現時点ではあらためて検討することとされている。

XXVI 自主避難者

1 総 論

一般に「自主避難」とは、政府による避難等指示の対象区域外に居住する者が、放射線被曝の危険を回避するために、そこから離れた場所に避難することをいう。

自主避難者に係る損害（避難費用、就労不能等に伴う損害、精神的損害等）については、中間指針の対象とはされていない。しかし、避難等の判断時点における情報に基づき、避難等をしたことに合理性が認められれば、福島原発事故との間の相当因果関係が認められるべきことについては異論がない。原子力損害賠償紛争審査会においても、現在、新たな指針策定についての検

討が行われている[41]。

2　自主避難の合理性判断基準に関する審査会の検討状況

　平成23年9月21日に開催された審査会（第14回）において配布された「自主的避難に関する主な論点」と題する資料では、政府による避難等の指示等に関係なく自らの判断で自主的に行った避難を「自主的避難」と定義し、自主的避難の合理性を判断するための適切な基準について検討するとして、自主的避難を行った時期（事故当初か、事故後一定期間経過後か）により下記①②の2つに場合分けして、大要以下のとおり論点整理を行っている。
　①　事故当初の時期に、自らのおかれている状況についての十分な情報がないと考えたことから大量の放射性物質の放出による被曝を回避するために避難を選択した場合
　　ⓐ　自主的避難の合理性を判断する際に、区域（行政区域ごと、福島第一原子力発電所からの距離等）による具体的基準を設けることが可能か。
　　　行政区域ごとに検討する場合、考慮すべき要素として、事故発生地からの距離、実際の放射線量、自主的避難者数およびその人口比率等が考えられるのではないか
　　ⓑ　事故発生以降の原子炉建屋の状況、放射線量に関する情報、政府による避難指示等の対応の経過等を勘案して、自主的避難をした時期によって、その合理性を判断する基準とすることが可能か
　　ⓒ　損害項目について、自主的避難については、自ら避難を選択したことにより被害が生じた、また自主的避難をした者の住む地域には避難をせずに滞在していた者がいたという点で、政府による避難等の指示等の場合とは異なることを踏まえて、どのような損害項目を賠償の対象とすべきか
　　ⓓ　対象者の属性について、幼い子をもつ親や妊婦に係る自主的避難に

41　原子力損害賠償紛争審査会（第14回）資料2「自主的避難に関する主な論点」〈http://www.mext.go.jp/b2menu/shingi/chousa/kaihatu/016/shiryo/_icsFiles/afieldfile/2011/09/21/1311103_2_2.pdf〉。

ついては、それ以外の者が行ったものと分けて考える必要があるか
② 事故から一定期間が経過し、原子力発電所のプラントの状況も報道等を通じて事故当初より明らかにされ、一部の区域等（計画的避難区域、特定避難勧奨地点等）を除いて自らの生活圏内の放射線量も年間20ミリシーベルト以下と予測されることが確認されたが、少しでも被曝線量を低減させるために自主的避難することについてどう考えるか
　ⓐ 対象区域、対象時期について、政府が避難指示を行っていない放射線量年間20ミリシーベルト以下の地域のうち、通常よりも比較的高い放射線量の地域に居住する者が自主的避難をすることをどう考えるか
　ⓑ 損害項目および対象者の属性について、上記①ⓒⓓと同様の点をどのように考えるか

なお、前記（脚注41）資料「自主的避難に関する主な論点」では、「その他考慮すべき事項」として、ⅰ避難しなかった者との関係、ⅱ中間指針で示されている避難指示等に係る損害の範囲との関係をどう考えるか（避難指示等に関する損害の賠償を超えないようにすべきか等）といった事項があげられている。

3　自主避難の合理性判断基準（私見）

　自主避難の判断の合理性の有無を検討する際に忘れてはならない視点は、①避難行動が人の生命・身体の安全を目的としたものであり、要保護性が極めて高いこと、②放射線被曝（特に低線量被曝）の健康に対する影響に関する医学的・科学的知見が十分に解明されているとはいえない状況において、医師でも科学者でもない一般人としては、安全サイドに立って物事を判断せざるを得ないこと、③福島原発事故はいまだ収束しておらず、より深刻な事故が生ずるおそれも否定しきれないこと、である。

　前記（脚注41）資料「自主的避難に関する主な論点」においては、「自らの判断で自主的に行った避難」であることを強調して、賠償対象となる損害項目を限定しようとしているかにも読めるが、かかる見方は、福島原発事故がなければ一生考えることのなかったであろう上記のような事柄を（事故直

後は短期間の中で）必死に考え、葛藤の中でやむを得ず長年暮らした生活場所を離れる選択をしたという自主避難の実態に合致しないものと思われる。

また、自主避難の合理性の有無は、当該個人がその当時おかれていた状況（福島原発事故現場との距離、年齢、性別、家族構成、妊娠の有無、居住地域における放射線量の程度、累積被曝の状況等）、当時入手した情報（政府等が公表した情報に限らず、新聞・雑誌やインターネット上の情報等も含まれる）等に基づき、当時避難の判断を行ったことが、一般人を基準として合理的であるか否かにより判断されるべきである。この判断の中に、広く賠償を認めることによる人口流出の懸念、避難しなかった者との関係（なお、避難せずに滞在した者の精神的苦痛についても、別途損害賠償が認められるべきである）、避難指示に関する「年間放射線量20ミリシーベルト基準」を前提とした中間指針との整合性といった政策的考慮を持ち込むべきではない。

たとえば、平成23年3月12日15時36分頃に1号機において水素爆発が発生したが、枝野幸男官房長官（当時）は、同日午後の会見ではこれを「何らかの爆発的事象」とよび、単に「政府、東京電力、そして保安院、原子力安全委員会、総力を挙げて万全の対応に努めておりますので、落ち着いて対応をしていただきますよう、お願いを申し上げます」などとよびかけただけで、[42]水素爆発によってどの範囲に放射性物質が拡散すると予測されるのかについて、全く公開しなかった（文部科学省は、3月11日以降SPEEDIを緊急時モードにして単位量（1ベクレル）放出を仮定した場合の予測計算を行っていたが、3月23日まで秘匿していた）。また、[43]1号機水素爆発以前には、原子力発電所の水素爆発はチェルノブイリ原子力発電所の1件しかなく、これによってどの範囲までどのような危険が及ぶのかについて、一般人が正確に予測することなど不可能であった。ところが、3月13日には、「在日フランス大使館は13日、余震の可能性や福島第一原発での事故を踏まえ、首都圏にいるフランス人に対し、滞在すべき特段の理由がない場合は数日間、関東を離れるよう

---

42 http://www.kantei.go.jp/jp/tyoukanpress/201103/12_p.html
43 文部科学省サイト内「緊急時迅速放射能影響予測ネットワークシステム（SPEEDI）等による計算結果」〈http://www.mext.go.jp/a_menu/saigaijohou/syousai/1305747.htm〉。

同大使館のウェブサイトで勧告した」と報道された。細野豪志首相補佐官（当時）も、4月のテレビ番組において、ほとんど制御不能のところまで行ったこと、東京電力に常駐し一番危ないと感じたのは、深刻な事態に対応する手段がない時期が続いた15日、16日である旨を述べている。かかる状況であった以上、少なくとも水素爆発の前後から3月下旬頃までは、首都圏以北にいた者が自主避難したことには、一定の合理性が認められる余地があるのではないか。

なお、各地の放射性物質による汚染状況が相当程度明らかになってきた平成23年9月時点においては、居住区域で生活した場合における外部被曝量の予測値がどの程度となるかが、自主避難の合理性判断の際の重要な考慮要素となるものと考える。

そして、福島原発事故以前に国が採用していた公衆被曝量限度は年間1ミリシーベルトであり、この事実は重視されなければならないことに加え、自主避難の合理性の判断の際に看過してはならない視点である前記①ⓐⓑをも踏まえれば、少なくとも子供や胎児のように細胞分裂が盛んな者は、より放射線の影響を受けやすい以上、外部被曝量の予測値が年間1ミリシーベルトを超える場合には、子供や胎児を抱える家族の自主避難の判断には、一定の合理性があると認められるべきではないか。

さらに内部被曝をも考慮すると、外部被曝量の予測値が年間1ミリシーベルト未満であっても、特に子供や胎児を抱える家族の自主避難の判断には、一定の合理性が認められる余地があるのではないか。食品安全委員会による食品内の放射性物質の暫定規制値は、実効線量年間5ミリシーベルトを基準としている。暫定規制値上限の食品を摂取していると、それだけで年間1ミ

---

44 msn産経ニュースサイト内「仏大使館が首都圏のフランス人に関東を離れるよう勧告」〈http://sankei.jp.msn.com/world/news/110313/erp11031322390012-n1.htm〉。

45 http://www.j-cast.com/2011/04/16093318.html、http://datazoo.jp/tv/%E7%94%B0%E5%8B%A2%E5%BA%B7%E5%BC%98%E3%81%AE%E9%80%B1%E5%88%8A%E3%83%8B%E3%83%A5%E3%83%BC%E3%82%B9%E6%96%B0%E6%9B%B8/479307

46 食品安全委員会サイト内「放射性物質と食品に関するQ&A（6月13日更新）」〈http://www.fsc.go.jp/sonota/emerg/emerg_QA.pdf〉。

リシーベルトを超えてしまう事実は看過できないのである。

4 損害項目

　自主避難に合理性が認められる以上、政府による避難等の指示等に係る損害として中間指針に示されている項目を含め、少なくとも以下①から⑩の損害項目が、原則として福島原発事故と相当因果関係のある損害として認められるべきである。

　①　検査費用（人）
　②　避難費用（交通費・家財道具の移動費用・宿泊費・生活費の増加部分）
　③　一時立入費用
　④　帰宅費用
　⑤　生命・身体的損害
　⑥　精神的損害（避難生活等を余儀なくされたことによる精神的損害を含む）
　⑦　営業損害
　⑧　就労不能等に伴う損害
　⑨　財物価値の喪失または減少等による損害
　⑩　検査費用（物）

第6章

原子力損害賠償の請求手続

I 各手続の比較

1 現　状

　現時点で、被災者が福島原発事故による損害を塡補する手続としては、①東京電力に対する直接交渉(いわゆる「東京電力による本賠償」)、②平成二十三年原子力事故による被害に係る緊急措置に関する法律(以下、「仮払法」という)に基づく仮払金の請求、③原子力損害賠償紛争解決センター(以下、「原紛センター」という)における和解の仲介手続、④各単位会におけるADR手続、および、⑤訴訟・調停手続が考えられる。

2 東京電力に対する直接交渉(いわゆる「東京電力による本賠償」)

　前記各手続の比較にあたって、東京電力に対する直接交渉において留意すべき点をあげる。

(1) ポイント

　賠償金の受取りスピードの点において、東京電力の本賠償基準に基づいて直接請求する本手続の利用が最も早いといえる。

(2) 問題点

　東京電力は、法人、個人事業者の損害につき、阪神淡路大震災と比較し統

計的に分析をした結果を基とするとして、「本件事故」以外の要因（地震、津波等）による売上減少率を一律の割合で設定しており、各事案に応じた損害額が提案されないおそれがある。具体的には、福島県、茨城県、栃木県、群馬県に事業所が存在する観光業の風評被害については、一律20％、福島県に所在する事業所においてサービス業を提供する事業者については、一律3％、という売上減少率が設定されている（ただし、いずれも、平成23年3月から8月までの損害について）。

また、個人の損害については、請求書用紙が複雑かつ多量であることや、「合意書」に一切の異議・追加の請求を申し立てない旨の表記がなされていることに対し、批判が多く寄せられたため、4紙ものの「ご請求簡単ガイド」が配布され、訪問による相談の実施が予定されたり、「合意書」の当該文言が削除される等、改善されつつあるものの、東京電力は、中間指針に則った賠償基準を備えているため、各事案において、因果関係の有無や損害額に争いが生じた場合に、被害者個人でどこまで直接交渉ができるかという問題点がある。

3　比較一覧

〈表16〉に、前記各手続の概要をまとめ、比較する。

4　各手続の関係

〔図3〕に各手続の関係を図に示す。

〈表16〉 各手続の比較

	対象者	対象とされる損害	賠償額（仮払額）	手続利用に係る費用	支払窓口
①東京電力に対する直接交渉	すべての原子力損害の被害者	中間指針に則った賠償基準が存在する		ない	東京電力
②仮払法に基づく仮払いの請求・受領	福島県、茨城県、栃木県または群馬県の区域内の営業所または事業所で旅館業や旅行業等を行う中小企業者等	仮払金対象損害（いわゆる風評被害）	請求対象期間における事業の収益の減少額から本件事故以外の事由に起因して生じたと認められる額を控除した額の10分の5	ない	原子力損害賠償支援機構
③原紛センターの利用	すべての原子力損害の被害者	事案による		申立手数料および和解成立に係る手数料は不要	
④各単位会のADR手続の利用	同上	同上		申立手数料やあっせん成立等に係る手数料が必要	
⑤訴訟手続・調停手続	同上	同上		印紙代や郵券等が必要	

〔図３〕 各手続の関係

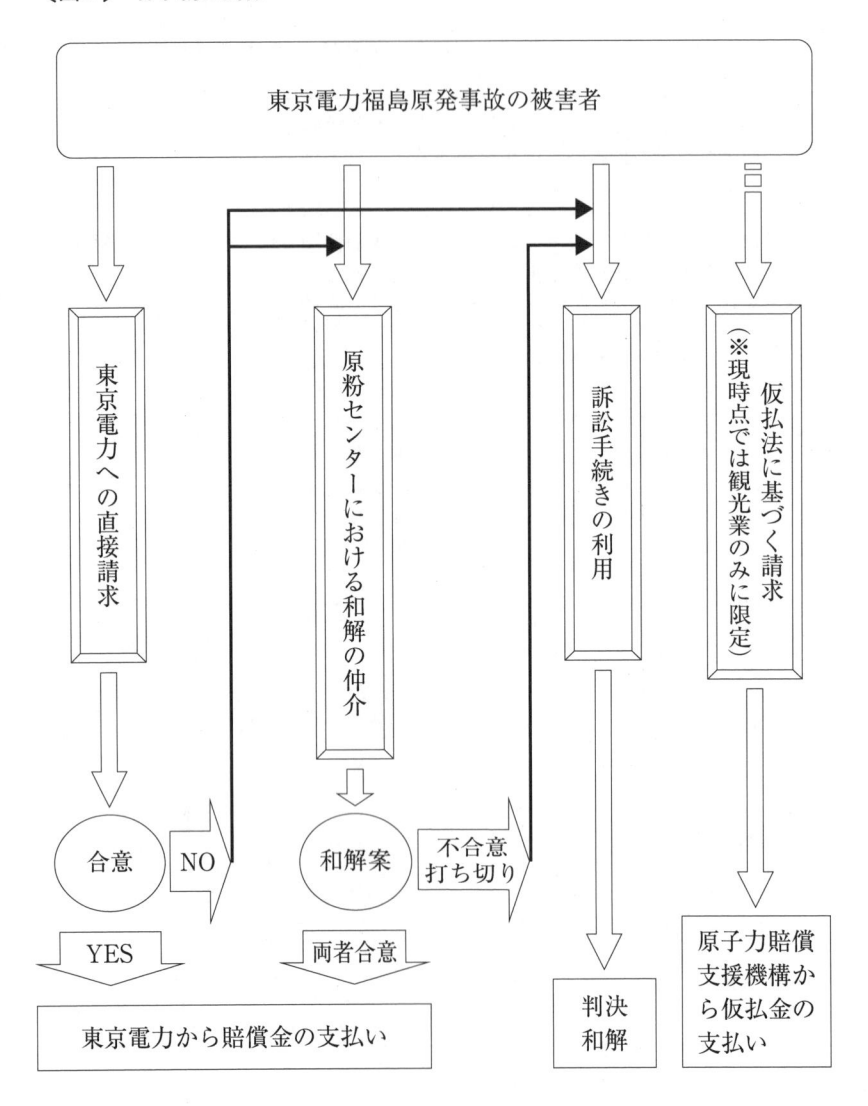

```
                   東京電力福島原発事故の被害者
                   │         │         │         │
                   ↓         ↓         ↓         ↓
           ┌─────┐ ┌─────┐ ┌─────┐ ┌──────────┐
           │東京電力への直接請求│ │原紛センターにおける和解の仲介│ │訴訟手続きの利用│ │仮払法に基づく請求（※現時点では観光業のみに限定）│
           └─────┘ └─────┘ └─────┘ └──────────┘
                │         │         │              │
                ↓         ↓         │              ↓
             ┌──┐ NO    ┌──┐    不合意        ┌────┐
             │合意│ ───→ │和解案│    打ち切り      │原子力賠償│
             └──┘       └──┘                  │支援機構か│
                │         │                    │ら仮払金の│
               YES      両者合意                │支払い   │
                ↓         ↓         ↓         └────┘
         ┌──────────┐      ┌──┐
         │東京電力から賠償金の支払い│      │判決│
         └──────────┘      │和解│
                                └──┘
```

II 東京電力との直接交渉(東京電力による本賠償)

1 概　要

　東京電力は、個人の被災者に係る損害について、平成23年9月12日に、請求書用紙等の発送および受付を開始し(平成23年8月30日付プレスリリース参照)、さらに同年10月12日、「ご請求簡単ガイド」の配布を始めた(平成23年10月11日付プレスリリース参照)。

　また、法人および個人事業主に係る損害については、平成23年9月27日から、請求用紙等の発送を始めた(同月21日付プレスリリース参照)。

2 東京電力の定める賠償基準

　東京電力は、公正かつ迅速な賠償を行う観点から、中間指針で示された損害項目ごとに賠償基準を策定し、それに基づいて賠償を行うという。そして、中間指針で示されていない損害項目についても、原賠法に基づき、相当因果関係の認められる損害については、中間指針および東京電力の賠償基準等を踏まえ、本賠償の協議をするとのことであるが、協議で合意に至らない場合には、別途、原紛センターや訴訟手続を利用せざるを得ない。

　なお、平成23年8月30日付プレスリリースにおける「主な損害項目における補償基準の概要」と同年9月21日付プレスリリースにおける「法人および個人事業主の方に関する主な損害項目における賠償基準の概要」という2つの基準の概要が公表されているところ、コールセンターからの回答によれば、2つの基準の概要のいずれにも記載されている損害項目については、後者の基準の概要のほうを参考にされたいとのことである。

3 対象期間

　個人、法人、個人事業主のいずれも、平成23年3月11日から同年8月末までの間に生じた損害が初回の請求対象となる。

平成23年9月1日以降に生じる損害については、3カ月ごとに請求する形となるということである。

この点、特に、法人や個人事業者の営業損害については、「店舗の賃借人が賃貸人の修繕義務の不履行により被った営業利益相当の損害について、賃借人が別の場所で営業を再開する等損害を回避又は減少させる措置をとることができたと解される時期以降における営業利益相当の損害については、その全てについて賃貸人に賠償を請求することはできないとした事例」（最判平成21・1・19民集63巻1号97頁）があるので、漫然と3カ月ごとの請求を繰り返していけばよいととらえるのは危険である。

4　受付窓口

すでに、後記5のとおり、本店に福島原子力補償相談室（コールセンター）が設置されているところ、平成23年9月12日付けで同室内に本賠償に係る書類の受付・確認および支払いに関する事務を行う「補償運営センター」が設置された。

あわせて、平成23年10月1日付けで福島県以外の東北地方各県における補償業務に的確に対応するため、「東北補償相談センター」を宮城県仙台市内に設置する予定とのことである。

そのほか、説明会、請求書等の配布、現地での説明・協議を行うため、福島、柏崎、栃木、群馬、茨城、埼玉、千葉、東京、神奈川、静岡にも、それぞれ補償相談センターが設置される予定とのことである。

また、東京電力は、平成23年10月11日、個別訪問による相談の実施や、説明会の開催、対面相談窓口の開設など、サポート体制の強化策を示した。

5　福島原子力補償相談室（コールセンター）

福島原子力補償相談室（コールセンター）は、平成23年4月28日に開設された。受付時間は、午前9時〜午後9時である（なお、電話番号は、0120－926－404）。

6　書類郵送先

東京電力に対し、本賠償の請求をする際には、東京電力の書式に則った請求書用紙を以下に郵送することとなる。

> ［書類郵送先］
> 〒105-8730　郵便事業株式会社　芝支店　私書箱78号
> （東京都千代田区内幸町1丁目1番3号）

7　東京電力による仮払い・支払窓口

(1)　位置づけ

前記本賠償に先立って、後記(2)のように、一定の範囲の被災者に対して、仮払補償金および追加仮払補償金が支払われた。

これら仮払補償金および追加仮払補償金は、最終的に、当該被災者と東京電力との間で支払うべき原子力損害が確定した段階で精算することとなるものである。

なお、個人に対する仮払補償金の支払いの受付けは、平成23年9月11日までで、同月12日以降に受け付けられた仮払補償金については、本賠償の請求があったものとして取り扱われる。また、法人および個人事業主に対する仮払補償金の取り扱いは、同月26日までで、同月27日以降に受け付けられた仮払補償金については、本賠償の請求があったものとして取り扱われる。

(2)　仮払補償金の支払い

東京電力による仮払補償金の支払いは、以下の〈表17〉のとおりに行われた。

<表17> 東京電力による仮払補償金の支払い

	個人		農林漁業関係者	中小企業	公益法人等
	原子力災害対策特別措置法15条3項に基づき「避難」、「屋内退避」が指示された地域等に住んでいる者（※原則として、住民票に基づいて住居実態を確認する）	①平成23年3月11日時点で、南相馬市に生活の本拠があり（左記を除く地域）、②南相馬市から一時避難の要請を受けたため、③避難、屋内退避を余儀なくされた者	中間指針「第5　政府等による農林水産物等の出荷制限指示等に係る損害について」に掲げる政府による出荷制限指示または地方公共団体が行う出荷または操業に係る自粛要請等があった区域における対象品目に係る営業損害	中間指針「第3　政府による避難等の指示に係る損害について」に掲げる政府による避難等の指示があった区域に事業所またはこれに準ずる営業設備を有する中小企業（農林事業者を除く）が被った営業損害	避難地域等に活動拠点等を有する医療法人、社会福祉法人、学校法人、特定非営利活動法人、宗教法人、更生保護法人、一般社団法人、一般財団法人、公益社団法人、公益財団法人、特例民法法人
仮払補償金	1世帯あたり100万円、単身世帯の場合には75万円（※世帯が対象）。	①1人30万円：平成23年6月10日時点で避難している者および避難後5月11日〜6月10日の間に帰宅した者 ②1人20万円：避難後平成23年4月11日〜5月10日の間に帰宅した者 ③1人10万円：避難後平成23年4月10日までに帰宅した者および屋内退避のみの者	平成23年3月12日から同年4月末までの損害について、対象となる損害の2分の1。	平成23年3月12日から5月末日までの粗利相当額の2分の1（ただし、上限額は250万円）。監査報告等の付された決算書または確定申告書およびその添付書類等を提出していない法人には、営業実態を証明する書類でもって、一法人あたり、20万円。	平成23年3月12日から5月末日までの収支差額相当額の2分の1（ただし、上限額は250万円）。法人登記簿、損益計算書あるいは収支報告書等を提出していない法人には、活動実態を証明する書類でもって、一法人あたり、20万円。

追加仮払補償金	① 1人30万円：平成23年6月10日時点で避難している者および避難後5月11日〜6月10日の間に帰宅した者 ② 1人20万円：避難後平成23年4月11日〜5月10日の間に帰宅した者 ③ 1人10万円：避難後平成23年4月10日までに帰宅した者および屋内退避のみの者（※世帯ではなく、個人が対象）		平成23年6月末までの損害について、対象となる損害の2分の1。		

III 「平成二十三年原子力事故による被害に係る緊急措置に関する法律」に基づく、原子力損害賠償支援機構による仮払い

1 平成二十三年原子力事故による被害に係る緊急措置に関する法律

(1) 沿革

本法律は、被害者の早期救済の観点に基づき、国による仮払金の迅速かつ適正な支払い等を行うために定められた法律であって、①国による仮払金の支払いと、②原子力被害応急対策基金を設ける地方公共団体に対する補助に関し必要な事項を定めるために、平成23年8月5日公布、同年9月18日に施行されたものである。

(2) 国による仮払金の支払い

国による仮払金の支払いは、原子力損害賠償支援機構に、支払いの請求の受付け、仮払金の額の算定、仮払金の支払いに関する事務が委託される形で行われる（仮払法8条3項、同法施行令5条、6条）。

原子力損害賠償支援機構は、①東京電力に損害賠償の履行にあてるための資金の交付等をし、②他方、当該資金を原子力事業者からの負担金や国債の発行、政府保証つきの借入れや債券発行により調達し、③さらに、被害者からの賠償相談窓口の設置等を行う機関である。

そして、原子力損害賠償支援機構は、資金援助を受けた原子力事業者の委託を受けて、当該原子力事業者に係る原子力損害の賠償の全部または一部の支払いができる（機構法55条1項）とされ、さらに、仮払法に基づき、主務大臣または仮払金の支払いに関する事務の一部を行う都道府県知事の委託を受けて、当該仮払金の支払いに関する事務の一部を行うことができるとされている（同条3項）。

(3) ポイント

仮払法施行令(平成23年9月16日公布、同月18日施行)により、仮払金対象損害が限定され、あわせて、仮払金額の簡易な算定方法も定められた(詳細は、後記2に記載)。

そこで、今後、機構法に基づく仮払金額の簡易な算定方法と東京電力による本賠償基準との間にどれほどの乖離が生ずるのか、一方が他方の算定方法や支払基準に擦り寄る形となっていくのか、といった点が注目される。

また、平成23年9月16日付文部科学省研究開発局原子力損害賠償対策室作成の「平成二十三年原子力事故による被害にかかる緊急措置に関する法律施行令案等に関する意見募集の結果について」によれば、東京電力による本賠償の支払いの進捗状況に応じ、仮払金の支払いの対象範囲を適宜見直す予定とのことである。

2 具体的な請求手続[1]

(1) 請求の対象となる地域

福島県、茨城県、栃木県、群馬県である。

(2) 請求の対象となる業種

上記(1)地域内の営業所または事業所において、本業として以下の観光業を営んでいる者である。

① 旅館業法2条1項に規定する旅館業
② 道路運送法3条1号ロに規定する一般貸切
旅客自動車運送事業としては、
③ 旅行業法2条1項に規定する旅行業
④ 主として観光客を対象とする小売業
⑤ 主として観光客を対象とする外食産業

---

[1] 文部科学省の「平成二十三年原子力事故による被害に係る緊急措置に関する法律に基づく国による仮払いの実施について」⟨http://www.mext.go.jp/a_menu/anzenkakuho/baisho/1311337.htm⟩において請求手続が記載されている。

(3) 請求対象期間

平成23年3月11日から同年8月31日である。

(4) 留意点

仮払法に基づく仮払金の請求にあたっては、「特定原子力損害に係る仮払金請求書①」の「【ご確認事項】)」の内容に同意する必要がある。なお、同意が必要な項目は全部で11項目ある。

(5) 申立てに必要な書類

請求書および戸籍謄本等その他資料を提出する必要がある。

(6) 請求書の提出先・提出方法

請求書は、下記の提出先に、郵送で提出しなければならない。

> 〒100-8959　東京都千代田区霞ヶ関3－2－2
> 特定原子力損害に係る仮払金請求書 受付窓口 宛

(7) 仮払金額の算定式

仮払金額の算定式は、以下のとおりである。(仮払法4条1項、同法施行令2条2項・3項、同法施行規則4条)。

> 仮払金の額
> ＝([請求対象期間における収益の減少額]－[東京電力福島原発事故以外の事由により生じたものと認められる相当な額])×5/10
> ＝([A×(M÷12)×{1－B÷{C×(M÷12)}}]－[A×(M÷12)×1÷5])×5/10
> 　　A：基準事業年度の請求対象事業に係る売上総利益の額
> 　　B：請求対象期間における請求対象事業に係る売上高の額
> 　　C：基準事業年度の請求対象事業に係る売上高の額
> 　　M：請求対象期間の月数（1ヵ月未満の端数期間は、その端数期間を切り上げ）

3　その他

(1) 国による仮払金の支払いと本賠償との関係

　国は、仮払金を支払ったときは、その額の限度において、当該仮払金の支払いを受けた者が有する特定原子力損害の賠償請求権を取得し、速やかに行使することとなる（仮払法9条2項・3項）。

　また、最終的に、特定原子力損害の賠償の額が確定した場合において、確定した金額が仮払金の額に満たないときは、仮払金の支払いを受けた者が差額を返還することで調整が図られる（仮払法10条）。

(2) 原子力被害応急対策基金

　仮払法に定められる事項のうち、原子力被害応急対策基金を設ける地方公共団体に対する補助についてであるが、地方公共団体が、地方自治法241条[4]の基金として、原子力被害応急対策基金を設ける場合には、国は、予算の範囲内において、その財源にあてるために必要な資金の全部または一部を当該地方公共団体に対して補助することができることとされている（仮払法14条）。

4　第241条　普通地方公共団体は、条例の定めるところにより、特定の目的のために財産を維持し、資金を積み立て、又は定額の資金を運用するための基金を設けることができる。
　2　基金は、これを前項の条例で定める特定の目的に応じ、および確実かつ効率的に運用しなければならない。
　3　第1項の規定により特定の目的のために財産を取得し、または資金を積み立てるための基金を設けた場合においては、当該目的のためでなければこれを処分することができない。
　4　基金の運用から生ずる収益および基金の管理に要する経費は、それぞれ毎会計年度の歳入歳出予算に計上しなければならない。
　5　第1項の規定により特定の目的のために定額の資金を運用するための基金を設けた場合においては、普通地方公共団体の長は、毎会計年度、その運用の状況を示す書類を作成し、これを監査委員の審査に付し、その意見を付して、233条5項の書類とあわせて議会に提出しなければならない。
　6　前項の規定による意見の決定は、監査委員の合議によるものとする。
　7　基金の管理については、基金に属する財産の種類に応じ、収入もしくは支出の手続、歳計現金の出納もしくは保管、公有財産もしくは物品の管理もしくは処分または債権の管理の例による。
　8　第2項から前項までに定めるもののほか、基金の管理および処分に関し必要な事項は、条例でこれを定めなければならない」。

IV 原子力損害賠償紛争解決センター（原紛センター）によるADR手続

1 原紛センターの概要

　原紛センターは、福島原発事故の被害者による原子力事業者に対する損害賠償請求について、円滑、迅速、かつ公正に紛争を解決することを目的として、文部科学省の原子力損害賠償紛争審査会（以下、「原紛審査会」という）の下に設置された公的な裁判外紛争解決機関である。

　福島原発事故を受けて、平成23年4月11日に、原紛審査会が時限的な審査会として設置された[5]。

　原紛審査会の所掌事務は、①原子力損害の賠償の指針を策定するとともに、②原子力損害の賠償に関する紛争について和解の仲介を行うこと、③①、②に掲げる事務を行うため必要な原子力損害の調査および評価を行うこと（原賠法18条2項各号）である。

　原紛審査会の審査会の組織および運営並びに和解の仲介の申立ておよびその処理の手続に関しては、原賠法18条3項に基づき、原子力損害賠償紛争審査会の組織等に関する政令（以下、「審査会組織令」という）において定められているが、審査会組織令に基づき、原紛審査会の和解の仲介の申立ての処理等に関し必要な事項を定めた「原子力損害賠償紛争審査会の和解の仲介の申立の処理等に関する要領」（平成23年8月5日原子力損害賠償紛争審査会決定。以下、「要領」という）6条に基づき和解の仲介の手続を実施する組織を「原子力損害賠償紛争解決センター」と呼称することとされたものである。

　平成11年9月30日に発生したJCO臨界事故では、3名の従業員が亡くなり、賠償対象は約7000件、賠償総額は約154億円といわれたところ、原子力

---

[5] 「原子力損害賠償紛争審査会の設置に関する政令」（平成23年4月11日政令第99号）によりおかれた（公布日と同日に施行）。東海村のJCO臨界事故の際にも時限的に設置された。

Ⅳ 原子力損害賠償紛争解決センター（原紛センター）によるADR手続　　**245**

損害賠償紛争審査会に和解の仲介手続の申立てがなされたのは、2件であったが[6]、福島原発事故においては、多数の和解仲介の申立てがなされることが想定されたため、従来の和解仲介の手続を改めて、より多くの申立てに耐えうるように原紛センターが設置されたものである。

原紛センターにおいては、当事者間の和解交渉を仲介することにより、原子力発電所の事故に関する紛争を解決する。具体的には、中立・公正な立場の仲介委員が、申立人と相手方の双方から事情を聴き取って損害の調査・検討を行い、双方の意見を調整しながら、和解案を提示するなどして、当事者の合意（和解契約の成立）による紛争解決を目指す。

2　受付開始日・申立書の提出先

平成23年9月1日より受付が開始された。報道によれば、原紛センター東京事務所の開所初日（平成23年9月1日）に6件の和解仲介申立てを受理したとのことである。

申立書は、原則として、郵送で原紛センター東京事務所宛てに提出する必要がある（下記参照）。

［センター所在地、申立書受付送付先］
　　　　〒105-0004　東京都港区新橋1-9-6（COI 新橋ビル3F）
［和解仲介手続についての問合せ先］　0120-377-155
［URL］　http://www.mext.go.jp/a_menu/anzenkakuho/baisho/1304756.htm

---

3　対象となる紛争

原紛センターで解決できる紛争は、原子力発電所の事故により損害を被った被害者の原子力事業者（東京電力）に対する損害賠償に関するものに限定されている。すなわち、東京電力に対する、原子力発電所の事故に基づく損

6　文部科学省「JCO臨界事故における賠償の概要」。

害賠償に関する紛争が対象となる。

損害賠償以外の紛争（差止め等）は対象とならない。

なお、原紛センターへの和解の仲介申立ては、「請求」（民法147条1号）ではないため、時効中断効はないので留意が必要である。

4 原紛センターの紛争解決手続

(1) 和解の仲介手続

中立・公正な立場の仲介委員が、申立人と相手方の双方から事情を聴き取って損害の調査・検討を行い、双方の意見を調整しながら、和解案を提示するなどして、当事者の合意（和解契約の成立）による紛争解決を目指す（原子力損害賠償紛争解決センター和解仲介業務規程（以下、「業務規程」という）参照）。

(2) 申立書の提出

申立書には、以下の事項を記載しなければならない。なお、原紛センターが用意した申立書の様式があるが、必ずしもこの様式による必要はない。

① 審査会組織令5条に定める事項
　ⓐ 申立人の氏名または名称および住所または居所並びに法人について代表者の氏名
　ⓑ 当事者の一方から和解の仲介の申立てをしようとするときは、他の当事者の氏名または名称および住所または居所並びに法人については代表者の氏名
　ⓒ 和解の仲介を求める事項および理由
　ⓓ 紛争の問題点および交渉経過の概要
　ⓔ 申立ての年月日
　ⓕ その他和解の仲介に関し参考となる事項
② センターから通知を受けるべき指定通知場所（業務規程9条）
③ 代理人によって申立てをするときは、代理人の氏名および住所

7　平成23年9月13日、郡山市方八町の郡中東口ビルに開所。

④　前各号に定めるもののほか、総括委員会が定めた事項
   (3)　**開催場所**
　和解仲介手続（和解仲介パネル）は、東京事務所または福島事務所（郡山市）[7]になるが、利用者の利便性を考え、被害者の多くが避難している市町村（福島市、相馬市、新潟市など）においても開催が予定されているとのことである。
   (4)　**審理・終結**
　書面審理が原則であるが、当事者の双方または一方から面談により直接に意見を聴く必要があると認めるときは、口頭審理による。また、場合によっては、電話会議を利用したり、東京や郡山の事務所以外の場所に仲介委員が出張して口頭審理を行うことも予定されている（業務規程24条）。
　最終的には、仲介委員により、和解案が提示され、両当事者が和解の合意に至るか、または、和解の仲介の打ち切りにより、本手続が終了する。
　なお、両当事者が和解の合意に至った場合であるが、当該和解契約書には確定判決と同一の効力はない。
   (5)　**原紛センターの紛争解決手続の特徴**
　原紛センターの紛争解決手続の特徴としては、「円滑」「迅速」「安価」「秘密」「適正かつ公平」を旨とし、中間指針を基準としている。
   (6)　**原紛センターを利用するメリット**
　原紛センターを利用するメリットとしては、下記①から⑤があげられる。
① 　手続の円滑：事案を限定し、速やかな和解に向けた手続を目指している。
② 　早期解決：申立受理から3カ月程度をめどに和解による紛争解決に努める。東京電力との交渉前置が求められているわけではない。
③ 　安価：申立てに関する手数料はない。なお、弁護士を依頼した場合の弁護士費用は各自負担とされるが、「損害」として認められる余地もあり得る。
④ 　秘密性：手続は非公開であり、仲介委員には守秘義務が課せられている。

⑤ 適正かつ公平な解決：仲介委員により、中間指針を基準に中立・公正に運用される。

(7) 相手方（東京電力）が出席しない場合

仲介手続は終了することとなるが、現時点において、不出頭の対応がとられることはない見込みである。

5 審査会組織令改正前後の原子力損害賠償紛争審査会の比較

(1) 改正前

これまでの原紛審査会では、和解の仲介の手続を行うために、「委員」がおかれ、委員の人数も10人以内とされていた。

あわせて、原子力損害の調査および評価を行う「専門委員」がおかれていた。

(2) 改正後

平成23年7月27日より、改正された審査会組織令が施行され、新たに、和解の手続に参与するための「特別委員」と「仲介委員」が新設されることになった。

具体的には、
① 特別委員を和解の仲介の手続に参与させる。
② 1人または2人以上の委員または特別委員が事件ごとの和解の仲介手続を実施する（これを「仲介委員」とよぶ）。
③ 2人以上の仲介委員が和解の仲介の手続を実施する場合には、当該和解の仲介の手続上の事項は、仲介委員の過半数で決する。

という形になる。

仲介委員は、100名まで増員される予定である。

6 統括委員会

(1) 意　義

原紛センターには、会長が指名した委員または特別委員で組織される「統括委員会」が設置される（要領1条、2条参照）。

統括委員会は、
① 事件ごとの仲介委員の指名
② 仲介委員が実施する業務の総括
③ 和解の仲介手続に必要な基準の採択・改廃
の業務を行う。

これは、ⓐ原紛審査会との連絡は統括委員会のみが行うことにより、同審査会の中での原紛センターの独立性を保つとともに、ⓑ福島原発事故は、1つの事故に起因する集団紛争解決であって、相手方は東京電力のみであり、さらに中間指針も出されているため、各和解パネルにおける和解につき、ある程度の基準の統一性を図るための組織である。

(2) 人　員

3名（総括委員長、総括委員2名）で構成され、学識経験のある裁判官経験者・弁護士・学者から選任される。

7　原子力損害賠償紛争和解仲介室（「和解仲介室」）

「原子力損害賠償紛争和解仲介室」が統括委員会の下におかれ、①事務局機能を務めると同時に（要領7条）、②各和解パネルをサポートし、さらには、③調査官をおくことでシンクタンク的機能も努めることとなる。

8　和解仲介パネル

和解仲介パネルは、弁護士等の仲介委員が、当事者間の合意形成を後押しすることで、紛争の解決を目指す和解の仲介の場のことである。

9　今　後

原紛センターの手続は、あくまでも、裁判外の紛争解決手続であるため、東京電力との賠償交渉がまとまらない被害者が、原紛センターを利用するか、直ちに訴訟を利用するかは、被害者の選択による。

また、原紛センターにおいて、将来損害がどのように取り扱われるかは注

目されるところである。おそらく、場合によっては、見込みで将来損害も含めた和解案が提案されることもあり得る。さらには、中長期的な将来にわたる損害について、いずれかの時点で、現在価値に割り戻した損害額に基づき、和解案が提案されることもあり得る。

さらに、原紛センターは、前記のとおり、統括委員会をもって各和解仲介パネルにおける和解の基準の統一性を図ることが予定されているものの、当該基準と、中間指針や東京電力による本賠償基準とは、併存するものであり、その後、訴訟となった場合に、裁判所がどのような結論を出すか、当該裁判例を踏まえて原紛センターがどのように動いていくかは、注目されるところである。

加えて、平成23年10月以降の注目点としては、原紛センターの和解仲介手続において、弁護士費用が損害として認められるのかという点があげられる。訴訟においては、不法行為に基づく損害の1割程度が弁護士費用として認められるところ、他方、和解においては、弁護士費用は各自負担が慣行となっており、和解と訴訟の中間に位置づけられる原紛センターの和解仲介手続において、どのような姿勢が示されるかは注視したい。

V 訴訟手続

訴訟手続は、通常の損害賠償請求訴訟と変わりない。すなわち、前記のとおり、現状、原紛センターでの和解仲介手続の前置が義務づけられているわけではないので、原紛センターを経ずに、直ちに訴訟を提起しうる。

もちろん、訴訟に先立って、または同時に、民事保全手続もとり得る。

また、訴訟ではなく、調停申立ても可能である。

以下、訴訟手続について記載する。

1 土地管轄

(1) 原賠法3条1項本文に基づく損害賠償請求訴訟の管轄

原賠法3条1項本文に基づく損害賠償請求の相手方は、「原子力事業者」

である。

　よって、民事訴訟法4条1項および4項に基づき、原子力事業者の主たる事務所または営業所の所在地を管轄する裁判所に訴訟提起すればよい。

　ちなみに、東京電力の本店所在地は、東京都千代田区内幸町1丁目1番3号であるので、東京地方裁判所に訴訟提起することとなる。

　また、損害賠償債務の支払地（民事訴訟法5条1号）または不法行為地（同条9号）にも管轄が認められるので、被害者の住所地を管轄する裁判所に訴訟提起することもできる。

　東京地方裁判所と被害者の住所地を管轄する裁判所のいずれの裁判所に訴訟提起をするかは、訴訟に係る費用を踏まえて、原告の判断に委ねられる。

(2) 不法行為に基づく損害賠償請求訴訟の管轄

　民法709条に規定される不法行為に基づく損害賠償請求訴訟を提起する場合も、前記(1)と同様である。

(3) 国家賠償法1条1項に基づく損害賠償請求または同法2条1項に基づく損害賠償請求訴訟の管轄

　国家賠償法については、原賠法との法条競合の問題があるが、かりに、国家賠償法1条1項に基づく損害賠償請求または同法2条1項に基づく損害賠償請求をする際には、①国を被告とする場合には、法務省の所在地である東京地方裁判所（民事訴訟法4条6項）、②地方公共団体を被告とする場合には、当該地方公共団体の主たる事務所の所在地を管轄する裁判所に訴訟提起をする。

　また、前記(1)と同様に、被害者の住所地を管轄する裁判所に訴訟提起することもできる。

2　事物管轄

　請求する損害額が140万円以下であれば、簡易裁判所に訴訟提起することもできる（裁判所法33条1項1号）。

　もっとも、地方裁判所に裁量移送される可能性が考えられる（民事訴訟法18条）。

第7章 福島原発事故による原子力損害の具体的事例の検討

　以下の設問および討論は、平成23年9月9日に行われた紫水会のシンポジウム「福島原発事故による原子力損害」における、パネルディスカッション（約90分）の内容に若干の修正を加えたものである。

　なお、本章の文責は、シンポジウムの司会を務めた橋本副孝、パネリストを担当した大橋正典、渡邉雅之、山口雅弘に帰属する。

第1問：原賠法の責任集中原則に関する質問

(1) **事前の国の政策の誤りに基づく国家賠償請求**

　福島第一原子力発電所では、地震後に外部電源が切れ非常用電源も起動しない状態が続いて事故が拡大した。「発電用軽水型原子炉施設に関する安全設計審査指針」（平成2年に原子力安全委員会によって改定されたもの）の、「電源喪失に対する設計上の考慮」には、全交流電源が短時間喪失した場合に、原子炉冷却を確保できる設計であることとだけ書かれ、その解説で、長期間の電源喪失は「送電線の復旧または非常用交流電源設備の復旧が期待できるので考慮する必要はない」としていたことが一因となっているといわれている。X（東京電力に対して原賠法に基づき原子力損害の賠償請求ができる者）は、これを理由に、国に対して国家賠償請求をすることはできるか。

(参考)

○ 発電用軽水型原子炉施設に関する安全設計審査指針（平成2年8月30日原子力安全委員会決定〔一部改訂〕（平成13年3月29日）原子力安全委員会）[1]

指針27．電源喪失に対する設計上の考慮

原子炉施設は、短時間の全交流動力電源喪失に対して、原子炉を安全に停止し、かつ、停止後の冷却を確保できる設計であること。

〔解説〕

長期間にわたる全交流動力電源喪失は、送電線の復旧または非常用交流電源設備の修復が期待できるので考慮する必要はない。非常用交流電源設備の信頼度が、系統構成または運用（常に稼働状態にしておくことなど）により、十分高い場合においては、設計上全交流動力電源喪失を想定しなくてもよい。

【司会】　この問題の趣旨について、Aさん、ご説明をお願いします。

【A】　本問は、原賠法による「責任集中原則」と国家賠償法に基づく国家賠償請求の関係を問う質問です。

　原賠法3条1項は、原子力事業者は「原子炉の運転等」と相当因果関係がある「原子力損害」について損害を負うと定めています。「責任集中原則」は、この原子力損害を原子力事業者のみが損害賠償責任を負う原則のことをいいます。この「責任集中原則」は、「無過失責任」「無限責任」と並ぶ原賠法上の損害賠償責任の特徴です。条文を読みますと、4条1項ですが、「前条の場合においては、同条の規定により損害を賠償する責めに任ずべき原子力事業者以外の者は、その損害を賠償する責めに任じない。」と規定されています。

　そうすると、事故の拡大、損害の発生について、国に落ち度があったとしても、国は、原子力損害に関して被害者に対して一切責任を負わないという

---

[1] 原子力安全委員会サイト内〈http://www.nsc.go.jp/shinsashishin/pdf/1/si002.pdf〉。

ことになりそうですが、それでよいのかを問う問題ということになります。

【司会】　わかりました。検討しなければならない問題がたくさんありそうです。まず、議論の前提として、原賠法が、責任集中原則を採用した理由が問題になりますが、この点のご説明をお願いできますか。

【A】　理由について、立案担当者は、原賠法についての唯一のコンメンタールである「原子力損害賠償制度」という書籍の中で、2つのことをいっています。第1は、被害者の保護で、責任を集中させることにより、被害者が賠償請求の相手方を容易に認識することができるようになるというものです。つまり、被害者は、原子炉のメーカーが誰であるとか、資材を供給した会社がどこであるとかを考えずに、原子力事業者を訴えればよいというわけです。第2は、原子力事業者と取引関係にある者（たとえば、機器等を提供している関連事業者）の地位が安定せしめられ、それによって原子力事業の発展を図ることができるようになるというものです。巨大な賠償責任を恐れて、メーカー等が原子力関連設備などを供給してくれないという事態を避ける目的があります。

もちろん、関連事業者を原子力事業者との関係でも免責するというわけではなく、原賠法5条では、故意による場合に限ってはいますが、原子力事業者から求償を受けることになっています。

【司会】　この原則は、世界的に普遍的なものでしょうか。

【A】　はい。責任集中原則は、原子力損害賠償に関する改正パリ条約、改正ウィーン条約、補完条約などの国際条約や、フランス、スイスなど他の国の原子力損害賠償制度においても同様にとられているところです。

日本の原賠法のモデルとなったとされる米国のプライス・アンダーソン法では、不法行為法が各州の権限とされていることとの関係で、これとは異なる経済的責任集中という対策がとられていますが、実質的には責任集中と大きく異ならないものといわれています。

2　科学技術庁原子力局監修『原子力損害賠償制度』12頁。文部科学省のサイトでも同種の説明を掲載している〈http://www.mext.go.jp/a_menu/anzenkakuho/faq/1261352.htm〉。

3　損害保険との関係も考慮要素として指摘されることがあるが、ここでは省略する。

この責任集中原則に関しては判例があります。それは、東海村のJCOの臨界事故に関する損害賠償訴訟に関する水戸地裁の判決です（水戸地判平成20・2・27判時2003号67頁）。この判決では、原賠法4条1項が、「原子力事業者以外の者が責任を負わないことを明記しているため、……原子力事業者に該当しない被告住友金属鉱山……に対しては、……民法を含むその他のいかなる法令によっても、当該損害の賠償をすることはできない」としています。なお、この判断は控訴審（東京高判平成21・5・14判時2066号54頁）でも是認されています。

【司会】　わかりました。もう1つの前提問題として、責任集中原則に立ったとされる立法が行われているにもかかわらず、東京電力に対する賠償請求に加えて、あえて、国家賠償請求をするという意味または理由はどのようにとらえたらよいでしょうか。

【A】　2つの側面があります。1つは資力の問題です。確かに、現状では、機構法の成立もあり、当面、東京電力の倒産危機もなくなり、仮払いも滞りなく行われているので、あえて困難を侵して国に対して請求しなくてもよいのではないかとも考えられます。福島原発事故による損害は、数兆円から数十兆円の規模といわれます。しかし、原賠法上は、1事業所あたり1200億円を上限とする補償措置が講じられているだけです。したがって、これと東京電力の資力での賠償では明らかに資金的に不足しています。

　他方、原賠法16条は、そのような場合に、必要があると認めるときは、原子力事業者に対して、原子力事業者が損害を賠償するために「必要な援助」を行うものとしています。しかし、これは国の義務として行うものではありませんし、この援助を行うためには、必要性を含めて、国会の議決を経ることが必要となります。したがって、その場合の支援は、被害者の損害を全額賠償するものにはならない可能性も否定できません。

　これに対して、国の法的責任が認められれば、国には被害者への積極的な賠償なり支援が求められますから、国の姿勢が大きく変化し、補償が大きく前進することが期待できると考えます。

【司会】　それでは、国の賠償責任に関する論点に入りましょう。まず、国に

過失があるという前提で議論をしてみます。Ｃさん、いかがですか。

【Ｃ】　原賠法の文言や成立経緯をみる限り、国に対する請求を認めることは困難だと思います。まず、立案担当者は、先ほどのコンメンタールに次のように書いています。第３条では、原子力損害につき、原子力事業者に無過失責任を課しているが、その「損害の発生につき原因を与えている他の者が民法又は他の法律（国家賠償法、自動車損害賠償保障法等）に基づいて責任を有する場合は、これらの者もまた……賠償責任を有するものとみなされる余地がある。そこで、本項において、とくにその他の者は一切責任を有しない旨を明白にしたものである」[4]。

また、責任集中原則が、当時のプライス・アンダーソン法を参照して採用されたものであることや、現在でも国際的な原則でもあること（各国では、賠償措置額が、損害賠償の上限額とされていることが多いとのことです）などの事情もあります。さらに、この原則を前提に、必要な損害賠償額が賠償措置額を超えるときは、国が必要な援助を行うとの条項が原賠法16条におかれていますし、同法23条は、国に対する適用除外の規定ですが、ここには同法４条１項は入っていません。これからすると、原賠法の基本的な考え方ははっきりしているように思われます。

その意味で、本問のように、国の落ち度が一因となったとしても、責任集中原則によって国家賠償請求はできないということになると思います。

【Ｂ】　確かに原賠法上は、そのように受け取れそうですが、私は、この責任集中原則は、国賠法に基づく国家賠償請求を妨げるものとして違憲となると考えております。条文的には、憲法17条ですが、「何人も、公務員の不法行為により、損害を受けたときは、法律の定めるところにより、国又は公共団体に、その賠償を求めることができる」と規定しています。

【Ｃ】　その議論は大変興味があります。通説は、憲法17条はプログラム規定であり、立法者に対する命令を意味するにとどまり、法規範性はないとしてきていますが、それとの関係を説明してください。

4　科学技術庁原子力局・前掲（注２）59頁。

【B】　憲法17条は「法律の定めるところにより」としており、具体的な法律の定めに従うように読めなくもありません。通説とされてきた17条に関するプログラム規定説は、これを根拠に、国家賠償法制定前には、国に対する損害賠償請求権はないと説明していました。しかし、現在では、この規定は、抽象的権利を定めた規定と解する説が有力です。[5]

　また、本問で強調したいのは、本件は、国家賠償法が制定され、公務員の不法行為責任について国が責任を負うという具体的な規定ができた後に、原賠法がこれを免責するかのような規定をおいたという経緯です。つまり、国家賠償法という法律の規定により国の賠償責任は、憲法に根拠を有する具体的権利となっているわけですから、これを免責するかのような原賠法4条1項は、その限りで憲法違反として無効となると解することができるのではないかと思います。

【司会】　Bさん、例の郵便法による責任制限の合憲性についての大法廷判決との関係を説明してください。

【B】　その判決は、最大判平成14・9・11民集56巻7号1439頁で、「特別送達郵便物について、損害賠償責任が認められる場合を郵便物を亡くした場合等に制限した郵便法を違憲とした判決」のことです。ご存知の方が多いと思いますが、重要な判決なので簡単に紹介しますと、この判決の法廷意見は「憲法17条は、……国又は公共団体が公務員の行為による不法行為責任を負うことを原則とした上、公務員のどのような行為によりいかなる要件で損害責任を負うかを立法府の判断に委ねたものであって、立法府に……白紙委任を認めているものではない」とし、免責・責任制限規定の合憲性いかんは、「当該行為の態様、これによって侵害される法的利益の種類及び侵害の程度、免責又は責任制限の範囲及び程度等に応じ、当該規定の目的の正当性並びにその目的達成の手段として免責又は責任制限を認めることの合理性及び必要性を総合的に考慮して判断すべき」としています。

　ここからすれば、憲法17条は、不法行為責任を国が負うことを前提とした

5　樋口陽一ほか『注解法律学全集1憲法Ⅰ』358頁〔浦部法穂執筆〕。

ものであり、これに反する法律は立法府の裁量の範囲を逸脱しているものと構成できるように思います。

【司会】　判決には無効となる基準として、目的の正当性と、それを達成する手段（規制）の合理性・必要性が指摘されていますが、本件にあてはめるとどうなるのでしょうか。

【B】　まずは、原賠法の責任制限の目的が何かということになりますが、先ほどのAさんの説明では、被害者のために請求先を特定するという機能と、原子力産業に携わる関連事業者の地位の安定を目指したものということでした。

　これから考える限り、国に対する損害賠償請求ができることとされたからといって、この2つの目的が達成できないとは考えられないと思います。これに対して、被害住民や国民の受ける被侵害利益や侵害の程度は重大です。それにもかかわらず、国家賠償の途を全くふさいでしまう原賠法4条は、手段としての必要性や合理性に欠けるといってよいのではないかと思います。

【A】　非常に素朴な疑問なのですが、国家賠償法に基づく国家賠償請求は、違憲説によらなければできないものでしょうか。原賠法の責任集中原則は、被害者の保護と原子力事業関係者の地位の安定にあるというわけですから、その射程距離はその立法趣旨の範囲に限られると解する余地はないのでしょうか。かりにそれが許されるとすれば、憲法論を持ち出すまでもなく、国家賠償法に基づく国家賠償請求が認められることになるのではないかと思います。もちろん、その場合には、たとえば先ほどの原賠法23条の国に対する適用除外の規定に4条1項が含まれない理由を説明しなければならなくなりますが、それはある意味当然のこととして規定されていないという説明になるのではないかと思います。

　したがって、本問のように、誤った行政指導等により原子力発電所の事故が発生したという場合には、責任集中原則の適用の前提を欠くので、国家賠償請求ができると考えております。立案担当者の説明が必ずしもすべてが正しいというわけではないと思います。

【C】　いわれていることはわかりますが、原賠法の条文で明確に規定してい

る責任集中原則の適用を、立法趣旨の解釈だけで制限するというのは解釈論として弱いと思います。また、原賠法23条の解釈は相当に無理な感じがします。

【司会】　今、①国家賠償法適用除外説、②国家賠償法の適用が憲法を介してできるようになるという説、③国家賠償法当然適用説の３つの考え方が出ました。まだほかにも考え方はありうるとは思いますが、かりに国家賠償法の適用は排除されないという立場に立った場合ですが、同法の具体的な適用はどのようなものになるのでしょうか。

【Ａ】　損害賠償は、国家賠償法１条によることになります。同法１条１項は、「国又は公共団体の公権力の行使に当る公務員が、その職務を行うについて、故意又は過失によって違法に他人に損害を加えたときは、国又は公共団体が、これを賠償する責に任ずる」と規定しています。

　そこで、この「公務員」を誰ととらえるかが問題ですが、安全設計審査指針は原子力安全委員会が策定したものですが、同委員会は、日本の行政機関の１つで、内閣府の審議会の１つと位置づけられており、委員は、特別職の国家公務員とされていますから、公務員にあたりそうです。そして、その役割は、原子力利用の安全の確保のための規制に関し、企画し、審議し、決定することとされていますから、実質的にも公権力の行使に当たる公務員といえるように思います。

　また、核原料物質、核燃料物質及び原子炉の規制に関する法律（原子炉等規制法）では、原子炉設置許可は主務大臣の権限とされ、その安全性を確保するためのさまざまな規制権限が付与されていますので、この誤った指針に基づいて福島第一原子力発電所の設置許可をし、または誤った指針をそのまま放置し適用するなどにより、その規制権限を適切に行使しなかった等の事実を基に、主務大臣を「公務員」ととらえるべきではないかとの考えもあり得ます。この点はなお検討課題と思います。

【Ｂ】　それと関連して、原子力発電所の事故の原因をどうとらえるかという問題があります。設問の安全設計審査指針は、原子炉の設置許可申請等に係る安全審査において、安全性確保の観点から設計の妥当性について判断する

際の基礎を示すことを目的としています。そして、この指針の意義、解釈をより明確にしておく等の趣旨で「解説」が出されました。

　指針には、問題文にあるとおり、短時間の全交流動力電源の喪失に関してしか書かれていないわけですが、解説では、「長期間にわたる全交流動力電源喪失は、送電線の復旧又は非常用交流電源設備の修復が期待できるので考慮する必要はない」とされているわけです。

　報道されているとおり、福島第一原子力発電所の事故では、送電線の鉄塔が倒れるなどの原因で長時間、外部電源が途絶え、非常用ディーゼル発電機も津波でほとんどが浸水し、炉内の核燃料を冷やせず炉心溶融を引き起こしました。福島原発事故の一因は、国の基準の誤りが原因であったといわれるゆえんはこの点にあります。

　もっとも、福島第一原子力発電所の1号機から4号機までが設置された昭和40年代には、どういう指針なり安全基準が適用されていたのかという点は確認の必要があります。

【司会】　その点で、国の規制に誤りがあり、それが福島原発事故の一因であったとして、国の「過失」をどうとらえますか。

【Ｂ】　送電線の鉄塔の倒壊は地震によるものですし、発電機の問題は津波によるものです。そこで、この種の全電源喪失を引き起こす事態をいつの段階で考慮しなくてはならないことが専門家の間で認識されるようになったのかを調査する必要があります。平成23年8月25日の報道では、東京電力は、平成20年6月の時点で、福島県沖でのマグニチュード8クラスの地震が発生する可能性があり、その場合の津波の遡上高さを1～4号機で15.7メートルとしていたことを知っていたとされていますし、米国の原子力規制委員会は、20年以上前に、福島型を含むいくつかの原子炉について、地震により発電機の破損等の故障が起きて、高い確率で冷却機能不全が起こることをレポートで警告していました。また、平成18年には、国会質問において、福島第一発電所を含む43基の原子力発電所について、地震により送電線が倒壊するなどして電源喪失状態等が起こり、炉心溶融に至りうることが指摘されていた事実があります。したがって、国の誤った指導（解説）を過失と構成できる事

実を今後調査する必要があると思います。

【司会】 原子炉等規制法等をみても、安全性をいつの段階で見直すのか、その場合、見直した基準をどのように既設の原子力発電所に適用させていくのか、という点がはっきりしていないように思います。そういう意味を含めて、いつの段階をとらえて、指針を見直さず、また対策をとらなかった国が悪いという形で不作為の違法をいうのかというのは、難しい問題になりそうですね。なお、本問に関しても、東京電力と国の賠償義務の関係が、求償という場面で問題となり得ますが、時間の関係もあるので、次の問題で扱うこととしましょう。

【司会】 それでは次の第1問小問2に移ります。

> (2) 後発的な国の不作為に基づく国家賠償請求
> 　平成23年7月8日以降、牛肉やその生産に用いられた稲わらから暫定規制値等を超える放射性物質が検出され、これを契機に牛肉について多くの地域において買い控え等による被害が生じていることが確認された。青森県の肥育農家のYは、出荷予定の牛肉の全頭検査を実施したところ、暫定規制値を超える放射性物質を含む牛肉はなかった。しかし、牛肉の買い手はつかなかった。Yは、今回の被害が、稲わらに関する国の行政指導が不徹底であったため起きたものとして、国に対して国家賠償請求をすることができるか。

【司会】 Aさん、設問の趣旨について説明をお願いします。

【A】 本小問も前小問と同様に、原賠法の責任集中原則と国家賠償請求に関する問題ですが、本問は、国の事後的な行政指導が不徹底であったため損害が発生または拡大したという問題を扱っています。このような場合についても、前問と同様の議論があてはまるかという問題です。

【司会】 同様の事後的な対応の問題としては、たとえば水素爆発が避けられなかったのはなぜか等、いろいろなことが考えられますね。それでは、平成23年7月8日という日がどういう日であるのかなどを含めて、背景にある事

実関係について、まずご説明をいただけますか。

【A】 事実は、収穫後も水田におかれた稲わらが、原子力発電所の事故による放射性物質によって汚染され、それが牛に給与された結果、牛肉から食品衛生法の暫定規制値を超える放射性セシウムが検出されたというものです。

牛肉については、平成23年7月7日までの検査では暫定規制値を超えたものはありませんでした。しかし、同年7月8日から9日にかけて、南相馬市の肉用牛11頭の牛肉から、暫定規制値を超える放射性セシウムが検出されました。この牛肉は市場には流通しませんでしたが、この段階で原子力発電所の事故後に当該農家が収集した稲わらを牛に給与し、出荷していたことが明らかになりました。

さらに、その数日後、浅川町でも、今度は同様の牛が出荷されていた事実が明らかになりました。

これらを踏まえ、農林水産省は、急きょ、稲わら利用の実態把握や飼養管理の徹底等の対応を行いました。その結果、原子力発電所の事故後に収集された、高濃度の放射性セシウムを含む稲わらが広域に流通していたことがわかりました。

【B】 農林水産省がこの点に関する対策を事前にしていなかったのかといいますと、事故直後の平成23年3月19日に農林水産省は、事故発生前に刈り取った飼料を使うように、等の内容を記載した、「畜産農家の皆様へ」と題する文書を出しています。その際には、関東農政局と東北農政局に対する指示文書も発しています。この通知については、各都県の家畜保健衛生所や農業協同組合（農協）などの業界団体を通じて畜産農家に周知されることになっていたのですが、福島県によると、問題が発覚した農家のほとんどが通知を知らなかったということです。通知は県や農協ら関係団体が技術情報紙など書面で農家に配布されましたが、内容が徹底されているかの立入り調査などはありませんでした。以上が背景にある事実関係の概略です。

【司会】 そうすると、農林水産省としては食べさせてはいけない稲わらがあ

---

6 http://www.maff.go.jp/j/kanbo/joho/saigai/pdf/seisan_110321.pdf

ることは認識していた、しかし、それを伝える通知が不徹底であったということになりそうです。以下では、国にはその点に過失があるという前提で議論をしていただきましょう。Cさん、いかがですか。

【C】 この場合も責任集中原則が働きますから、Yは原子力事業者である東京電力に対してのみ原賠法に基づいて賠償請求ができるにとどまり、国家賠償請求はできないということになると思います。

【B】 小問1で、責任集中原則は、憲法17条に反するという立場に立つと、ここでも国家賠償請求ができるという結論になることは明らかと思います。ただ、事後的な過失の場合には、憲法論に立ち入らなくとも、国に対して国家賠償請求をすることができると考えています。

というのは、本問では稲わらに関する国の行政指導が不徹底であったため損害が拡大したというのですから、この風評被害に基づく損害は、国の過失によって生じたものであり、原子力事業者である東京電力による「原子炉の運転等」との間に相当因果関係が認められないと解されるからです。

そういう意味で、原賠法上の原子力損害とならないのですから、それについては、責任集中原則ではカバーされず、国家賠償法に基づく国家賠償請求も認められると考えられるわけです。

【司会】 相当因果関係が認められないという意味をもう少し説明してください。

【B】 原賠法3条1項は、「原子力損害」についての賠償責任を原子力事業者に負わせておりますが、これは民法709条の不法行為責任の特則と考えられているので、「相当因果関係」の考え方もこれと同様であると考えられます。

そして、民法709条における「相当因果関係」の判断には、民法416条が類推適用されるというのが判例ですが、その場合、通常損害はさておき、特別損害については不法行為時に加害者に予見可能であったものについて損害賠償責任を負うことになります。本件のような風評被害は「特別損害」に該当すると考えられますが、東京電力にとっては、国が指導を徹底しないという事実は予見可能性がないと思いますので、相当因果関係はないと考えます。

【A】　国に大きな責任があるという点には同感ですが、東京電力が原子力発電所の事故を起こさなければそもそも稲わら問題は起こらなかったわけですから、東京電力が全く責任を負わないというのもしっくりしません。国と東京電力の両方が責任を負うべきですから、いわゆる割合的因果関係論を採用することが考えられます。

　これは、相当因果関係説のようにオール・オア・ナシングで考えるのではなく、当該要素の結果発生に対する寄与度によって量的に考えようとするものです。

　これによれば、認められる寄与度の限度において損害賠償が認められます。全くの私見ですが、本件では、東京電力と国の寄与度はちょうど50：50ぐらいではないかと思いますので、それに応じて被害者は損害賠償をするということになると考えております。

【C】　Aさんのおっしゃる意味はわかるのですが、割合的因果関係論は下級審ではともかく、最高裁判所は採用していません。因果関係は、やはりあるかないかが本質であって、割合的にあるというのは逆にしっくりしません。

【A】　もう1つの考えとして、国が東京電力と後発的な共同不法行為をしたものとして、両者のいずれに対しても損害賠償請求ができるという構成も考えられると思います。共同不法行為に要求される共同性は客観的なもので足りるので、東京電力と国の間に不法行為性について意思の連絡がなくても足ります。この場合、東京電力と国の関係はいわゆる不真正連帯債務となり、Yは、東京電力と国のいずれに対しても、損害賠償請求をすることができると考えられます。

【司会】　その場合、原賠法上の責任集中原則が働かないと考えることになると思いますが、その説明はどうなるのでしょうか。

【A】　やはり責任集中原則の趣旨から説明することになると思います。この原則は、被害者の保護と関連事業者の地位の安定に目的があるのですから、すでに生じてしまった原子力発電所の事故について、後から被害を増大・拡大させるような行為をした者まで免責を認めるのは明らかに法の趣旨を超えています。とりわけ、国の場合は前記立法趣旨が妥当しないので、行政の不

作為等が後発的に介在した場合の損害については責任集中原則の射程外だと考えられます。

【C】 相当因果関係が認められる損害であるという前提に立つ場合、責任集中原則からすれば、後発的な不法行為があったとしても、やはり東京電力だけが責任を負うというのが帰結だと思いますので、国は賠償義務者にはならないと考えます。

これに対して、Bさんのように、稲わらに関する行政指導が不徹底だったことが理由で、東京電力の「原子炉の運転等」と今回の稲わらの件の風評被害の間の相当因果関係が切れる、だから責任集中原則は適用されないという説明は、理屈の上では理解できます。

しかし、稲わらの利用に関する通知の不徹底という単なる行政の不作為（過失行為）が介在するだけで、原子力発電所の事故から生じた損害に関して予見可能性が認められなくなるというのは難しいのではないでしょうか。

【司会】 いろいろな意見が出ましたので、ちょっと議論を整理しましょう。Bさんの議論やAさんの後発的な共同不法行為の議論は、講学上のいわゆる「後続損害」といわれるもののうち、被害者同一型の場合をどう考えるかという論点と関連しているように思います。典型的な例の1つとしては、交通事故でけがをさせたが、医師の治療が悪くて、被害者が死亡してしまったというケースがあげられますね。後続の損害である医療過誤の結果については、交通事故の加害者には過失がないのではないかという点が問題とされますが、Aさん、判例はこの場合についてどのように説明していますか。

【A】 判例は、相当因果関係が認められれば、交通事故の加害者にも医療過誤によって生じた損害についての責任が認められるという立場に立っています。相当因果関係の認定については、相当因果関係説に忠実に、後続の損害が、通常損害の場合および特別損害であっても予見可能性があったと認められる場合には、相当因果関係を肯定できるとしているように思います。

【司会】 そうすると、汚染された稲わらから生じた損害について、Bさんは東京電力にとって予見可能性のない特別損害であると評価するのに対し、Aさんは予見可能性のあった損害だと評価するということになりましょうか。

先ほどの交通事故と医療過誤の競合の事例の場合に、判例は予見可能性についてどのように判断をしていますか。また、学説の考え方はどうでしょうか。

【A】 さまざまな判決例がみられますが、医師の重過失のような特別の事情のない限り、医療過誤の結果についても加害者は責任を負う（予見可能性はあった）とする考え方が主流と思われます（東京地判昭和51・6・21判時843号63頁など）。学説もさまざまですが、現在は、危険性関連説、つまり後続の損害（医療過誤による損害）の危険性が第一次の損害（交通事故）によって高められたかどうかを基準に考えるという説が有力に主張されています。これらを本問にあてはめますと、私は、いずれにせよ東京電力の責任は肯定されるのではないかと考えます。

【司会】 行政上の不作為義務違反を、東京電力の予見可能性や原子力発電所の事故との危険性関連という枠組みの中でどうとらえるかとの評価の問題になるということでしょうか。ところで、東京電力にも責任があるとされる場合、東京電力と国の賠償義務の関係はどう考えるべきでしょうか。国は、損害の全額を支払う義務があるのでしょうか。

【A】 詰めきれていないのですが、被害者との関係では、全部連帯説、一部連帯説などがありそうです。全部連帯説では、国は被害者に対して全部の責任を負い、後は東京電力に対する求償で解決するというものですが、一部連帯説では、国は、その寄与度に応じた割合でのみ連帯するということになろうかと思います。一部連帯を認めた横浜地判昭和57・11・2判時1077号111頁もありますが、最判平成13・3・13民集55巻2号328頁では、交通事故と医療事故とが順次競合し、そのいずれもが被害者の死亡という不可分の1個の結果を招来したケースで、全部連帯説をとっています。この立場でいくと、本件の場合も不可分1個の損害を招来していますから、国も東京電力も、被害者との関係では、寄与度等の減責を主張できないということになります。

【司会】 連帯を認めた場合には、共同不法行為者間の求償関係が問題となりますが、この点はどう考えますか。

【A】 判例（最判昭和41・11・18民集20巻9号1886頁など）・通説は、不真正連帯債務の場合にも求償は認められるとしています。その割合ですが、判例は

各共同不法行為者の過失の割合によるとしているので、本問の場合には、東京電力と国の過失の割合によることになります。ただ、東京電力の責任は無過失責任ですから、東京電力の過失を認定するという問題が起こります。

【司会】　共同不法行為者間の求償にあたっては、責任集中原則の適用はないのでしょうか。

【Ａ】　私は、後続損害については、すべて責任集中原則の射程外であると考えているので、求償関係についても同様に考えます。したがって、国にも負担部分があるということになります。しかし、この点は異論のありうるところで、責任集中原則は、被害者との関係で適用されないだけなので、求償権者間では適用があり、国が故意でない限り（原賠法5条1項）、内部的にはすべて東京電力が責任を負うことになるという考え方もあり得ます。後発損害の加害者が国ではなくてメーカー等の関連事業者であった場合を考えますと、立法趣旨との関係では、この考え方には説得力があります。国と関連事業者を区別すべきかという責任集中原則の適用範囲の問題が絡みますので、もう少しじっくりと考えてみたいと思います。

【Ｃ】　先ほどＡさんは割合的因果関係論の見地から、東京電力と国との割合を50：50とされていましたが、求償の関係でもその割合になるということでしょうか。それは過失の割合と一致するのでしょうか。

【Ａ】　その点が難しいのですが、割合的因果関係の場合は、因果関係の問題ととらえていますから、求償の場合の負担割合の基準である過失の割合とはレベルが異なります。したがって、両者の結論は必ずしも一致しないということになりそうですが、実際には割合的因果関係の論者は、結果発生に対する寄与度を基準にその割合を考えているように思います。したがって、ここにいう寄与度と過失の割合とが近似するものであれば、両者は結果的に一致しまたは近似することになります。ただ、そうであれば、割合的因果関係というのではなくて、近時の学説等がいうように、相当因果関係を認めたうえでの「寄与度による減責」を考えるほうが理論的な枠組みとしてはすっきりするようにも思います。

【司会】　ところで、責任集中原則の射程外だとの立場の場合、国の不作為の

違法をいうことになりますが、この点にはなかなか難しい問題があるような気がしますが。

【B】　確かにそうなのです。困難の1つは、行政の不作為を理由に国家賠償法に基づく賠償責任が認められる範囲が狭いのではないかというものです。これを認めた判例として、たとえば、水俣病関西訴訟上告審判決（最判平成16・10・15民集58巻7号1802頁）がありますが、最高裁判所の考え方は、法が付与した権限の趣旨・目的に照らし、権限の不行使が著しく不合理な場合、つまり行政裁量を著しく逸脱した場合にしか行政の不作為の違法性は認められないというものだと一般化されています。

【A】　本件で、どういう法令に基づいてこの不作為を構成するか、という問題がありますが、まだ詰めきれていません。厚生労働省の所管する食品衛生法などが考えられますが、直接に人の口に入る食品（たとえば牛肉）についてなら、この法律が直接的なのですが、牛が食べる稲わらについての指導の不作為となると、直接には畜産業者の損害を考えることになりますから、少し遠くなる気がします。

　もう1つ、農林水産省の所管する飼料の安全の確保および品質の改善に関する法律（飼料安全法）が考えられますが、これも主たる規制の対象は、飼料製造等の業者であり、飼料を使用する畜産農家に対して指示をするという法令上の直接の根拠は今のところ、はっきりしません。緊急の行政指導という面が強いようです。

【C】　問題のとらえ方ですが、説明義務違反を問題とする場合に、説明しなかったという不作為ではなく、黙っていることによって、虚偽の説明をしていたと構成することがよくありますよね。そうであれば、本件の場合も、問題を不作為ではなく、「行政が稲わらの利用について誤った情報を提供した」という作為があったと構成することができないか、を考えることも一策のように思います。もし、これに該当する事実があれば、これは積極的な作為によるものですから、相当因果関係の切断や国家賠償請求が認められやすくなるように思います。農家は、国の指導が届かないことから、わらは大丈夫だと認識していた可能性があり、その点も検討に値するように思います。

【B】 もう1つ、国の事後対応における過失を問う根拠としては、原子力災害対策特別措置法（以下、「原災法」という）等における国の責務を怠ったという構成が考えられるように思います。原災法4条は、「国は、……必要な措置を講ずること等により、原子力災害についての災害対策基本法第3条第1項の責務を遂行しなければならない」とし、災害対策基本法3条1項は、「国は、国土並びに国民の生命、身体及び財産を災害から保護する使命を有することにかんがみ、……防災に関し万全の措置を講ずる責務を有する」としています。そして、その実行にあたる原子力災害対策本部の長は、内閣総理大臣をもってあてるとされているので（原災法17条）、内閣総理大臣は、長として必要な指示や措置を講ずる責務があることになります。したがって、稲わらの問題に関しても、その指示・指導を徹底し、国民に損害を生じないようにする責務があるところ、内閣総理大臣がこれを怠ったという構成になるのではないかと思います。今後の検討課題です。

【司会】 続いて、第2問に移りましょう。

第2問：牛肉に関する風評被害①

> 平成23年7月8日以降、牛肉やその生産に用いられた稲わらから暫定規制値等を超える放射性物質が検出され、これを契機に牛肉について多くの地域において買い控え等による被害が生じていることが確認された。
> 　秋田県の肥育農家では、高濃度の放射性セシウムが含まれた稲わらを牛の餌としていた農家があった。秋田県の肥育農家であるXは、出荷した15頭の牛全頭の牛肉について検査をしたところ、すべて暫定規制値を下回っていた。そこで、Xは、当該牛肉を出荷しようとしたが、全く買い手がつかなかった。
> 　Xは、東京電力に対して、検査費用および出荷した牛肉全頭分の代金相当額を損害賠償請求できるか。

【司会】 まずは、事実関係についてBさんからご説明をお願いします。

【B】　事故後に出された稲わらを含む牧草の取扱いに関する指示が不徹底であったことなどは、先ほどの小問2で議論したとおりです。

　その結果、福島県など4県（ここに秋田県は含まれておりませんが）において飼育されている牛について、原災法に基づき、平成23年8月25日まで出荷制限の指示が出されていました。

　福島県南相馬市から出荷された牛17頭の肉から暫定規制値を超える放射性セシウムが検出されましたが、このうち一部が流通し、8都道府県で消費された可能性があると報告されています。

　他方、上記4県以外の秋田県を含む11道県の牛にも、放射性セシウムに汚染した稲わらが餌として与えられたことが判明しております。

　そこで、これらの道県においても、出荷した牛肉について放射性セシウムに関する全頭検査が行われています。

【司会】　ここにいう検査とは具体的にはどのようなものですか。生きたまま検査が可能であれば、また別途の考慮が必要になることもあり得そうなので、ご質問します。

【B】　人間の場合はホールボディカウンターによって生きたまま検査できるのですが、牛の場合は生きたままでは検査はできないようです。平成23年7月29日に厚生労働省から都道府県等に対して「牛肉中の放射性セシウムスクリーニング法」という文書が事務連絡として送られていますが、この中では、簡易な検査方法が推奨されています。[7]

【司会】　本問では、出荷制限が出されていない秋田県の牛肉を取り上げていますが、その前提問題として、出荷制限が出されている県の牛肉の場合の営業損害の賠償請求はどうなるでしょうか。

【B】　中間指針第5［損害項目］「1　営業損害」をご覧ください。（指針）Ⅰ）およびⅡ）によれば、加工品を含む農林水産物・食品の生産・製造および流通に関する制限についての指示等がある場合、「営業損害」として「減収分」と「追加的費用」の損害賠償を東京電力に対してすることができると

---

[7] http://www.mhlw.go.jp/stf/houdou/2r9852000001krg9.html

されています。

【司会】　検査費用については、どうなりますか。

【B】　中間指針第5［損害項目］「3　検査費用（物）」をご覧ください。「同指示等に基づき行われた検査に関し、農林漁業者その他の事業者が負担を余儀なくされた検査費用は、賠償すべき損害と認められる」としています。中間指針第5［対象］（備考）1）をご覧いただきますと、この「同指示」とは「政府が本件事故に関し行う指示等」のことで、「食品の放射性物質検査の指示等が含まれる」とされています。なお、「政府」が主語になっていますが、一定の場合には地方公共団体や生産者団体も含まれることも、［対象］に明記されています。

　秋田県では、平成23年8月1日から、肉牛出荷の際に全頭の放射線量検査をしています。ですから、検査費用は指針によっても請求可能となります。

【司会】　以上の結論は、判例の傾向とも合致していますか。

【B】　判例は加害者の行為によって検査の必要性が発生したといえるか否かで判断しているので、合致しているといえます。

【司会】　ところで、この検査費用を地方公共団体が負担しているとした場合、地方公共団体は、東京電力に対して検査費用を求償できるのでしょうか。

【B】　地方公共団体等の財産的損害については、中間指針第10「2　地方公共団体の財産的損害等」（指針）をご覧ください。その枠内では、地方公共団体等が所有する財物および民間事業者と同様の立場で行う事業に関する損害については、「……本件事故と相当因果関係が認められる限り、賠償の対象となるとともに、地方公共団体等が被害者支援等のために、加害者が負担すべき費用を代わって負担した場合も、賠償の対象となる」とされています。ただ、加害者というのは東京電力を指すわけですから、この基準は、東京電力が負担すべきものは東京電力に請求できるというトートロジーにすぎないようにも思われます。したがって、正直申し上げて私も詰めきった意見というわけではないのですが、当該検査が、国や地方公共団体の本来的な事務にあたるのか否かという観点で判断すべきではないかと考えます。

　そこで、いかなる根拠に基づいて県が検査を行ったかですが、たとえば、

平成23年3月17日に厚生労働省医薬食品局食品安全部長から都道府県知事等に対して「放射能汚染された食品の取扱について」という文書が通知されています。それをみますと、暫定規制値を上回る食品については食品衛生法6条2号「有毒な物質が含まれる疑いのあるもの」にあたるものとして食用に供されることがないよう販売その他について十分処置されたい、検査にあたっては、平成14年5月9日付事務連絡における食品の放射能測定マニュアルを参照し、実施すること、と指示しています。これは、食品衛生法26条が定める都道府県知事の検査権限を意識して発出されたものと思われますが、これをみる限り、検査は都道府県の本来的な事務として行ったと考える余地があります。そうなると、費用の請求はできないということになりそうです。

【C】 なるほどそうかとは思うのですが、原因をつくった東京電力が負担しないとなると、納税者の負担で検査をすることになります。どうもしっくりしません。本来的な事務ではあっても、原因者がいる場合には、その原因者に対して請求ができるという考えのほうが妥当なように思います。

【司会】 前小問との関係ですが、もともと稲わらの問題は、国の過失によって起きたという面があります。この場合、地方公共団体等は、国に求償するということになりませんか。

【B】 平成23年3月19日に、農林水産省から関東農政局と東北農政局に対して、外に出していた稲わらは汚染されているおそれがあるから食べさせないようにとの通知がされていまして、各県を経由して農家への指導がなされることとされていました。ところが、どこで滞ったのかははっきりしませんが、農家への指導・周知が不十分であったため、このような事態が発生したわけです。原災法では、国は、組織および機能のすべてをあげて防災に関し万全の措置を講ずる責務を、地方公共団体も防災に関する事務または業務の実施を助ける等の責務を負っています。そうすると、国と地方公共団体の双方とも、稲わらを食べさせるなという指示が各農家に浸透するようにしっかりと

---

8 http://www.mhlw.go.jp/stf/houdou/2r9852000001558e.html

9 http://www.maff.go.jp/j/kanbo/joho/saigai/c_minasama_3.html

行うべきところ、それが不十分であったという過失があったことになる可能性があります。かりにそうだとすると、国と地方公共団体両者の過失が相まって発生した費用となりますから、両者で負担すべきこととなり、国に対して相応の負担を求めることができると考えます。いずれにしても、今後行われる事実関係の調査を基に検討する必要があります。

【司会】 では、問題に戻ります。本問は、出荷制限が出されていない秋田県の場合ですが、この場合は検査費用や出荷した牛肉全頭分の代金相当額を損害賠償請求できるのでしょうか。

【B】 この場合は、暫定規制値を下回っている牛肉ということですから、問題設定の枠組みからすると風評被害の問題となるように思います。

【司会】 Cさん、「風評被害」について説明をしていただけますか。

【C】 風評被害とか、風評損害という用語の意味は必ずしも明確ではありません。関谷直也氏によると、この用語が一般的に使われるようになったのは、平成9年のナホトカ号重油流出事故以降であるが、風評被害の現象は、昭和29年の第5福竜丸事件における「放射能パニック」にすでにみられるとのことです。

この第5福竜丸事件では、放射性物質に汚染されていないマグロについて買い控えが起こりましたが、これをかりに風評被害とよぶとすると、風評被害とは科学的な根拠のない被害という意味になります。この前提で原賠法2条2項を読むと、「原子力損害」とは、「……核燃料物質等の放射線の作用若しくは毒性的作用」によるものとされていますが、この「作用」というのは、たとえば「放射線の作用」というように、放射線に被曝したこと（つまり、物理的に侵害があったこと）によって生じた損害を指すという意味で書かれたのだという主張がなされます。つまり、「風評被害」は、賠償の対象にならないのだという意味で、この用語が使われることになります。確かに、原賠法の立法当時は、そういう意味で使われていた可能性も否定はできません。

しかし、たとえば、原子力関連施設の臨界事故によって生じた納豆製品

---

10 関谷直也『風評被害——そのメカニズムを考える』による。

(ただし、放射性物質による汚染なし)の売上げ減少について判断した東京地判平成18・4・19判時1960号64頁は、この主張を退け、「消費者ないし消費者の動向を反映した販売店において、……(事故現場から10キロ圏内の工場で作られた納豆製品の危険性を懸念して)これを敬遠し、取扱いを避けようとする心理は、一般に是認できるものであり、これによる原告の納豆製品の売上減少等は、本件臨界事故との相当因果関係が認められる限度で……損害として認めることができる」と判示しています。これは、相当因果関係が認められる限度では、「風評被害」も原子力損害になるという判断となります。現在の下級審の主流はこの方向にあると思います。

【司会】 判例の傾向はわかりました。それでは中間指針ではどうなっていますか。

【C】 中間指針には、「風評被害」について定義がおかれています。中間指針第7「1 一般的基準」(指針)Ⅰ)をみていただきますと、「報道等により広く知られた事実によって、商品又はサービスに関する放射性物質による汚染の危険性を懸念した消費者又は取引先により当該商品又はサービスの買い控え、取引停止等をされたために生じた被害を意味するもの」とされています。そのうえで、この「風評被害」についても、福島原発事故と相当因果関係のあるものであれば賠償の対象となり、その一般的な基準としては、「消費者又は取引先が、商品又はサービスについて、本件事故による放射性物質による汚染の危険性を懸念し、敬遠したくなる心理が、平均的・一般的な人を基準として合理性を有していると認められる場合」とされています。

【司会】 中間指針の定義と先の判例との関係はどうなりますか。

【C】 前掲東京地判平成18・4・19を意識した表現ということができます。ただ、指針では、農林産物、畜産物、水産物に係る政府による出荷制限指示等が出されたことがある区域において産出されたすべての農林産物については、因果関係の立証がなくても、風評被害に基づく損害が認められることとされております。この場合、当該農産物などについても放射性物質により一定程度汚染されている可能性はあるわけですが、このようなものも風評被害として扱っているのです。この点では、中間指針の「風評被害」は「実損」

をも「風評被害」とするものであり、広くなっている点もあるといえます。

【司会】　ところで、中間指針では、本問のいう秋田産の牛肉は、どのように扱われていますか。

【B】　中間指針第7「2　農林漁業・食品産業の風評被害」（指針）Ⅰ）をご覧ください。そこには、風評被害として「原則として賠償すべき損害と認められる」ものとして、①から④が掲げられています。その②をみますと「農業において、平成23年7月8日以降に現実に生じた買い控え等による被害のうち、少なくとも、北海道などの17道県において産出された牛肉、牛肉を主な原材料とする加工品及び食用に供される牛に係るもの」とされています。したがって、買い控えが認められるならば、本件の牛肉代金相当額は賠償の対象となります。

　秋田県では出荷制限措置はとられていませんが、中間指針第7「2　農林漁業・食品産業の風評被害」（備考）3）をみますと、「放射性物質により汚染された稲わらが牛の飼養に用いられた等の事情がある都道府県で産出された牛肉については、消費者や取引先がその汚染の危険性を懸念し買い控え等を行うことも、平均的・一般的な人を基準として合理性があると考えられる」とされているので、因果関係の立証なく、風評被害に基づく損害賠償請求が認められそうです。実際、高濃度の放射性セシウムで汚染された稲わらを秋田県で摂取した牛がいたという事実があったとしますと、汚染の危険性を懸念し、敬遠したくなる心理が、合理性を有していると考えられます。

　そして、稲わらの摂取に関して、指定された17道県と同様の状況であることが確認されれば、当然その県でも、同様に取り扱われることになります。指針は、その時点で明らかな事項に関してだけ述べたものですから、そういう類推できる性格のものといってよいと思います。現に、先ほどの中間指針第7「2　農林漁業・食品産業の風評被害」（備考）3）をみますと、他の県も「同様に取り扱われるべきである」と記載されています。

　なお、農林水産省においては、全頭検査・全戸検査を実施することとなった県の肉牛農家の資金繰りのため、農林水産省所管の独立行政法人「農畜産業振興機構」が自前の資金を支援に回し、畜産関係団体を通じて農家に対し、

1頭あたり5万円を支援することとしています。さらに、出荷された牛の価格の価格下落分の支援とか、検査の結果、暫定規制値を上回った牛肉の実質的な買上げ処分なども行うとされております。

【司会】 風評被害に関しては終期の問題がありそうですが、それは次の問題に譲りましょう。ところで、ちょっと細かいのですが、今後、実際に事件を扱うことになると問題になりそうなので、お聞きしておきたいのですが、たとえば、現在の5万円の支援は東京電力に対する請求の際に損益相殺されるのでしょうか。

【B】 農林水産省は、東京電力による賠償の立替払いであり、追って東京電力に賠償請求するとのことです。これを前提にすると、さらに農家からも東京電力に満額請求するというのは二重の請求になってしまいますから、結論としては損益相殺の対象になると考えられます。ただ、資金繰り支援という趣旨からすると国による補助金という性質もありますし、もともとは農林水産省の稲わらに関する対策が不十分であったことのツケとの指摘もあるので、農家の利益を代弁する立場に立ったときには、さらに検討が必要だと思います。

【司会】 損益相殺についての基本的な考え方は、中間指針ではどうなっていますか。

【B】 中間指針第10「1　被害者への各種給付金等と損害賠償金との調整について」の（指針）をご覧いただきますと、「本件事故により、原子力損害を被った者が、同時に本件事故に起因して損害と同質性がある利益を受けたと認められる場合には、その利益の額を損害額から控除すべきである」とされています。不法行為における損益相殺の議論を意識して、同一の原因によって受けた利益かどうかで判断をして適用することとしています。各種給付金の取扱いについては、当該箇所の備考欄に記載されていますので、参照してください。

【司会】 では、最後の設問に移りたいと思います。

第3問：牛肉に関する風評被害②

> Yミートは、全国で焼肉チェーンを経営する会社である。Yミートは鹿児島県の肥育農家Zと提携し、Zが肥育する牛肉を一手に仕入れることで、安価で安定した品質の焼肉を提供し、顧客の満足を獲得してきた。しかし、平成23年7月8日の、福島県等において牛肉やその生産に用いられた稲わらから暫定規制値等を超える放射性物質が検出されたという報道以来、来客が減り、同年8月は昨年の同月と比較して売上げが3分の1程度落ちた。Yミートは、風評被害を避けるため、仕入れた牛肉を検査し、牛肉が放射性物質に汚染されていないことを確認し、検査結果を広告した。Yミートは、東京電力に対して、売上減少額や牛肉の検査費用、広告宣伝費用を損害賠償請求することができるか。

【司会】　Cさん、設問の趣旨の説明をお願いします。

【C】　これも風評被害の問題の1つですが先ほど議論したとおり、風評被害の概念はさまざまです。本設問は、全く放射性物質に汚染されていない鹿児島県の牛肉を仕入れて販売をしていた焼肉チェーン店に生じた被害は賠償すべき風評被害にあたるのかという問題になります。また、問題のとらえ方が、風評被害という枠組みでよいのかということも問題になり得ます。

【司会】　それでは、この問題について、Cさんはいかがでしょう。

【C】　本設問の場合、放射性物質に汚染されているという情報や報道のない鹿児島県産の牛肉が対象になっていますから、売上げの減少がそもそも原子力発電所の事故により生じたといえるのかという因果関係の立証が難しいので、一般的には賠償すべき損害にはあたらないことになるのではないかと思います。

【A】　Yミートは、外食産業ということだと思いますが、中間指針には外食産業という用語はみられないようです。しかし、中間指針第7「2　農林漁業・食品産業の風評被害」（指針）Ⅳ）にある「その他の食品産業」にあた

るまたはこれに準ずると考えてよいように思います。同（指針）Ⅳ）をみますと、「個々の事例又は類型毎に、取引価格及び取引数量の動向、具体的な買い控え等の発生状況等を検証し、当該産品等の特徴、放射性物質の検査計画及び検査結果、政府等による出荷制限指示の内容、当該産品等の生産・製造に用いられる資材の汚染状況等を考慮して、消費者……が、当該産品等について、本件事故による放射性物質による汚染の危険性を懸念し、敬遠したくなる心理が、平均的・一般的な人を基準として合理性を有していると認められる場合には、本件事故との相当因果関係が認められる」とされているので、これに準じて考えることになりそうです。

【C】　一般論としてはそうだとした場合でも、中間指針第7「2　農林漁業・食品産業の風評被害」（指針）Ⅳ）（備考）3）をみますと、「放射性物質により汚染された稲わら等が牛の飼養に用いられた等の事情がある都道府県で算出された牛肉については、」買い控え等を行うことも合理性があるとしています。やはり「合理性」が認められる類型は、基本的にこの範囲ではないでしょうか。放射性物質に汚染されておらず、その可能性もなく、汚染されたという報道もない鹿児島県産の牛肉を扱うＹミートについて、「危険性を懸念して買い控え等を行うことに合理性がある」と認めることは難しいのではないでしょうか。

【A】　ところで、この問題は、風評被害の問題として取り上げるという枠組みだけでよいのでしょうか。というのは、この場合に風評被害で問題となるのは、放射性セシウムが検出された牛肉についての不安心理に起因する損害なので、牛肉自体の問題です。

　しかし、ここで問題となっているのは、風評被害が生じた牛肉を仕入れて焼き肉という商品を提供するＹミートの損害ですので、間接被害の問題としても考えてみる必要があるのではないでしょうか。

　この間接被害について、中間指針第8（指針）Ⅰ）において、避難指示や出荷制限、風評被害等で賠償の対象と認められる損害を第一次被害といい、この第一次被害を受けた者と一定の経済的関係にあった第三者に生じた損害と定義しているので、中間指針の定義では間接被害といってよいと思います。

つまり、牛肉生産者が第一次被害者で、Yミートはその間接被害者ということです。

【B】 確かにあり得るとらえ方だと思います。その場合、中間指針第8（指針）Ⅱ）は、「間接被害者の事業等の性格上、第一次被害者との取引に代替性がない場合には、本件事故と相当因果関係のある損害と認められる」としています。よくサプライチェーンがいわれますが、自動車の特注部品を一手に引き受けていた会社が被害を受けて生産を休止したため、自動車メーカーの生産がストップしたというような場合が典型ですね。中間指針第8（指針）Ⅱ）③に「原材料やサービスの性質上、その調達先が限られている事業者の被害であって、調達先である第一次被害者の避難、事業休止等に伴って必然的に生じたもの」が例示としてあげられています（とらえ方によっては、（指針）Ⅱ）②のほうに該当する可能性もあります）。本設問のYミートは、鹿児島産の牛肉を販売する肥育農家Zとの取引だけで、経営を行い、顧客を獲得してきていますので、まさに代替性がないことになりますから、間接被害を認めてよいのではないでしょうか。

【C】 しかし、間接被害と考えるのであれば、鹿児島県産の牛肉を販売する肥育農家Zが第一次被害者ということになりますが、Zが休止して、肉の供給が途絶えたというわけでもないので、先ほどの中間指針第8（指針）Ⅱ）③の例示にはあたりませんよね。むしろ、そもそも鹿児島県産の牛肉を販売する肥育農家Zの風評被害が認められるのかがまず問題になるはずです。

【B】 そうすると、そもそも、「鹿児島県の肥育農家の牛肉が売れないことが風評被害にあたるか」ということを考える必要がありますが、結局先ほど議論した風評被害の問題と同じ問題になりますね。

【C】 この問題については、参考になる判例があるので、皆さんもご存知とは思いますが、ここでご紹介します。名古屋高金沢支判平成元・5・17判時1322号99頁です。

事例は、敦賀湾の原子力発電所で放射能漏れ事故が発生し、魚介類の汚染が報道されたため、金沢港の魚市場の仲介業者が売上げ減少による損害賠償を求めたものです。

裁判所は、敦賀湾産の魚介類について消費者が敬遠したくなる心理は是認できるので一定限度で相当因果関係があるが、敦賀湾から遠く離れ放射能汚染が全く考えられない金沢産の魚介類を敬遠する心理は「消費者の主観的な心理状態」であって一般に是認できるものではなく、事故の直接の結果とは認められないし、予見可能性もないとして相当因果関係を否定し、損害賠償を認めませんでした。これまで相当因果関係のある損害と認めると、いたずらに損害範囲が拡大するとしています。本設問はこの判例の射程にあるのではないでしょうか。

【B】　しかし、「消費者の極めて主観的な心理状態」といっても、Yミートからすれば、その消費者の行動が直接的に売上げ減少に結びつくのだから、納得がいくとは思えませんね。結局、消費者が悪いといったところで売上げが戻るものではないのですから。

　そもそも、今回の牛肉の汚染は、その生産に用いられた稲わらが放射性物質によって汚染し、それが全国各地に出荷されて起きたことなので、原子力発電所から遠く離れた鹿児島県産の牛肉であっても、汚染されている可能性は否定できないのではないでしょうか。

【司会】　次は損害について議論したいと思います。まず検査費用はどうでしょう。

【A】　出荷制限指示に基づいて行われた検査に関しては、中間指針第5［損害項目］「3　検査費用（物）」をみますと、その検査費用は、賠償すべき損害ということになっています。しかし、本設問では、出荷制限はないので、中間指針第7「1　一般的基準」（指針）に記載された風評被害の問題になります。これによると、同指針Ⅳ）③にあるとおり、「取引先の要求等により実施を余儀なくされた検査に関する費用」が損害となるとされています。

【C】　本設問では、消費者が検査せよといったという事実はありませんよね。

【B】　検査してそれを公表しなければ、食べてくれないのですから、実質的には要求があるのと同じです。「要求等」を柔軟に読むことになるのではないでしょうか。

【C】　それをいうのであれば、むしろYミートが、仕入先のZに要求して、

検査をさせ、その検査費用は、Ｚが東京電力に請求するというほうが文理にもかなうし、実体に沿うのではないでしょうか。

【Ａ】 そうですが、Ｙミートとしては、仕入れた牛肉を全部検査し、その結果を公表して販売しないと、信用も売上げも回復しないわけですから、この場合の検査費用は、むしろそのために必要な費用として損害賠償請求できるとしないと整合性がとれないと思います。判例上、被害者は損害を回避しまたは減少させる措置をとることなく発生する損害のすべてについての賠償を加害者に請求することは条理上認められないとしていますから、損害回避義務という見地からも、自主的に検査をして、風評被害を減少させるべきだということになります。そうであれば、検査費用が認められるのは当然のようにも思います。

【司会】 Ａさん、その損害回避義務に関する判例を紹介してください。

【Ａ】 最判平成21・1・19民集63巻1号97頁です。ジュリスト1399号147頁に要領を得た解説が載っています。賃貸人（上告人）の修繕義務の不履行で損害賠償請求した賃借人（被上告人）の請求について、賃借人が営業を別の場所で再開する等の損害を回避または減少させる措置をとることなく発生する損害のすべてについて賠償を請求することは条理上認められないと判示しました。

【Ｃ】 確かに、損害回避義務との関係でいえば、検査して放射性セシウムの検査結果を周知すれば売上げが回復するのであれば、検査費用は損害を回避するために必要な費用ということで損害になりそうです。ただ、売上げが回復しない場合ですが、それは必要性・相当性で判断することになるのでしょうか。

【司会】 それでは、広告費用のほうはどうでしょう。

【Ｃ】 それは、難しいと思います。予見可能性の問題として、原子力発電所の事故で広告が必要になるというのは予見できません。広告するのは売上増を図るために一般的にするものなので、東京電力の費用で広告するというのはいかがなものでしょうか。

【Ｂ】 しかし、風評被害を避けるためには、放射性セシウムが検出されなか

ったことを周知する必要があるので、当然に必要な費用ということになるはずです。

【A】 先ほど述べたとおり、これも検査費用と一体の問題として損害を軽減するために必要な費用になるでしょうね。

【C】 気になったのですが、本設問のYミートは、損害を回避するため、アメリカ産なりオーストラリア産の牛肉を仕入れなければならないということまで、損害回避義務は要求するのでしょうか。

【A】 よくわからない問題なのですが、損害回復に要する期間がどのくらいと予想されるのかも考慮要素の1つとなるように思います。相当長期間にわたって風評被害が予想されるという場合であれば、そのようなことも考えなければならないこともありうると思います。しかし、Yミートが、その営業の特色との関係で、鹿児島県のZ以外の牛肉を売ることが、損害回避行為として適切か、不可欠かという問題も絡みそうです。

【司会】 それでは次に、風評被害あるいは間接被害が認められるとして売上げ減少額を損害賠償請求できるかという問題に移りたいと思います。Bさん、この点はいかがでしょうか。

【A】 中間指針第3［損害項目］「7　営業損害」（指針）Ⅰ）において、これに関して、「原則として、本件事故がなければ得られたであろう収益と実際に得られた収益との差額から、本件事故がなければ負担していたであろう費用と実際に負担した費用との差額を控除した額」とされているので、売上げ減少額というより、いわゆる粗利の減少額ということでよいと思います。

【C】 しかし、粗利の減少額といっても、「本件事故がなければ得られたであろう収益」というのは、一義的に明確ではありません。昨年同月のものと比較して算出するということにしても、その減少額の中には、本件事故の影響による減少だけでなく、震災による消費の自粛（消費マインドの低下）やユッケの食中毒による牛肉の敬遠など、複合的な要因が考えられます。

【B】 確かにそれはあると思いますが、日々の売上推移を比較するなどで立証は可能だと思います。中間指針第2・4の「ただし」というところでも、「例えば風評被害など、本件事故による損害か地震・津波による損害かの区

別が判然としない場合もある。この場合に、厳密な区別の証明を被害者に強いるのは酷であることから、例えば、同じく東日本大震災の被害を受けながら、本件事故による影響が比較的少ない地域における損害の状況等と比較するなどして、合理的な範囲で、特定の損害が『原子力損害』に該当するか否かおよびその損害額を推認することが考えられる」としています。

【司会】 複合的要因の中で原子力発電所の事故の影響を抜き出すのは至難な作業だと思いますが、それができたとして、いつまでも損害として認められるわけではないと思います。終期はどう判断するのですか。

【A】 中間指針第7「1 一般的基準」（備考）5）ではこういっています。「一般的にいえば、『平均的・一般的な人を基準として合理性が認められる買い控え、取引停止等が収束した時点』が終期であるが、いまだ本件事故が収束していないこと等から、少なくとも現時点において一律に示すことは困難であり、当面は、客観的な統計データ等を参照しつつ、取引数量・価格の状況、具体的な買い控え等の発生状況、当該商品又はサービスの特性等を勘案し、個々の事情に応じて合理的に判定することが適当である」。

【C】 鹿児島県産の牛肉は放射性セシウムに汚染されていないのだから、原子力発電所の事故の収束とはあまり関係がないように思います。そうであれば、一般的には検査して検出されず、それを広告して周知させた時点ではないかと思います。

【B】 しかし、事故が収束していないのですから、放射性セシウムが検出される牛肉がある限り、牛肉を忌避するのは合理性が認められる買い控えだと思います。

すべての牛肉から放射性セシウムが検出されなくなるまでは風評被害を損害と認めてよいと思います。

【A】 先ほどの損害回避義務との関係でいえば、損害を回避するための措置をしたにもかかわらず、売上げが回復しないとすれば、原子力発電所の事故により減少した売上げが回復したといえるまでは損害として認めてよいように思います。それが「平均的・一般的な人を基準として合理性が認められる買い控え、取引停止等が収束した時点」と考えてよいのではないでしょうか。

【C】　売上げが回復しないことを、そこまで原子力発電所の事故によるものと直結してしまってよいのでしょうか。その場面でも、他原因、つまり、不況による消費マインドの低下等の要因は考えられるのではないでしょうか。

【司会】　本問では、肥育農家Ｚの鹿児島県産の牛肉だけを提供する焼肉屋ということで検討しましたが、東京の一般の焼肉屋の場合には、売上げ減少や検査費用については、また違う結論になり得るのでしょうか。

【C】　一般の焼肉屋の場合は、国産の牛肉である必要はありません。オーストラリア産やアメリカ産の牛肉を使用しており、かつ、それを周知させていた場合に、それを避ける心理に合理性が認められる買い控えにあたるとはなおさらいえないと思います。

【B】　原子力発電所の事故がなければ牛肉の汚染はなく、牛肉の風評被害はなかったということをどう考えるかという問題だと思います。牛肉一般の消費の減少は、放射性セシウムが検出された牛肉が出荷されたことが原因ですので、その場合に、牛肉の消費を避ける心理自体は合理性が認められる買い控えと考えてよいのではないでしょうか。特に、一般の焼き肉屋の場合は、使用する牛肉の表示がないのが通常であり、放射性セシウムの影響を懸念する心理は不合理とはいえません。いくら輸入牛肉を使っていることを周知させるといっても、せいぜい店先に出すくらいですので、そもそも、牛肉を避けようとする顧客は店先にさえ行かないのが通常です。

【A】　この事例は、名古屋高裁金沢支部の判決の射程内の問題だと思います。判決のいうとおり「売上高が事故後減少したとしても、……極めて主観的な心理状態であって、同一条件のもとで常に同様の状態になるとは言い難く、また一般に予見可能性があったともいえない」ということではないでしょうか。

【司会】　まだ、論ずることはたくさんありそうですが、残念ながら終了予定時間を超過してしまいました。このシンポジウムは、さまざまな論点を内包する原子力損害に関する問題について、具体的な事例を念頭において立場の異なる議論をすることで、皆様の参考に供することを目的としています。何らかの参考になれば幸いです。時間の関係で、論点を絞り、簡素化して議論

をしていますが、ご海容をお願い致します。ご静聴ありがとうございました。

［資料１］　中間指針の概要（一覧表）

損害類型	対象	損害項目
① 政府による避難等の指示等に係る損害	(1) 対象区域 　(ｱ)　避難区域 　　　（平成23年4月22日には、原則立入り禁止となる「警戒区域」に設定） 　(ｲ)　屋内退避区域 　(ｳ)　計画的避難区域 　(ｴ)　緊急時避難準備区域 　(ｵ)　特定避難勧奨地点 　(ｶ)　地方公共団体が住民に一時避難を要請した区域 (2) 避難等対象者 　(ｱ)　本件事故が発生した後に対象区域内から同区域外へ避難のための立退き（以下「避難」という）及びこれに引き続く同区域外滞在（以下「対象区域外滞在」という）を余儀なくされた者（但し、平成23年6月20日以降に緊急時避難準備区域（特定避難勧奨地点を除く）から同区域外に避難を開始した者のうち、子供、妊婦、要介護者、入院患者等以外の者を除く） 　(ｲ)　本件事故発生時に対象区域外におり、同区域内に生活の本拠としての住居（以下「住居」という）があるものの引き続き対象区域外滞在を余儀なくされた者 　(ｳ)　屋内退避区域内で屋内への退避（以下「屋内退避」という）を余儀なくされた者	検査費用（人） 避難費用 一時立入費用 帰宅費用 生命・身体的損害 精神的損害 営業損害

賠償すべき損害の内容
避難等対象者のうち避難若しくは屋内退避をした者、又は対象区域内滞在者が、放射線への曝露の有無又はそれが健康に及ぼす影響を確認する目的で必要かつ合理的な範囲で検査を受けた場合には、これらの者が負担した検査費用（検査のための交通費等の付随費用を含む）
避難等対象者が必要かつ合理的な範囲で負担した以下の費用 (1) 対象区域から避難するために負担した交通費、家財道具の移動費用 (2) 対象区域外に滞在することを余儀なくされたことにより負担した宿泊費及びこの宿泊に付随して負担した費用（以下「宿泊費等」という） (3) 避難等対象者が、避難等によって生活費が増加した部分があればその増加費用
避難等対象者のうち、警戒区域内に住居を有する者が、市町村が政府及び県の支援を得て実施する「一時立入り」に参加するために負担した交通費、家財道具の移動費用、除染費用等（前泊や後泊が不可欠な場合の宿泊費等も含む。以下同じ）のうち、必要かつ合理的な範囲のもの
避難等対象者が、対象区域の避難指示等の解除等に伴い、対象区域内の住居に最終的に戻るために負担した交通費、家財道具の移動費用等（前泊や後泊が不可欠な場合の宿泊費等も含む。以下同じ）のうち、必要かつ合理的な範囲のもの
(1) 本件事故により避難等を余儀なくされたため、傷害を負い、治療を要する程度に健康状態が悪化（精神的障害を含む。以下同じ）し、疾病にかかり、あるいは死亡したことにより生じた逸失利益、治療費、薬代、精神的損害等 (2) 本件事故により避難等を余儀なくされ、これによる治療を要する程度の健康状態の悪化等を防止するため、負担が増加した診断費、治療費、薬代等
本件事故において、避難等対象者が受けた精神的苦痛のうち、少なくとも以下の精神的苦痛 (1) 対象区域から実際に避難した上引き続き同区域外滞在を長期間余儀なくされた者（又は余儀なくされている者）及び本件事故発生時には対象区域外に居り、同区域内に住居があるものの引き続き対象区域外滞在を長期間余儀なくされた者（又は余儀なくされている者）が、自宅以外での生活を長期間余儀なくされ、正常な日常生活の維持・継続が長期間にわたり著しく阻害されたために生じた精神的苦痛 (2) 屋内退避区域の指定が解除されるまでの間、同区域における屋内退避を長期間余儀なくされた者が、行動の自由の制限等を余儀なくされ、正常な日常生活の維持・継続が長期間にわたり著しく阻害されたために生じた精神的苦痛
(1) 従来、対象区域内で事業の全部又は一部を営んでいた者又は現に営んでいる者において、避難指示等に伴い、営業が不能になる又は取引が減少する等、そ

[資料1] 中間指針の概要（一覧表）

			就労不能等に伴う損害
			検査費用（物）
			財物価値の喪失又は減少等
② 政府による航行危険区域等及び飛行禁止区域の設定に係る損害	対象区域 (1) 航行危険区域等 (2) 飛行禁止区域		営業損害

の事業に支障が生じたため、現実に減収があった場合には、その減収分
(2) (1)の事業者において、上記のように事業に支障が生じたために負担した追加的費用（従業員に係る追加的な経費、商品や営業資産の廃棄費用、除染費用等）や、事業への支障を避けるため又は事業を変更したために生じた追加的費用（事業拠点の移転費用、営業資産の移動・保管費用等）のうち、必要かつ合理的な範囲内のもの
(3) 同指示等の解除後も、(1)の事業者において、当該指示等に伴い事業に支障が生じたため減収があった場合には、その減収分のうち合理的な範囲内のもの。また、同指示等の解除後に、事業の全部又は一部の再開のために生じた追加的費用（機械等設備の復旧費用、除染費用等）のうち、必要かつ合理的な範囲内のもの

対象区域内に住居又は勤務先がある勤労者が避難指示等により、あるいは、前記「営業損害」を被った事業者に雇用されていた勤労者が当該事業者の営業損害により、その就労が不能等となった場合には、かかる勤労者について、給与等の減収分及び必要かつ合理的な範囲の追加的費用
対象区域内にあった商品を含む財物につき、当該財物の性質等から、検査を実施して安全を確認することが必要かつ合理的であると認められた場合には、所有者等の負担をした検査費用（検査のための運送費等の付随費用を含む。以下同じ）のうち、必要かつ合理的な範囲内のもの
財物（動産だけでなく不動産も含む）につき、現実に発生した以下のもの (1) 避難指示等による避難等を余儀なくされたことに伴い、対象区域内の財物の管理が不能となったため、当該財物の価値の全部又は一部が失われたと認められる場合には、現実に価値を喪失し又は減少した部分及びこれに伴う必要かつ合理的な範囲の追加的費用（当該財物の廃棄費用、修理費用等） (2) (1)のほか、当該財物が対象区域内にあり、 　(ｱ) 財物の価値を喪失又は減少させる程度の量の放射性物質に曝露した場合、又は、 　(ｲ) (ｱ)には該当しないものの、財物の種類、性質及び取引態様等から、平均的・一般的な人の認識を基準として、本件事故により当該財物の価値の全部又は一部が失われたと認められる場合 には、現実に価値を喪失し又は減少した部分及び除染等の必要かつ合理的な範囲の追加的費用 (3) 対象区域内の財物の管理が不能等となり、又は放射性物質に曝露することにより、その価値が喪失又は減少することを予防するため、所有者等が支出した費用のうち、必要かつ合理的な範囲内のもの
(1) 航行危険区域等の設定に伴い、(ｱ)漁業者が、対象区域内での操業又は航行を断念せざるを得なくなったため、又は、(ｲ)内航海運業若しくは旅客船事業を営んでいる者等が同区域を迂回して航行せざるを得なくなったため、現実に減収があった場合又は迂回のため費用が増加した場合は、その減収分及び必要かつ合理的な範囲の追加的費用 (2) 飛行禁止区域の設定に伴い、航空運送事業を営んでいる者が、同区域を迂回

		就労不能等に伴う損害
③ 政府等による農林水産物等の出荷制限指示等に係る損害	農林水産物（加工品を含む。以下③において同じ）及び食品の出荷、作付けその他の生産・製造及び流通に関する制限又は農林水産物及び食品に関する検査について政府が本件事故に関し行う指示等に伴う損害	営業損害
		就労不能等に伴う損害
		検査費用（物）
④ その他の政府指示等に係る損害	前記①～③に掲げられた政府指示等のほか、事業活動に関する制限又は検査について、政府が本件事故に関して行う指示等（水に係る摂取制限指導、水に係る放射性物質検査の指導、放射性物質が検出された上下水処理等副次産物の取扱いに関する指導及び学校等の校舎・校庭等の利用判断に関する指導等）に伴う損害	営業損害

して飛行せざるを得なくなったため費用が増加した場合には、当該追加的費用のうち、必要かつ合理的な範囲内のもの

航行危険区域等又は飛行禁止区域の設定により、同区域での操業、航行又は飛行が不能等となった漁業者、内航海運業者、旅客船事業者、航空運送事業者等の経営状態が悪化したため、そこで勤務していた勤労者が就労不能等を余儀なくされた場合には、かかる勤労者について、給与等の減収分及び必要かつ合理的な範囲の追加的費用

(1) 農林漁業者その他の同指示等の対象事業者において、同指示等に伴い、当該指示等に係る行為の断念を余儀なくされる等、その事業に支障が生じたため、現実に減収があった場合には、その減収分
(2) 農林漁業者その他の同指示等の対象事業者において、上記のように事業に支障が生じたために負担した追加的費用（商品の回収費用、廃棄費用等）や、事業への支障を避けるため又は事業を変更したために生じた追加的費用（代替飼料の購入費用、汚染された生産資材の更新費用等）のうち、必要かつ合理的な範囲内のもの
(3) 同指示等の対象品目を既に仕入れ又は加工した加工・流通業者において、当該指示等に伴い、当該品目又はその加工品の販売の断念を余儀なくされる等、その事業に支障が生じたために現実に生じた減収分及び必要かつ合理的な範囲の追加的費用
(4) 同指示等の解除後も、同指示等の対象事業者又は(3)の加工・流通業者において、当該指示等に伴い事業に支障が生じたために減収があった場合には、その減収分のうち合理的な範囲内のもの、また、同指示等の解除後に、事業の全部又は一部の再開のために生じた追加的費用（農地や機械の再整備費、除染費用等）のうち、必要かつ合理的な範囲内のもの

同指示等に伴い、同指示等の対象事業者又は前記(3)の加工・流通業者の経営状態が悪化したため、そこで勤務していた勤労者が就労不能等を余儀なくされた場合には、かかる勤労者について、給与等の減収分及び必要かつ合理的な範囲の追加的費用

同指示等に基づき行われた検査に関し、農林漁業者その他の事業者が負担を余儀なくされた検査費用

(1) 同指示等の対象事業者において、同指示等に伴い、当該指示等に係る行為の制限を余儀なくされる等、その事業に支障が生じたため、現実に減収が生じた場合には、その減収分
(2) 同指示等の対象事業者において、上記のように事業に支障が生じたために負担した追加的費用（商品の回収費用、保管費用、廃棄費用等）や、事業への支障を避けるため又は事業を変更したために生じた追加的費用（水道事業者による代替水の提供費用、除染費用、校庭・園庭における放射線量の低減費用等）のうち、必要かつ合理的な範囲内のもの
(3) 同指示等の解除後も、同指示等の対象事業者において、当該指示等に伴い事業に支障が生じたために減収があった場合には、その減収分のうち、合理的な

		就労不能等に伴う損害
		検査費用（物）
⑤ いわゆる風評被害	報道等により広く知られた事実によって、商品又はサービスに関する放射性物質による汚染の危険性を懸念した消費者又は取引先により当該商品又はサービスの買い控え、取引停止等をされたために生じた被害	一般的基準
		農林漁業・食品産業の風評被害

範囲内のもの、また、同指示等の解除後に、事業の全部又は一部の再開のために生じた追加的費用のうち、必要かつ合理的な範囲内のもの
同指示等に伴い、同指示等の対象事業者の経営状態が悪化したため、そこで勤務していた勤労者が就労不能等を余儀なくされた場合には、かかる勤労者について、給与等の減収分及び必要かつ合理的な範囲の追加的費用
同指示等に基づき行われた検査に関し、同指示等の対象事業者が負担を余儀なくされた検査費用
消費者又は取引先により商品又はサービスの買い控え、取引停止等をされたために生じた次のもの (1) 営業損害 　取引数量の減少又は取引価格の低下による減収分及び必要かつ合理的な範囲の追加的費用（商品の返品費用、廃棄費用、除染費用等） (2) 就労不能等に伴う損害 　(1)の営業損害により、事業者の経営状態が悪化したため、そこで勤務していた勤労者が就労不能等を余儀なくされた場合の給与等の減収分及び必要かつ合理的な範囲の追加的費用 (3) 検査費用（物） 　取引先の要求等により実施を余儀なくされた検査に関する検査費用
(1) 農林漁業において、本件事故以降に現実に生じた買い控え等による被害のうち、次に掲げる産品に係るもの 　(ｱ) 農林産物（茶及び畜産物を除き、食用に限る）については、福島、茨城、栃木、群馬、千葉及び埼玉の各県において産出されたもの 　(ｲ) 茶については、(ｱ)の各県並びに神奈川及び静岡の各県において産出されたもの 　(ｳ) 畜産物（食用に限る）については、福島、茨城及び栃木の各県において産出されたもの 　(ｴ) 水産物（食用及び餌料用に限る）については、福島、茨城、栃木、群馬及び千葉の各県において産出されたもの 　(ｵ) 花きについては、福島、茨城及び栃木の各県において産出されたもの 　(ｶ) その他の農林水産物については、福島県において産出されたもの 　(ｷ) (ｱ)～(ｶ)の農林水産物を主な原材料とする加工品 (2) 農業において、平成23年7月8日以降に現実に生じた買い控え等による被害のうち、少なくとも、北海道、青森、岩手、宮城、秋田、山形、福島、茨城、栃木、群馬、埼玉、千葉、新潟、岐阜、静岡、三重、島根の各道県において産出された牛肉、牛肉を主な原材料とする加工品及び食用に供される牛に係るもの (3) 農林水産物の加工業及び食品製造業において、本件事故以降に現実に生じた買い控え等による被害のうち、次に掲げる産品及び食品（以下「産品等」という）に係るもの 　(ｱ) 加工又は製造した事業者の主たる事務所又は工場が福島県に所在するもの 　(ｲ) 主たる原材料が(1)の(ｱ)～(ｶ)の農林水産物又は(2)の牛肉であるもの

			観光業の風評被害
			製造業、サービス業等の風評被害

(ｳ) 摂取制限措置（乳幼児向けを含む。）が現に講じられている水を原料として使用する食品
(4) 農林水産物・食品の流通業（農林水産物の加工品の流通業を含む。以下同じ）において、本件事故以降に現実に生じた買い控え等による被害のうち、(1)～(3)に掲げる産品等を継続的に取り扱っていた事業者が仕入れた当該産品等に係るもの
(5) 農林漁業、農林水産物の加工業及び食品製造業並びに農林水産物・食品の流通業において、(1)～(4)に掲げる買い控え等による被害を懸念し、事前に自ら出荷、操業、作付け、加工等の全部又は一部を断念したことによって生じた被害のうち、かかる判断がやむを得ないものと認められる場合のもの
(6) 農林漁業、農林水産物の加工業及び食品製造業、農林水産物・食品の流通業並びにその他の食品産業において、本件事故以降に取引先の要求等によって実施を余儀なくされた農林水産物（加工品を含む）又は食品（加工又は製造の過程で使用する水を含む）の検査に関する検査費用のうち、政府が本件事故に関し検査の指示等を行った都道府県において当該指示等の対象となった産品等と同種のものにかかるもの
(7) (1)～(6)に掲げる損害のほか、農林漁業、農林水産物の加工業及び食品製造業、農林水産物・食品の流通業並びにその他の食品産業において、本件事故以降に現実に生じた買い控え等による被害のうち、個々の事例又は類型毎に、取引価格及び取引数量の動向、具体的な買い控え等の発生状況等を検証し、当該産品等の特徴、その産地等の特徴、放射性物質の検査計画及び検査結果、政府等による出荷制限指示（県による出荷自粛要請を含む。以下同じ）の内容、当該産品等の生産・製造に用いられる資材の汚染状況等を考慮して、消費者又は取引先が、当該産品等について、本件事故による放射性物質による汚染の危険性を懸念し、敬遠したくなる心理が、平均的・一般的な人を基準として合理性を有していると認められる場合のもの

(1) 福島県のほか、茨城県、栃木県及び群馬県に営業の拠点がある観光業について、本件事故後に発生した観光業に関する解約・予約控え等による減収等
(2) (1)に加えて、外国人観光客に関しては、我が国に営業の拠点がある観光業について、本件事故の前に予約が既に入っていた場合であって、少なくとも平成23年5月末までに通常の解約率を上回る解約が行われたことにより発生した減収等

(1) 前記に掲げるもののほか、製造業、サービス業等において、本件事故以降に現実に生じた買い控え、取引停止等による被害のうち、以下に掲げる損害
  (ｱ) 福島県に所在する拠点で製造、販売を行う物品又は提供するサービス等に関し、当該拠点において発生したもの
  (ｲ) サービス等を提供する事業者が来訪を拒否することによって発生した、福島県に所在する拠点における当該サービス等に係るもの
  (ｳ) 放射性物質が検出された上下水処理等副次産物の取扱いに関する政府による指導等につき、ⅰ）指導等を受けた対象事業者が、当該副次産物の引き取りを忌避されたこと等によって発生したもの、ⅱ）当該副次産物を原材料として製品を製造していた事業者の当該製品に係るもの
  (ｴ) 水の放射性物質検査の指導を行っている都県において、事業者が本件事故

		輸出に係る風評被害
⑥ いわゆる間接被害	本件事故により前記①〜⑤で賠償の対象と認められる損害（第一次被害）が生じたことにより、第一次被害を受けた者と一定の経済的関係にあった第三者に生じた被害	営業損害
		就労不能等に伴う損害
⑦ 放射線被曝による損害		
その他（地方公共団体等の財産的損害等）		

以降に取引先の要求等によって実施を余儀なくされた検査に係るもの（但し、水を製造の過程で使用するもののうち、食品添加物、医薬品、医療機器等、人の体内に取り入れられるなどすることから、消費者及び取引先が特に敏感に敬遠する傾向がある製品に関する検査費用に限る） (2) 海外に在住する外国人が来訪して提供する又は提供を受けるサービス等に関しては、我が国に存在する拠点において発生した被害のうち、本件事故の前に既に契約がなされた場合であって、少なくとも平成23年5月末までに解約が行われたことにより発生した減収分及び追加的費用
(1) 我が国の輸出品並びにその輸送に用いられる船舶及びコンテナ等について、本件事故以降に輸出先国の要求（同国政府の輸入規制及び同国の取引先からの要求を含む）によって現実に生じた必要かつ合理的な範囲の検査費用（検査に伴い生じた除染、廃棄等の付随費用を含む）や各種証明書発行費用等 (2) 我が国の輸出品について、本件事故以降に輸出先国の輸入拒否（同国政府の輸入規制及び同国の取引先の輸入拒否を含む）がされた時点において、既に当該輸出先国向けに輸出され又は生産・製造されたもの（生産・製造途中のものを含む）に限り、当該輸入拒否によって現実に廃棄、転売又は生産・製造の断念を余儀なくされたため生じた減収分及び必要かつ合理的な範囲の追加的費用
第一次被害が生じたために間接被害者において生じた減収分及び必要かつ合理的な範囲の追加的費用
前記「営業損害」により、事業者である間接被害者の経営が悪化したため、そこで勤務していた勤労者が就労不能等を余儀なくされた場合の給与等の減収分及び必要かつ合理的な範囲の追加的費用
本件事故の復旧作業等に従事した原子力発電所作業員、自衛官、消防隊員、警察官又は住民その他の者が、本件事故に係る放射線被曝による急性又は晩発性の放射線障害により、傷害を負い、治療を要する程度に健康状態が悪化し、疾病にかかり、あるいは死亡したことにより生じた逸失利益、治療費、薬代、精神的損害等
地方公共団体又は国（以下「地方公共団体等」という）が所有する財物及び地方公共団体等が民間事業者と同様の立場で行う事業に関する損害については、この中間指針で示された事業者等に関する基準に照らし、本件事故と相当因果関係が認められる限り、賠償の対象となるとともに、地方公共団体等が被害者支援等のために、加害者が負担すべき費用を代わって負担した場合も、賠償の対象となる

[資料2] 訴状案

　以下の訴状案は、福島原発事故で被害を受けた方が、東京電力および国、県を相手に損害賠償請求をする場合の案である。

　訴状案には、福島原発事故の概要のほか、国の過失等を根拠づけるために最低限必要と思われる原子力発電所の仕組み、放射性物質の性質、放射線障害の機序等についても記載した。これらについては適宜取捨選択して利用いただきたい。

　責任論については、おおまかな項目は記載したが、筆者の能力不足のため、まだまだ至らない部分があるかと思う。

　損害論については、個別に異なるため、特に記載していない。ただ、避難費用については、私見に基づき、たとえ避難指示がなくとも請求できる場合があるとの主張をとった。

訴　　　状

平成〇〇年〇〇月〇〇日

〇〇地方裁判所民事部　御中

原告訴訟代理人弁護士　〇　〇　〇　〇

（または）

原　　　告　〇　〇　〇　〇

当事者の表示　　別紙当事者目録記載の通り

損害賠償請求事件
訴訟物の価額　　〇〇〇〇万〇〇〇〇円
ちょう用印紙額　　〇万〇〇〇〇円

目　　次[1]

第1　請求の趣旨……p〇
第2　請求の原因……p〇

（以下省略）

1　裁判所からは、20頁を超える訴状・準備書面等には目次を付けることが要請されている。

第1　請求の趣旨
1　被告らは原告に対し、連帯して金〇〇〇〇万〇〇〇〇円および平成23年3月11日から支払済みまで年5分の割合による金員を支払え。
2　訴訟費用は被告らの負担とする。
3　仮執行宣言

第2　請求の原因
1　はじめに
　　本件は、平成23年3月11日に発生した、東京電力福島第一原子力発電所事故において、被告東京電力株式会社及び国・〇〇県の過失による不法行為により、原告らが〇〇を失うという重大な結果をもたらしたことに関する損害賠償を求めるものである。

2　当事者
(1)　原告は〇〇を営む者である[2]。
(2)　被告東京電力株式会社（以下、「被告東電」という。）は首都圏および静岡県東部を事業地域とする発電および送電等を営む株式会社であり、福島第一原子力発電所（以下、「本原発」という。）を設置・運転してきた者である。

3　原子力発電の概要[3]
　　原子力発電とは、原子炉内に装架された核燃料（ウラン235およびプルトニウム）の核分裂反応によって発生した熱により発電するものである。日本で商業用に用いられている原子炉は全て軽水炉である。以下、軽水炉について概説する。
(1)　核分裂
　　　ウラン235、プルトニウム239等に中性子を当てると、分裂して別の核種（核分裂生成物という。）を生成すると共に、巨大なエネルギーや2～3個

---

[2]　事業者としての損害を請求するわけではない場合は、「原告は〇〇県〇〇市に居住する者である」等の記載となる。

[3]　原子力発電所の用語に関しては、高度情報科学技術研究機構サイト内「原子力百科事典ATOMICA」〈http://www.rist.or.jp/atomica/index.html〉、原子力安全・保安院サイト内「用語集」〈http://www.nisa.meti.go.jp/word/index.html〉等参照。

の中性子を発生する。これが核分裂である。核分裂によって発生した中性子がさらに他のウラン235等に当たって核分裂を起こすように条件を整えると、外部から中性子を供給しなくとも、核分裂反応が同じ割合で持続的に起こる。この状態を臨界という。

天然ウランには、ウラン235が約0.7％、ウラン238が約99.3％含まれている。中性子によって核分裂するのはウラン235であり、ウラン238は中性子が衝突しても核分裂しない。軽水炉においては、ウラン235の濃度を約3～4％に濃縮した低濃縮ウランが燃料として用いられる。

(2) 軽水炉

軽水炉とは、軽水を中性子減速材とし、かつ、軽水を冷却材とする原子炉である。軽水炉においては、軽水を過熱して高温・高圧の水蒸気を発生させ、これでタービンを駆動し発電する。

ウラン235は、減速された中性子でないと核分裂しにくい性質を持つ。そのため、臨界を維持するには核分裂で発生した中性子を減速する必要がある。中性子の減速に用いられる素材を中性子減速材といい、軽水炉においては冷却材である軽水自体が中性子減速材としても用いられる。

(3) 沸騰水型軽水炉の概要

沸騰水型軽水炉（boiling water reactor 以下、「BWR」という。）とは、軽水炉のうち、圧力容器内で燃料棒内核燃料の核分裂反応により発生した熱によって高温（約280度Ｃ。以下温度は摂氏で標記する。）・高圧（約70気圧）の水蒸気を発生させ、これを直接タービンに導いて発電するものである。本原発に設置されている原子炉6機は全てBWRである。

他の軽水炉の形式として加圧水型軽水炉（PWR）がある。これは、圧力容器内では冷却水に高圧（約160気圧）をかけることで沸騰させず、高温（約325度）になった当該冷却水（一次冷却水という。）を蒸気発生器に導き、ここで一次冷却水と分離された二次冷却水を過熱し、蒸気発生器で発生した水蒸気をタービンに導いて発電するものである。

(4) BWRの構成要素

ア ペレット、燃料棒、燃料集合体

軽水炉で使用される燃料は、低濃縮ウランの酸化物を直径約1cm、長さ約1cmのペレット状に焼き固め、ジルコニウム合金製の被覆管に充填した全長4.1～4.1m、外径0.95～1.4cmの燃料棒に加工されている。燃料棒は多数組み合わせた燃料集合体として原子炉に装架される。

[資料２] 訴状案

核燃料として、ウラン238とプルトニウムを混合した燃料（mixedox-ide。MOX 燃料という。）を用いるものもある。MOX 燃料を用いた発電をプルサーマル（プルトニウムとサーマルニュートロンリアクター《熱中性子炉》を合わせた造語。）という。
　イ　圧力容器
　　核燃料、炉内構造物、減速材及び冷却材など原子炉の主要構成材料を収納し、その中で核分裂のエネルギーを発生させる容器である。
　　炉内構造物としては、シュラウド（炉心を支持する構造物）、制御棒（原子炉内に出し入れして出力を制御するため、中性子を吸収する性質の素材（ホウ素、カドミウム等）からなるもの）等がある。BWR においては、圧力容器上部（燃料棒の上）に蒸気乾燥器・汽水分離器が存在するため、制御棒を上から挿入することができず、圧力容器下部から挿入する。そのため、BWR 圧力容器の底には制御棒が貫通する多数の穴が開けられ、制御棒駆動機構ハウジング、インコアモニタハウジングが溶接されている。[4]
　ウ　格納容器
　　圧力容器、原子炉冷却設備、及びその関連設備を格納する容器である。
　　BWR の原子炉格納容器はドライウェル（drywell 以下、「D／W」という。）と圧力抑制室（suppression chamber 以下、「S／C」という。）より構成されている。S／C には十分な冷却水を保有し、冷却材喪失事故時に D／W 内に放出された蒸気は、ベント管を通して S／C 内の冷却水中に放出され凝縮され、これによって水蒸気の圧力を抑制する。これを圧力抑制方式という。
　　本原発で爆発して放射性物質が漏洩した１～３号機の格納容器は全てマークⅠであり、同型式の D／W はフラスコ状、S／C はドーナッツ状である。[5]
　エ　原子炉建屋
　　原子炉建屋とは、原子炉及びその関連施設を収容する建屋である。
(5) 使用済み燃料プール
　　使用済み核燃料は強い放射線と崩壊熱を発生するため、圧力容器から取

---
[4]　圧力容器下部の写真は田中三彦著『原発はなぜ危険か』159頁に掲載されている。
[5]　建設中の Mark Ⅰ型格納容器の写真は、米国TVAサイト内「Construction begins on Browns Ferry Nuclear Plant」〈http://tva.com/75th/images/timeline/KX-8742.jpg〉参照。

り出された後、熱除去および放射線遮蔽のため、数年間は循環する水の中に沈めて冷却・保管される。この保管用プールが使用済み燃料プールである。BWRにおいては、核燃料交換の便宜のため、使用済み燃料プールは原子炉建屋上部に位置している。

4 本原発の概要

本原発に原子炉は6機設置されている。各号機の概要および東日本大震災発生時の運転状況等は以下の通りである。[6]

号機	1	2	3	4	5	6
種別	BWR	BWR	BWR	BWR	BWR	BWR
圧力容器型式	BWR3	BWR4	BWR4	BWR4	BWR5	BWR5
格納容器型式	マークI	マークI	マークI	マークI	マークI	マークII
電気出力（万Kw）	46.0	78.4	78.4	78.4	78.4	110.0
熱出力（万Kw）	138.0	238.1	238.1	238.1	238.1	329.3
本地震発生時の運転状況	運転中	運転中	運転中	定期検査中	定期検査中	定期検査中
圧力容器内の燃料	二酸化ウラン	二酸化ウラン	二酸化ウラン及びMOX	取り出し済	二酸化ウラン	二酸化ウラン

5 本件事故の概要

本原発事故（以下、「本件事故」という。）の概要は以下の通りである。

なお、以下の主張は、被告東電・被告国の発表やこれまでの報道等に依拠しているが、それらに齟齬する部分や公開が不充分な部分もあるため、追っ

---

[6] 東京電力サイト内「福島第一原子力発電所　発電所の概要」〈http://www.tepco.co.jp/nu/f1-np/intro/outline/outline-j.html〉等による。

て訂正する可能性があることを付言する。
(1) 東日本大震災およびこれにより発生した津波[7]

平成23年3月11日14時46分頃（以下、時刻は24時間制で記載する。）、東日本大震災（モーメントマグニチュード9.0。以下、「本地震」という。）が発生した。本原発の位置する福島県双葉郡双葉町および大熊町における震度は6強であり、本原発における最大加速度（原子炉建屋最地下階における計測値）は、暫定値で水平550ガル、上下302ガルであった。また、本地震により津波が発生し、本原発では本地震発生から約1時間後の同日15時27分に津波の第一波が到達し、同日15時37分には第二波が到達した。第何波によるものかは不明であるが、本原発においては、基準面（O.P. 小名浜港工事基準面。T.P.(東京湾平均海面）の下方0.727m にある基準面。）からの高さ約15mまで浸水した（被告東電の公表した写真によると、15時40分頃と考えられる）[8]。なお、本原発の敷地高は、1～4号機が10m、5・6号機は13mである。

(2) 本原発の緊急停止[9]

被告東電等の発表によると、本原発のうち本地震発生時に運転中であった1号機は同日14時46分、2・3号機は同47分に自動緊急停止（スクラム）した。

スクラムにより、核燃料の核分裂反応は停止する（厳密にいえば、プルトニウム等の自発核分裂は残る）。しかし、炉内の核燃料や核分裂生成物は、核分裂をしなくても、放射線を出し続けて他の核種に変化し（これを崩壊という。）、この放射線による熱が発生する。この熱を崩壊熱という。核燃料の崩壊熱はスクラム後も発生し続け、長期間運転後のスクラムから1秒後の崩壊熱の量は当該原子炉の熱出力の約7％、1日後は同約1％である。冷却しない場合、燃料棒被覆管の素材であるジルコニウム合金（ジ

---

[7] 東京電力サイト内「東日本大震災における原子力発電所の影響と現在の状況について」〈http://www.tepco.co.jp/nu/fukushima-np/f1/images/f12np-gaiyou.pdf〉、「福島第一・第二原子力発電所への地震・津波の影響について」〈http://www.tepco.co.jp/nu/fukushima-np/images/handouts_110525_01-j.pdf〉。

[8] 経済産業省サイト内「当社福島第一原子力発電所、福島第二原子力発電所における津波の調査結果について」〈http://www.meti.go.jp/press/2011/04/20110409007/20110409007-2.pdf〉も参照されたい。

[9] 東京電力サイト内「被災直後の対応状況について」〈http://www.tepco.co.jp/cc/press/betu11_j/images/110618l.pdf〉等。

ルカロイ）と水との反応による水素の発生（摂氏約900度から発生する。以下、温度は摂氏で記載する。）や、核燃料の溶融（ウラン燃料の融点は約2800度、プルトニウム燃料の融点は約2400度）を惹起し、ひいては水素爆発、水蒸気爆発、これらによる圧力容器・格納容器等の破壊、放射性物質の環境への漏洩を招くこととなる。従って、スクラム後も冷却水を循環させる必要がある。

冷却水の循環は所内電源ないし外部交流電源、非常用ディーゼル発電機（emergency diesel generator 以下、「EDG」という。）を用いた冷却ポンプにより行う。いずれの電源も失われた全交流電源喪失時には、非常用復水器（isolation condenser 以下、「IC」という。）や崩壊熱により圧力容器内で発生した蒸気によるタービン駆動ポンプを利用して冷却水を循環させる原子炉隔離時冷却系（reactor core isolation cooling 以下、「RCIC」という。）、同様の蒸気タービン駆動ポンプを用いて原子炉内に水を補給する高圧注水系（high pressure coolant injection 以下、「HPCI」という。）等が用いられる。[10]

(3) 全交流電源喪失

　ア　所内電源停止

　　本原発では、運転していた１～３号機で発電した電気を所内電源として用いていたが、前記スクラムにより所内電源は停止した。

　イ　外部電源喪失

　　本原発の外部電源は６系統あったが、本地震により受電鉄塔が倒壊するなどして全て遮断された。なお、外部電源喪失の原因は津波ではなく地震である。

　ウ　EDG の運転不能

　　前記津波の到達により、各号機に２機ずつ設置されていた EDG のうち、６号機の１機を除く11機が運転不能となった。

　エ　全交流電源喪失

　　以上の経緯により、１号機は同日15時37分、２号機は同41分、３号機は同38分に、４号機は同38分に発電所の機器を駆動するための所内電源

10　原子力安全・保安院サイト内「東京電力㈱福島原子力発電所の事故について」〈http://www.nisa.meti.go.jp/oshirase/2011/07/230715-5-1.pdf〉、前掲（注９）「被災直後の対応状況について」、東京電力サイト内「運転日誌等」（３・４号機）〈http://www.tepco.co.jp/nu/fukushima-np/plant-data/f1_4_Nisshi3_4.pdf〉。

及び外部電源、EDG全ての交流電源が給電できなくなる全交流電源喪失（station black out 以下、「SBO」という。）となった。
(4) 電源車による電力供給の失敗[11]

被告東電および国は、電源車から本原発各号機に電力を供給することで冷却ポンプを稼働させることを試みた。しかし、平成23年3月12日15時36分頃の1号機の爆発によって、敷設中のケーブルは損傷し、高圧電源車は自動停止した。作業は中断し、全員が免震重要棟に待避した。結果的に、電源車からの送電は失敗した。

(5) ベントの実施[12]

被告東電は、消防車のポンプで水を圧力容器内に注入することを試みた。しかし、圧力容器・格納容器の内圧が高いと、これが抵抗となって冷却水の注入を妨げる上、圧力容器や格納容器が破損する危険がある。そこで、圧力容器から格納容器に放出された蒸気を放出して格納容器の内圧を下げる必要がある。この放出をベントという。各号機のベント（ないしその失敗）に至る経緯は以下の通りである。

なお、後述する通り、本原発のベント設備に放射性物質除去用のフィルターは設置されていなかったため、ベントによって大量の放射性物質が放出された。

ア 1号機

3月12日10時17分、同23分、同24分にベント作業を行ったが充分に効いているか確認できず、同日14時頃に仮設コンプレッサーを起動し、同日14時30分頃にD／W圧力が低下していることを確認した。被告東電は、これを根拠にベントが実施されたものと判断している。

イ 2号機

ベント作業を何度も試みていたが失敗していたところ、同月15日6時頃、S／C付近で爆発が発生し、S／Cの圧が大気圧と同等に下がった。また、同日11時25分頃にはD／Wの圧力も低下していることを確認した。これによりベントを行う必要はなくなった。

ウ 3号機

3月13日8時41分にラプチャーディスク（あらかじめ設定された圧

---

11 前掲（注9）「被災直後の対応状況について」。
12 前掲（注9）「被災直後の対応状況について」。

と温度で瞬時に破裂することで過剰圧力を開放する板。破裂版。）を除くベントラインの構成が完了し、同日9時20分頃にはベントが実施された。

(6) 冷却材喪失および燃料溶融[13・14・15]

被告国（原子力対策本部）作成の「東京電力㈱福島原子力発電所の事故について」に記載された冷却材喪失（loss of coolant accident 以下、「LOCA」という。）および燃料溶融に至る経緯は以下のア〜ウの通りである。

ア 1号機

3月11日14時52分にICが作動したが、同日15時03分に手動停止した。同37分のSBOから3月12日5時46分の消火系からの淡水注水開始までの約14時間9分に渡り注水が停止した。これにより、LOCAが始まり、3月11日17時00分頃に燃料が冷却水から露出し、燃料溶融が始まった。

イ 2号機

3月11日14時50分にRCICが起動したが、同月14日13時25分にRCICが停止し、ここから同日19時54分に消火系から海水注入を開始するまでの約6時間29分に渡り注水が停止した。これにより、LOCAが始まり、同日18時00分頃には燃料が冷却水から露出し、燃料溶融が始まった。

ウ 3号機

3月11日15時05分にRCICが起動したが、3月12日11時36分にRCICが停止し、同日12時35分にHPCIが起動し、3月13日2時42分HPCIが停止し、ここから同日9時25分に消火系から淡水注入を開始するまでの約6時間43分に渡り注水が停止した。これにより、LOCAが始まり、同日8時00分頃に燃料が冷却水から露出し、燃料溶融が始まった。

エ SBO以前に冷却材を喪失した可能性[16]

1号機においては、平成23年3月11日15時07分に格納容器スプレイA系、同11分に同B系が起動している。これは、LOCA時に使用され[17]

---

13 前掲（注9）「被災直後の対応状況について」。
14 前掲（注10）「東京電力㈱福島原子力発電所の事故について」。
15 東京電力サイト内「福島第一原子力発電所プラントデータについて」〈http://www.tepco.co.jp/cc/press/betu11_j/images/110516aa.pdf〉。
16 田中三彦「インタビュー・津波が来なくてもメルトダウンは起きた？ 問題は耐震性だ」エコノミスト臨時増刊平成23年7月11日号4頁、石橋克彦編『原発を終わらせる』3頁。

るBWRの安全設備であり、格納容器内の圧力上昇により、S／Cにためられている水を格納容器内のD／W及びS／C内にスプレイして減圧を促進し、最高使用圧力及び最高使用温度を超えるのを防ぐための系統である。1号機では各系が毎秒200リッターの水を散布する。かかる格納容器冷却設備が稼働したということは、その時点で圧力容器から格納容器に蒸気が漏れだして同容器の温度ないし圧力が上昇していたということであるから、同時刻までにLOCAが発生していたことが推認される（核燃料が正常に冷却されているならば、格納容器の温度も圧力も上昇しない）。

また、同日15時29分には、本原発内モニタリングポスト3において「Hi－Hi警報」[18]が発生している。これは、同時刻に同原発1号機から北西方向約1.5km離れたモニタリング・ポスト3で高放射線量を知らせる警報が発生したということである[19]。核燃料が正常に冷却されている限り、放射性物質が圧力容器外に大量に放出されることはないのであるから、同時刻に高放射線量が検出されたということは、同時刻までにLOCAが発生していたことを推認させる。

本原発に津波は数回到達しているが、前記の通り、SBOは同日15時37～41分である。それ以前に上記の通りのLOCAを推認させる事象が発生していたことからすると、津波ではなく、地震によって本原発の冷却材が失われた可能性は高い。

オ　「東京電力（株）福島原子力発電所の事故について」と被告東電が公表したデータとの矛盾

前記の通り、被告国は1号機について3月11日17時00分頃に燃料が冷却水から露出し、燃料溶融が始まったと判断している。しかし、被告東電が公表した「プラント関連パラメータ」内「数表データ」[20]によると、同時刻より2時間30分後の同日21時30分における1号機の水位は燃料よ

17　東京電力サイト内「運転日誌等」（1・2号機）⟨http://www.tepco.co.jp/nu/fukushima-np/plant-data/f1_4_Nisshi1_2.pdf⟩の6枚目「トーラスクーリング　イン」。
18　前掲（注17）「運転日誌等」（1・2号機）16枚目。
19　モニタリングポスト3の位置は前掲（注7）「東日本大震災における原子力発電所の影響と現在の状況について」。
20　東京電力サイト内⟨http://www.tepco.co.jp/nu/fukushima-np/plant-data/f1_8_Parameter_data_20110613teisei.pdf⟩および⟨http://www.tepco.co.jp/nu/fukushima-np/plant-data/f1_8_Parameter_data.pdf⟩。

り450mm上であり、燃料が露出したのは同月12日7時55分から8時10分頃である。被告国も、当該データを「東京電力㈱福島原子力発電所の事故について」内「1号機原子炉圧力及び水位」のグラフ作成に当たり引用している。要するに、被告国の判断は、自らが引用するデータにすら矛盾する。同様の矛盾は、2号機、3号機においても存在する。かかる矛盾は、本原発がLOCAに至る経緯について、被告国ないし東電が事実を隠している疑いを推認させるものである。

カ　現在の核燃料の状況

1〜3号機で溶融した核燃料は、いずれも圧力容器内下部を貫通し（これは、溶融した燃料が、圧力容器下部の制御棒駆動機構ハウジングやインコアモニタハウジング等の溶接部分を溶かしたものと推定される。）、格納容器内に漏洩した。さらに、核燃料が、格納容器内の圧力容器下部に位置するコンクリート製ペデスタル（圧力容器の台座）や格納容器自体をも貫通したとの推測もあり、現在、溶融した核燃料がどこにどれだけ存在するのかは不明である。

(7)　水素爆発

水素爆発とは、燃料棒被覆材であるジルコニウムと水とが高温で反応して発生した水素が、何らかのきっかけで酸素と爆発的に反応（燃焼）するものである。本原発1〜4号機において、以下の通りの水素爆発が発生した。

ア　1号機水素爆発

平成23年3月12日15時36分頃、1号機において水素爆発が発生した。これにより、1号機建屋の上部は破壊され、大量の放射性物質が放出された。また、圧力容器および格納容器の破損と相まって、核燃料は環境に露出することとなった。

イ　3号機水素爆発

同月14日11時1分頃、3号機においても水素爆発が発生し、同号機建屋の上部が破壊された。機序・結果は1号機と同様である。3号機の爆発は1号機の爆発を超える規模であった。

ウ　2号機S／C付近での爆発

同月15日6時頃、2号機S／C付近で爆発が発生し、S／Cの圧が大気圧と同等に下がった。原因は水素爆発と考えられてきたが、被告東電は水素爆発ではないとしている。これにより、S／Cがその一部を構成

する格納容器の気密性は失われた。大量の放射性物質が放出されたこと、核燃料が環境に露出したことは1・3号機と同様である。

　エ　4号機水素爆発

　　同月15日6時頃、4号機において水素爆発が発生し、同号機建屋の上部が破壊された。当該爆発により、使用済み燃料プールの崩落すら危惧される事態となったが、同年7月30日までに同建屋の補強工事は完了している。

　　本地震発生当時、4号機は定期点検中であったため、圧力容器内に核燃料は存在しなかった（取り出し済であった）。しかし、排気筒を共有する3号機で発生した水素が4号機原子炉建屋に流入した、あるいは、燃料集合体1535体（新燃料、使用中燃料、使用済み燃料の合算）が保管されていた4号機使用済み燃料プール内の水が放射線で分解されて水素が発生したため、同建屋に溜まった水素が爆発したと推測されている。

6　本件事故で放出された主な放射性物質

　本件事故で放出された放射性物質は多種に渡るが、主なものは以下の通りである。

核種	元素記号	半減期	放射する放射線	体内で滞積する部位
ヨウ素131	I131	8.04日	β線、γ線	甲状腺
セシウム134	Cs134	2.06年	β線、γ線	全身
セシウム137	Cs137	30.1年	β線、γ線	全身
ストロンチウム90	Sr90	29.1年	β線	骨
プルトニウム239	Pu239	2.41万年	α線	経口摂取した時は体内に吸収されにくく、吸入した時は肺などに長く留まる。

7　本件事故による放射性物質の放出

(1) 放出量[21]

上記水素爆発等により、大量の放射性物質が環境に放出された。被告国の機関による推定放出量は以下の通りである（単位ベクレル）。なお、ここではI131及びCs137しか推定されていないが、他の放射性物質も放出されている以上、以下の推定値は放出量の全部ではあり得ないことを付言する。

推定した組織	I-131	Cs-137
原子力安全・保安院（原子力安全基盤機構）（4月）*	1.3×10^{17}	6.1×10^{15}
原子力安全・保安院（原子力安全基盤機構）（5月）*	1.6×10^{17}	1.5×10^{16}
原子力安全委員会（日本原子力研究開発機構）**	1.5×10^{17}	1.2×10^{16}

*　原子力安全・保安院は原子力安全基盤機構の支援を受けて、原子炉の状況に関する解析に基づき推定。

**　原子力安全委員会は日本原子力研究開発機構の支援を受けて、環境モニタリングデータと拡散計算に基づき推定。

(2) 放射性物質を含む汚染水の海への放出

ア　意図的な放出[22]

同年4月4日から10日にかけて、被告東電は、集中廃棄物処理施設内に溜まっている低レベルの汚染水（約1万t）及び5号機および6号機のサブドレンピットに保管されている低レベルの汚染水（延べ1500t）を意図的に海に放出した。その理由について被告東電は、「現在、福島第一原子力発電所タービン建屋内には、多量の放射性廃液が存在しており、特に2号機の廃液は、極めて高いレベルの放射性廃液であります。これを安定した状態で保管するには、集中廃棄物処理施設に移送することが必要と考えております。しかし、同施設内には、現状、1万トンの低レベル放射性廃液が既に保管されており、新たな液体を受け入れるに

21　前掲（注10）「東京電力㈱福島原子力発電所の事故について」。

22　東京電力サイト内「福島第一原子力発電所からの低レベルの滞留水などの海洋放出の結果について」〈http://www.tepco.co.jp/cc/press/11041505-j.html〉。

は、現在保管されている低レベルの廃液を排出する必要があります。」
と説明している。
　イ　意図しない流出[23]
　　平成23年4月2日午前9時30分頃、2号機の取水口付近にある電源ケーブルを納めているピット内に1000ミリシーベルト／時を超える水が貯まっていること、およびピット側面のコンクリート部分に長さ約20センチメートルの亀裂があり、当該部分よりピット内の水が海に流出していることが発見された。被告東電は、4月6日午前5時38分頃、ピット側面のコンクリート部分からの海への流出が止まったことを確認した、としている。
　　また、平成23年5月11日、福島第一原子力発電所3号機の取水口付近において、立坑閉塞作業を実施していた作業員が、電源ケーブルを納めている管路を通じてピット内に水が流入していること、さらに当該ピットから海への流出が確認された。被告東電は、当該ピットに通じる管路に対して布を挿入したうえで、ピット内にコンクリートを打設することによって、同日、水の流出が止まった、としている。
(3)　現在も続く放射性物質の放出
　　平成23年8月17日時点でも、1〜4号機の核燃料は環境に露出したままであり、放射性物質の放出（被告東電および国の発表によると2億ベクレル／時）は続いている[24]。
　　なお、8月下旬には、1号機サブドレンからヨウ素131が検出されている。これは半減期が約8日と短い核種である以上、これに近い時期に再臨界が発生した疑いもあることを付言する[25]。

8　本件事故には原子力損害の賠償に関する法律3条1項が適用される
　　原子力損害の賠償に関する法律（以下、「原賠法」という。）3条1項は
　「「原子炉の運転等の際、当該原子炉の運転等により原子力損害を与えた

---

[23] 被告東京電力サイト内「プレスリリース」〈http://www.tepco.co.jp/cc/press/index-j.html〉に、放射性汚染水の放出・流出に関する多数のリリースがなされている。
[24] 東京電力サイト内「東京電力福島第一原子力発電所・事故の収束に向けた道筋　進捗状況のポイント」〈http://www.tepco.co.jp/cc/press/betu11_j/images/110817c.pdf〉。
[25] 東京電力サイト内「福島第一原子力発電所タービン建屋付近のサブドレンからの放射性物質の検出について」〈http://www.tepco.co.jp/cc/press/11090107-j.html〉および「福島第一放射能濃度」〈http://www.tepco.co.jp/cc/press/betu11_j/images/110901m.pdf〉。

ときは、当該原子炉の運転等に係る原子力事業者がその損害を賠償する責めに任ずる。」

と定めている。同規定における「原子炉」とは「核燃料物質を燃料として使用する装置」であり（原賠法2条4項、原子力基本法3条4号）、「原子力損害」とは「核燃料物質の原子核分裂の過程の作用又は核燃料物質等の放射線の作用若しくは毒性的作用（これらを摂取し、又は吸入することにより人体に中毒及びその続発症を及ぼすものをいう。）により生じた損害」である（原賠法2条2項）。

本件事故による原告の損害は、本原発の原子炉の運転の際に、前記機序によって核燃料物質が環境に放出され、その放射線の作用ないし毒性的作用によって生じたものであるから、原告の損害は「原子力損害」である。また、被告東電は、核原料物質、核燃料物質及び原子炉の規制に関する法律23条1項1号の許可を受けているはずであるから、原賠法2条3項1号に該当する「原子力事業者」である。よって、本件には原賠法3条1項が適用され、被告東電は無過失責任を負い、後述する原告の損害を賠償する義務を負う。

9　本件事故への原賠法3条1項但書の不適用

原賠法3条1項但書は、

「ただし、その損害が異常に巨大な天災地変又は社会的動乱によって生じたものであるときは、この限りでない。」

と定めている。しかし、以下に述べる通り、本地震およびこれにより発生して本原発に到達した津波は異常に巨大な天災地変には当たらず、本件事故に同条同項但書は適用されない。

(1) 異常に巨大な天災地変

ア　原賠法制定過程の国会における説明

(ア) 我妻榮博士の説明[26]

---

[26] 国会会議録検索システムサイト内〈http://kokkai.ndl.go.jp/cgi-bin/KENSAKU/swk_dispdoc_text.cgi?SESSION＝29270&SAVED_RID＝2&SRV_ID＝2&DOC_ID＝15627&MODE＝1&DMY＝830&FRAME＝3&PPOS＝13# JUMP1及び http://kokkai.ndl.go.jp/cgi-bin/KENSAKU/swk_dispdoc_text.cgi?SESSION＝29270&SAVED_RID＝2&SRV_ID＝2&DOC_ID＝15627&MODE＝1&DMY＝830&FRAME＝3&PPOS＝14# JUMP1、http://kokkai.ndl.go.jp / cgi-bin / KENSAKU / swk_dispdoc_text.cgi?SESSION＝29270&SAVED_RID＝2&SRV_ID＝2&DOC_ID＝15627&MODE＝1&DMY＝830&FRAME＝3&PPOS＝15# JUMP1、http://kokkai.ndl.go.jp/cgi-bin/KENSAKU/swk_dispdoc_text.cgi〉。

昭和36年04月26日衆議院科学技術振興対策特別委において、我妻榮参考人（東京大学名誉教授、原子力委員会原子力災害補償専門部会長）は、以下の通り回答している。

　田中（武）委員　そういたしますと、「異常に巨大な天災地変又は社会的動乱」ということは、俗に言う不可抗力よりかもつと範囲の狭いものですね。

　我妻参考人　おっしゃる通りです。不可抗力という言葉にもずいぶんいろいろ議論があるようですけれども、超不可抗力ということなんですね。ほとんど発生しないだろう。ほとんど発生しないようなことなら、何も書く必要はないだろうということにもなりますけれども、これは先ほどから繰り返して申しますように、無過失責任は私企業の責任を中心として発達したものですから、いかに無過失責任を負わせるにしても、人類の予想していないような大きなものが生じたときには責任がないといっておかなくちゃ、つじつまが合わないじゃないか、そういう考えが出てくるだろうと私は解釈しております。しかし、実際問題としては問題になるかもしれませんけれども、おそらく大したことはないだろう。

　田中（武）委員　そういたしますと、その文句の法律的解釈、これを俗に言うなら、予想といいますか、考えられないような事態、こういうように理解してよろしいのですか。

　我妻参考人　ええ、その通りです。

(ｲ)　加藤一郎博士の説明[27]

　昭和36年05月30日参議院商工委員会において加藤一郎博士（東京大学教授）は以下の通り説明している。

　第二の問題といたしまして、その場合の免責事由をどこまで認めるかということがございます。この法案では、三条一項ただし書きにおきまして、「異常に巨大な天災地変又は社会的動乱」というものを免責事由としてあげております。この点は、ともかく原子炉のように非常に大きな損害が起こる危険のある場合には、今までのところから予想し得るようなものは全部予想して、原子炉の設定その他の措置をし

---

[27]　国会会議録検索システムサイト内〈http://kokkai.ndl.go.jp/cgi-bin/KENSAKU/swk_dispdoc_text.cgi?SESSION=29270&SAVED_RID=1&SRV_ID=2&DOC_ID=17181&MODE=1&DMY=29337&FRAME=3&PPOS=4#JUMP1〉。

なければならない。従って、普通の、いわゆる不可抗力といわれるものについて、広く免責を認める必要はないわけであります。むしろ今まで予想されたものについては万全の措置を講じて、そこから生じた損害は全部賠償させるという態勢が必要であります。そこで、たとえばここでいう「巨大な天災地変」ということの解釈といたしましても、よくわが国では地震が問題になりますが、今まで出てきたわが国最大の地震にはもちろん耐え得るものでなければならない。さらにそれから、今後も、今までの最大限度を越えるような地震が起こることもあり得るわけですから、そこにさらに余裕を見まして、簡単に言いますと、関東大震災の二倍あるいは三倍程度のものには耐え得るような、そういう原子炉を作らなければならない。逆に言いますと、そこまでは免責事由にならないのでありまして、もう人間の想像を越えるような非常に大きな天災地変が起こった場合にだけ、初めて免責を認めるということになると思われます。そういう意味で、これが「異常に巨大な」という形容詞を使っているのは適当な限定方法ではないだろうかと思われます。

　イ　異常に巨大な天災地変の意義

　　以上の説明に照らせば、異常に巨大な天災地変とは、「人類の予想していないような大きなもの」、「人間の想像を越えるような非常に大きな天災地変が起こった場合」を指すこととなる。

(2) 東日本大震災およびこれによる津波は異常に巨大な天災地変に当たらない

　ア　震度

　　前記の通り、本原発の位置する福島県双葉郡双葉町および大熊町における震度は6強であった。

　　近時に限っても、震度6強は、平成19年3月25日能登半島地震、平成19年7月16日新潟県中越沖地震、平成20年6月14日岩手・宮城内陸地震において観測されており、平成16年10月23日新潟県中越地震では震度7が観測されている。なお、新潟県中越沖地震の際の東電柏崎刈羽原発の立地する柏崎市および刈羽村の震度は6強である。従って、震度を基準とすると、本地震は被告東電自身すら他の原発において経験した規模であり、異常に巨大な天災地変とは評価できない。

　イ　加速度

前記の通り、本原発における最大加速度（暫定値）は、水平550ガル、上下302ガルであった。
　上記新潟県中越沖地震の際の被告東電柏崎刈羽原発における最大加速度（原子炉建屋最地下階における計測値）は、水平680ガル、上下488ガルである[28]。従って、加速度を基準としても、本地震は、被告東電自身が他の原発において経験した規模にすら満たないものであり、異常に巨大な天災地変とは評価できない。

　ウ　津波の規模
　前記の通り、本原発に到達した津波の高さは小名浜港を基準として約15mである。
　被告東電は、国の地震調査研究推進本部が2002年7月に新たな地震の発生確率などを公表したのを受け、平成20年にマグニチュード（M）8・3の明治三陸地震（1896年）規模の地震が、福島県沖で起きたと仮定して、福島第一と第二の両原発に到達する津波の高さを試算し、第一原発の取水口付近で高さ8・4〜10・2メートルの津波が襲来し、津波は陸上をかけ上がり、1〜4号機で津波の遡上した高さは海面から15・7メートル、同5・6号機で高さ13・7メートルに達すると試算していた[29]。
　なお、本原発が立地する東北地方太平洋岸では869年に貞観地震が発生しているが、この際に30m以上の津波が起きたと推定されている[30]。
　以上の通り、本地震による津波は、被告東電自身も予測していた規模のものであり、「人類が予想していないような」津波ではない。

　エ　マグニチュードを異常性の判断に用いることは失当である
　本地震のモーメントマグニチュード（Mw）は9.0であり、日本付近で観測された中では史上最大とされている。
　しかし、あくまで観測史上最大というに留まり、過去に日本付近で同様の規模の地震がなかったと断定される訳ではない[31]。また、地球全

---

[28] 東京電力サイト内「柏崎刈羽原子力発電所において地震計を設置している号機」〈http://www.tepco.co.jp/cc/press/betu07_j/images/070716a.pdf〉。
[29] 読売新聞サイト内「東電、15m超の津波も予測…想定外主張崩れる」〈http://www.yomiuri.co.jp/science/news/20110824-OYT1T00991.htm〉等。
[30] 国立天文台編『理科年表〔2011年版〕』715頁。
[31] 国立天文台編・前掲（注30）714頁以下には過去の大地震および津波の年代表が掲載されている。

体でいえば、観測された最大の Mw は1960年チリ地震の9.5である。さらに、従来用いられていた表面波マグニチュード（Mb）は8.5程度で頭打ちになるものであるのに対し、本地震の規模を表すモーメントマグニチュードはそうしたことはない（なお、モーメントマグニチュードは1977年に提唱された）。[32]

そもそも、マグニチュードは地震の規模すなわち、地震によって放出されたエネルギーの総量を表す数値である（そのため、たとえば、直下で発生したマグニチュードの小さい地震による被害の方が、遠くで発生したマグニチュードの大きい地震による被害より大きいことは、ままある）。そして、本地震で放出されたエネルギー全部が本原発に集中した訳ではない以上、マグニチュードの大きさは、本原発の被災の規模に直接は関係しない。

以上により、マグニチュードを異常性の判断に用いることは失当である。

(3) 小括

以上の通り、本地震による本原発付近で観測された震度・加速度・津波は、いずれもこれまでの知見から予測しうる範囲のものであった。よって、本地震は異常に巨大な天災地変には当たらず、本件事故に原賠法3条1項但書は適用されない。

10 原賠法4条1項は国家賠償責任に及ばない

(1) 原賠法4条1項

原賠法4条1項は、

「前条の場合においては、同条の規定により損害を賠償する責めに任ずべき原子力事業者以外の者は、その損害を賠償する責めに任じない。」

と定めており、同法3条

「原子炉の運転等の際、当該原子炉の運転等により原子力損害を与えたときは、当該原子炉の運転等に係る原子力事業者がその損害を賠償する責めに任ずる。」

と相まって、文言上は、国家賠償責任をも免責するかのように解釈できる。

---

32 国立天文台編・前掲（注30）708頁。

(2) 原賠法4条1項の趣旨

　原賠法の目的は被害者保護および原子力事業の健全な発達であり（同法1条）、同法4条1項の目的も同様と考えられる。なお、科学技術庁原子力局監修『原子力損害賠償制度』においては、4条1項の目的について、「原子力関連作業の地位の安定」、「責任の集中は、賠償請求の相手方を容易に認識しうるようにするという意味で被害者の利益にもなる」と説明されている。

(3) 国家賠償責任を免除しなくても、原賠法の目的は阻害されない

　国家賠償責任を免除することと原子力産業の健全な発達との間には何の関係もない。「原子力産業の健全な発達」のために責任を原子力事業者に集中するのは、原子力産業が原子力事故が発生した際の莫大な賠償責任を恐れて同産業に消極的になることを防ぐことが目的であるところ、国や地方公共団体は原子力産業ではないのだから、これらの者に責任を負わせても、それ故に原子力産業の発達が阻害されるということは観念し得ない。

　また、国家賠償責任の免除は、原子力事業者の資力が全被害を賠償するに足りない場合には、たとえ国・地方公共団体に過失があっても被害者の損害が全部は賠償されないという結果を招くのであり、被害者保護という原賠法の第一の目的に著しく反する。

　以上の通り、国家賠償責任を免除しなくても、原賠法の目的は阻害されず、かえって同法の目的を阻害する。よって、原賠法4条1項は国家賠償責任に及ばず、国家賠償責任は免除されないと解するべきである。

11　国家賠償責任の免責は憲法17条違反である

　仮に原賠法4条1項が国家賠償責任に及ぶと解釈するならば、以下に述べる通り、かかる解釈は憲法17条に違反する。

(1) 最判平14.9.11（郵便法違憲判決）

　最判平14.9.11（民集56巻7号1439頁）は、

「公務員の不法行為による国又は公共団体の損害賠償責任を免除し、又は制限する法律の規定が同条に適合するものとして是認されるものであるかどうかは、当該行為の態様、これによって侵害される法的利益の種類及び侵害の程度、免責又は責任制限の範囲及び程度等に応じ、当該規定の目的の正当性並びにその目的達成の手段として免責又は責任制限を認めることの合理性及び必要性を総合的に考慮して判断すべ

きである。」
と判示し、郵便法68条および73条を憲法17条違反の違憲と判断した。
(2) 本件においても、上記最判の理は妥当する
　ア　行為態様は重大である
　　　後述する通り、本件における国ないし地方公共団体の行為態様は、原発の安全設計審査指針策定における誤った判断等の重大なものである。
　イ　被侵害利益・侵害の程度とも重大である
　　　本件事故により、一部で子供の健康被害も報道されているほか、強制避難区域内の住民は避難をせざるを得なくなり、生活の本拠も仕事も収入も失い、しかも、本原発に近い地域については戻る時期の目処も立っていない。
　　　このように、本件事故による被侵害利益は、現時点で顕在化しているものに限っても身体・財産・人格権（平穏な生活を営む権利等）等の広範に及び、将来に発生が予想される晩発性ガン等も含めば生命にまで及ぶという重大なものである。また、侵害の程度も、非事業者においては居宅・家財・仕事・コミュニティー等の生活の基盤全て、事業者においては生産手段の喪失、営業損害等の広範囲に及んでいる。
　ウ　免責の範囲は全部である
　　　原賠法4条1項による当該原子炉の運転等に係る原子力事業者以外の者の免責の範囲は全部である。すなわち、同条同項が国家賠償責任に適用されると、国家賠償の余地はなくなる。
　エ　原賠法4条1項は目的達成手段としての合理性・必要性を有しない
　　　原賠法の目的は前記の通りである。
　　　しかし、前記の通り、国家賠償責任の免除は被害者保護という原賠法の第一の目的に著しく反する。請求の相手方を容易に認識しうるようにする、などというのは余計なお世話というべきである。
　　　また、国家賠償責任を免除することと原子力産業の健全な発達との間には何の関係もないことも前記の通りである。国ないし地方公共団体が、賠償責任を恐れず原子力の利用を推進することを認めるなどというのは、戦前の国家無答責の法理と同様のものとなり、国民の生命・身体・財産等を無視するものという他ない。なお、同法16条1項では、国は「この法律の目的を達成するため必要があると認めるときは、原子力事業者に対し、原子力事業者が損害を賠償するために必要な援助を行なうものと

する。」とされているが、これは専ら国会の裁量に委ねられた「援助」に過ぎず（同条2項）、被害者救済のための代替措置としては不充分である。

よって、原子力事業の健全な発達という目的（当該目的が、被害者保護という目的と矛盾し、それ自体の正当性が疑わしいことはさておく。）を達成する手段として国を免責する合理性・必要性は皆無である。

オ　小括

以上の通り、当該行為の態様、被侵害利益の種類及び侵害の程度、免責又は責任制限の範囲及び程度、当該規定の目的達成の手段として免責又は責任制限を認めることの合理性及び必要性のいずれの観点からも、原子力損害において国家賠償責任を免責する理由はなく、原賠法4条1項により国家賠償責任を免責することは憲法17条に違反する。よって、原賠法4条1項は、少なくとも国家賠償責任との関係では違憲・無効である。

12　被告国の事前対策における過失
(1)　長時間のSBOを考慮する必要はないとした安全設計審査指針の解説[33・34]

平成2年8月30日、原子力安全委員会は、「発電用軽水型原子炉施設に関する安全設計審査指針」（以下、「安全設計審査指針」という。）を決定した。当該指針27においては

「電源喪失に対する設計上の考慮
原子炉施設は、短時間の全交流動力電源喪失に対して、原子炉を安全に停止し、かつ、停止後の冷却を確保できる設計であること。」

とされ、さらに、指針27の解説においては

「長期間にわたる全交流動力電源喪失は、送電線の復旧又は非常用交流電源設備の修復が期待できるので考慮する必要はない。
非常用交流電源設備の信頼度が、系統構成又は運用（常に稼働状態にしておくことなど）により、十分高い場合においては、設計上全交流動力電源喪失を想定しなくてもよい。」

とされている。

---

[33]　原子力安全委員会サイト内〈http://www.nsc.go.jp/shinsashishin/pdf/1/si002.pdf〉。
[34]　原子力安全委員会によるSBOに関する検討については、「原子力発電所における全交流電源喪失について」〈http://www.nsc.go.jp/info/20110713_dis.pdf〉も参照されたい。

しかし、地震や津波が起きた場合に正常な運転を続けられない危険性は従来から指摘されていた。例えば、国際原子力機関（IAEA）の元事務次長ブルーノ・ペロード氏は、福島第１原子力発電所事故について「東京電力は少なくとも20年前に電源や水源の多様化、原子炉格納容器と建屋の強化、水素爆発を防ぐための水素再結合器の設置などを助言されていたのに耳を貸さなかった」と述べ、「天災というより東電が招いた人災だ」と批判し、福島原発事故は世界に目を向けなかった東電の尊大さが招いた東電型事故だ」と言い切ったとされる[35]。よって、被告国はかかる事態を予見できた。被告国が長時間のSBOを考慮する必要はないとしたのは、経済性の過度の重視、あるいは、そうしないとそもそも日本において原発の立地が不可能であったからに他ならない。当該指針およびその解説は誤りである。

(2) 独立性を欠いたEDG設置方法

EDGは所内電源および外部電源喪失時の最後のバックアップとなる交流電源である。そのため、安全設計審査指針48第3項は、

「非常用所内電源系は、多重性又は多様性及び独立性を有し、その系統を構成する機器の単一故障を仮定しても次の各号に掲げる事項を確実に行うのに十分な容量及び機能を有する設計であること。

(1)運転時の異常な過渡変化時において、燃料の許容設計限界及び原子炉冷却材圧力バウンダリの設計条件を超えることなく原子炉を停止し、冷却すること。

(2)原子炉冷却材喪失等の事故時の炉心冷却を行い、かつ、原子炉格納容器の健全性並びにその他の所要の系統及び機器の安全機能を確保すること。」

と定めている。ここでいう「非常用所内電源系」にはEDGが含まれる（指針48の解説）から、EDGには多重性又は多様性及び独立性が要求される。そして、多重性又は多様性及び独立性の定義について、指針は、

「⑰「多重性」とは、同一の機能を有する同一の性質の系統又は機器が二つ以上あることをいう。

⑱「多様性」とは、同一の機能を有する異なる性質の系統又は機器

---

[35] msn産経ニュースサイト内「IAEA元事務次長『防止策、東電20年間放置　人災だ』」〈http://sankei.jp.msn.com/world/news/110611/erp11061120200006-n1.htm〉。

が二つ以上あることをいう。

(19)「独立性」とは、二つ以上の系統又は機器が設計上考慮する環境条件及び運転状態において、共通要因又は従属要因によって、同時にその機能が阻害されないことをいう。」

と定めている（指針Ⅲ「用語の定義」）。すると、EDG 設置においては、共通要因又は従属要因によって、同時にその機能が阻害されないよう設計し（独立性）、「原子炉冷却材喪失等の事故時の炉心冷却を行い、かつ、原子炉格納容器の健全性並びにその他の所要の系統及び機器の安全機能を確保」しなければならない。

ところが、平成5年、被告東電は EDG を2機に増設する際、設置場所を2機ともタービン建屋地下1階とする設置許可申請を被告国に対して行い、被告国はこれを許可した。これは、津波等による浸水という共通要因によって2機とも機能が阻害される設計であり、被告国自らが安全設計審査指針に反する設計を認可したものである。当該設置方法について、元サンディア研究所のケネス＝バジェロ氏は「信じられない過ち」、「多様性こそが様々な脅威から原子炉の安全を守る最善の防御」と評価し、また、被告東電元副社長の豊田正敏氏も「設計ミスに相当する。」、「人為ミス」と評価している。[36]

(3) ベント用フィルター設置を義務付けることの懈怠

前記の通り、ベントは事故時に格納容器内の水蒸気を放出する装置であるから、この際に放出される水蒸気は大量の放射性物質で汚染されている。従って、ベント設備に放射性物質除去のためのフィルターが装備されていないならば、ベント時の放射性物質放出は避けられないことは、被告国にも容易に予見できた。また、スウェーデン・フランス・ドイツ等においては、ベント設備にフィルターを付けている。[37]すなわち、当該フィルター設置は技術的に可能である。

たとえベントを行う事態においても、できる限り国民の被曝を避けるべき必要がある。よって、被告国は、ベント設備に、水蒸気に含まれる放射性物質を除去するためのフィルターの設置を義務付けるべき作為義務を負

---

36 NHK 教育テレビ番組「アメリカから見た福島原発事故」より。
37 原子力安全委員会決定「発電用軽水型原子炉施設におけるシビアアクシデント対策としてのアクシデントマネージメントについて」〈http://www.nsc.go.jp/shinsashishin/pdf/1/ho016.pdf〉。

っていた。
　　しかし、被告国は当該義務を怠り、フィルター設置を義務付けないままベントを設置させた。

13　被告国の事後対策における過失[38]
　(1)　原子力災害対策特別措置法4条1項に基づく国の責務
　　　原子力災害対策特別措置法（以下、「原災法」という。）4条1項は
　　　　「国は、この法律又は関係法律の規定に基づき、原子力災害対策本部の設置、地方公共団体への必要な指示その他緊急事態応急対策の実施のために必要な措置並びに原子力災害予防対策及び原子力災害事後対策の実施のために必要な措置を講ずること等により、原子力災害についての災害対策基本法第三条第一項の責務を遂行しなければならない。」
　　　と定め、災害対策基本法3条1項は
　　　　「国は、国土並びに国民の生命、身体及び財産を災害から保護する使命を有することにかんがみ、組織及び機能のすべてをあげて防災に関し万全の措置を講ずる責務を有する。」
　　　と定める。すなわち、被告国は、国民の生命・身体・財産を原子力災害から保護するための万全の措置を講ずる義務を負っている。
　(2)　不充分な避難指示
　　ア　現在までの避難指示等の経緯[39]
　　　これまでに被告国が行った避難指示等は以下の通りである。

日時	指示
2011/3/11 21：23	半径3km圏内避難 3〜10km圏内屋内退避指示
2011/3/12 5：44	半径10km圏内避難指示

---

[38] 健康被害が発生した場合、以下にあげたもののほか、安定ヨウ素剤配布の懈怠等も国の過失としてあげられるであろう。

[39] 首相官邸サイト内〈http://www.kantei.go.jp/jp/tyoukanpress/201103/11_p4.html〉、〈http://www.kantei.go.jp/jp/tyoukanpress/201103/12_a3.html〉、〈http://www.kantei.go.jp/saigai/pdf/20110312siji11.pdf〉、〈http://www.kantei.go.jp/jp/kan/statement/201103/15message.html〉、〈http://www.kantei.go.jp/saigai/pdf/201104220944siji.pdf〉。

2011/3/12 18：25	半径20km 圏内避難指示
2011/3/15 11：00	半径20〜30km 圏内屋内退避指示
2011/3/22 9：44	半径20〜30km 圏内屋内退避指示解除 半径20km 圏内を警戒区域として指定 半径20km 圏外の特定地域を、計画的避難区域および緊急時避難準備区域として指定

　　警戒区域とは、原則として退去が命令され、立入が禁止されている区域である。計画的避難区域とは、事故発生から１年の期間内に積算線量が20ミリシーベルトに達するおそれのある区域であり、計画的に避難することが求められる区域である。緊急時避難準備区域とは、常に緊急時に屋内退避や避難が可能な準備を求められる区域である[40・41]。

　　イ　被告国が許容する被曝量は過大である

　　　上記避難指示等は、年間20mSv をしきい値としている。しかし、後に詳述する通り、かかるしきい値の設定は、被曝による危険性を著しく低く見積もったものという他なく、誤った指示である。

(3) SPEEDI による放射性物質拡散予測の隠蔽

　　緊急時迅速放射能影響予測ネットワークシステム（SPEEDI）は、「原子力発電所などから大量の放射性物質が放出されたり、そのおそれがあるという緊急事態に、周辺環境における放射性物質の大気中濃度および被ばく線量など環境への影響を、放出源情報、気象条件および地形データを基に迅速に予測するシステム」である[42]。被告国（文部科学省）は、「福島第一原子力発電所の事故が発生した３月11日以降、緊急時の対応として、SPEEDI を緊急時モードにし、単位量（１ベクレル）放出を仮定した場合の予測計算を行っていた」[43]。

　　しかし、被告国は、

　　「原子力安全委員会では、３月16日より、緊急時迅速放射能影響予測

40　首相官邸サイト内「『計画的避難区域』と『緊急時避難準備区域』の設定について」〈http://www.kantei.go.jp/saigai/20110411keikakuhinan.html〉。
41　平成23年９月中に政府は緊急時避難準備区域を解除する見込みである。
42　文部科学省原子力防災ネットワークサイト内「SPEEDI とは」〈http://www.bousai.ne.jp/vis/torikumi/030101.html〉。
43　文部科学省サイト内「緊急時迅速放射能影響予測ネットワークシステム（SPEEDI）等による計算結果」〈http://www.mext.go.jp/a_menu/saigaijohou/syousai/1305747.htm〉。

　　　　ネットワークシステム（SPEEDI）による試算のために、試算に必要
　　　　となる放出源情報の推定に向けた検討をしてまいりました。3月20日
　　　　から陸向きの風向となったため、大気中の放射性核種の濃度が測定で
　　　　き、限定的ながら放出源情報を推定できたことから、本システムの試
　　　　算を行うことが可能となりました。」
などと、上記の文科省の説明にすら矛盾する虚偽の弁解をして意図的に予
測結果を公開せず、3月23日に初めて1枚だけ公開した[44]。被告国が、当該
予測の本格的な公開を始めたのは、4月29日に小佐古敏荘東京大学大学院
教授が、

　　　　「例えば、住民の放射線被ばく線量（既に被ばくしたもの、これから
　　　　被曝すると予測されるもの）は、緊急時迅速放射能予測ネットワーク
　　　　システム（SPEEDI）によりなされるべきものでありますが、それが
　　　　法令等に定められている手順どおりに運用されていない。法令、指針
　　　　等には放射能放出の線源項の決定が困難であることを前提にした定め
　　　　があるが、この手順はとられず、その計算結果は使用できる環境下に
　　　　ありながらきちんと活用されなかった。また、公衆の被ばくの状況も
　　　　SPEEDIにより迅速に評価できるようになっているが、その結果も
　　　　迅速に公表されていない。」

などと暴露した後の5月3日である。この隠蔽について、5月2日、細野
豪志首相補佐官は、「市民に不安を与え、パニックが起きるのを恐れた。」
と弁解している[45]。

　　　仮に当該予測が事故直後に公開されていたならば、これを受けて放射性
　　物質の拡散が予測された地域の住民は早期に避難できた。すなわち、当該
　　隠蔽により、多くの住民が避けられたはずの被爆をした。

(4) 不充分な出荷停止の指示[46]

　　　平成23年3月19日、農林水産省は、稲わらの不使用の指示については、
　　農水省から関東農政局と東北農政局に対して、飼養管理上の留意事項等に

44　原子力安全委員会サイト内「プレス発表」⟨http://www.nsc.go.jp/info/110323_top_siryo.pdf⟩。

45　毎日jpサイト内「福島第1原発：シミュレーション結果5000枚公開へ」⟨http://mainichi.jp/select/weathernews/20110311/archive/news/2011/05/02/20110503k0000m040079000c.html⟩。

46　以下にはセシウムで汚染された稲わらの流通について記載したが、汚染された食料品の流通についても同様の過失は考えられる。

ついて通知がされ、各県を経由して農家への指導がなされることとされていた[47]。ところが、被告国や地方公共団体による指導・周知が不充分であったため、放射性セシウムで汚染された稲わらが流通し、これを与えられた牛も汚染される等の被害が発生した。

14 被告○○県の過失
 (1) 原子力災害対策特別措置法5条1項に基づく地方公共団体の責務
   原子力災害対策特別措置法5条1項は
   「地方公共団体は、この法律又は関係法律の規定に基づき、原子力災害予防対策、緊急事態応急対策及び原子力災害事後対策の実施のために必要な措置を講ずること等により、原子力災害についての災害対策基本法第4条第1項及び第5条第1項の責務を遂行しなければならない。」
   と定め、災害対策基本法4条1項は
   「都道府県は、当該都道府県の地域並びに当該都道府県の住民の生命、身体及び財産を災害から保護するため、関係機関及び他の地方公共団体の協力を得て、当該都道府県の地域に係る防災に関する計画を作成し、及び法令に基づきこれを実施するとともに、その区域内の市町村及び指定地方公共機関が処理する防災に関する事務又は業務の実施を助け、かつ、その総合調整を行なう責務を有する。」
   と定めている。すなわち、被告○○県は、住民の生命・身体・財産を原子力災害から保護するための万全の措置を講ずる義務を負っている。
 (2) 不充分な出荷停止の指示
   前記の出荷停止の指示不徹底は、被告国と被告○○県の過失が相まって発生したのであり、被告○○県にも被告国と同様の過失がある。

15 一般人に許容しうる被曝量[48・49]
 避難の必要性、農作物・水産物を食用にすることの可否、下水道処理により発生する汚泥の使用の可否等を判断するには、一般人に許容しうる被曝量の算定等が不可欠である。そこで、以下、当該許容量について述べる。
 (1) 放射線および放射能、放射性物質

---

[47] 農林水産省サイト内「畜産農家の皆様へ」〈http://www.maff.go.jp/j/kanbo/joho/saigai/pdf/110321_tikusan_minasama.pdf〉。

放射線とは、通常は電離放射線（電磁波又は粒子線のうち、直接又は間接に空気を電離する能力をもつもの。電離とは、原子の外側を回っている電子を軌道からはじき飛ばして自由電子にし、電子を失った原子を全体として電気を失った正の状態にする作用を意味する。）を指し（以下もその意味で用いる。）、α線、β線、γ線、X線、中性子線等がある（核燃料物質、核原料物質、原子炉及び放射線の定義に関する政令4条参照）。

放射線の強さはグレイ（放射線によって1kgの物質に1ジュールの放射エネルギーが吸収されたときの吸収線量。Gy）で表され、人体への影響を考慮した強さ（等価線量）はシーベルト（Sv）で表される。1mSv（ミリシーベルト）は1／1000Sv、1μSv（マイクロシーベルト）は1／100万Svである。

放射能とは、放射線を出す能力である。放射能の強さはベクレル（Bq 1秒間に1個の放射線を出す能力）で表される。

放射性物質とは放射能を持つ物質である。

(2) 放射線障害

生体が放射線被曝（以下、「被爆」という。）をした場合、放射線の電離作用によってデオキシリボ核酸（以下、「DNA」という。）が直接的に傷害され、また、放射線の電離作用によって生成されたフリーラジカルによって間接的にDNAが傷害される。かかるDNA損傷により惹起されるものが放射線障害である。放射線障害は、社会医学的観点から分類した場合、確定的影響と確率的影響に分けられる。

(3) 公衆被曝限度

ア　ICRP勧告

48　以下では、外部被曝のみで年間1ミリシーベルトまでは許容されるとの立場を主張している。これは、裁判所での通りやすさを考慮した、大変控えめな主張である。現実には内部被爆も深刻なのであり、内部被爆も考慮するならば、もっと低い外部被曝線量であっても避難することの合理性は認められるべきである。

さらにいえば、ICRPも被曝による確率的影響にしきい値はないとの立場である。すなわち、被曝量に比例してリスクは高まり、これ以下の量ならば影響皆無という数値はない以上、年間1ミリシーベルト以下は安全というわけではないことに留意されたい。

49　低線量放射線による被曝の危険性についてはペトカウ効果説がある。これは、長時間・低量放射線を照射した場合のほうが、高線量放射線を瞬間照射するよりたやすく細胞膜を破壊する、という学説である。当該学説は、大阪高判平成20・5・30判時2011号8頁においても採用されている。肥田舜太郎＝鎌仲ひとみ著『内部被曝の脅威』90頁以下等参照。

ICRP（国際放射線防護委員会）は公衆被曝限度を1mSvとしている。[50]

なお、ICRPは非営利、非政府の国際学術組織であり、その活動等への助成金の拠出機関は、世界保健機構、国際原子力機関、国際放射線医学学会（ISR）、国際放射線防護学会、OECD原子力機関、欧州共同体（EC）、およびアルゼンチン、カナダ、日本、スウェーデン、英国、米国の各国内機関であり、かかる助成団体の性質に照らせば、ICRPは「原子力の平和利用」を推進する立場に立つものであることを付言する。[51]

イ 公衆被曝限度

本件事故以前に被告国が採用していた公衆被曝限度は、ICRPの勧告通りの年間1mSvである（平成13年経済産業省告示第187号「実用発電用原子炉の設置、運転等に関する規則の規定に基づく線量限度等を定める告示」3条1項1号）。

(4) 従来の基準は本件事故後も維持されるべきである。

被告国は、計画的避難区域を設定する基準等を年間20mSv以上としており、その根拠をICRPの「Fukushima Nuclear Power Plant Accident」[52][53・54]において1〜20mSvの範囲内から参考レベルを選択することを勧告していることとしているようである。

しかし、被告国が1〜20mSvの範囲の中から上限を採用した理由は明確ではない。この点について、九州大学副学長吉岡斉教授は

「このような大量死を容認するような基準の適用は妥当ではない。平常時と同じ年間1mSvを厳守することが望ましいだろう。」

---

50 文部科学省サイト内「国際放射線防護委員会（ICRP）2007年勧告（Pub. 103）の国内制度等への取入れに係る審議状況について」〈http://www.mext.go.jp/b_menu/shingi/housha/sonota/_icsFiles/afieldfile/2010/02/16/1290219_001.pdf〉。

51 前掲（注3）「原子力百科事典ATOMICA」内〈http://www.rist.or.jp/atomica/data/dat_detail.php?Title_No=13-01-03-12〉。

52 前掲（注40）「『計画的避難区域』及び『緊急時避難準備区域』の設定について」。

53 原文はICRPサイト内〈http://www.icrp.org/docs/Fukushima%20Nuclear%20Power%20Plant%20Accident.pdf〉、日本学術会議による翻訳は〈http://www.scj.go.jp/ja/info/jishin/pdf/t-110405-3j.pdf〉。

54 当該勧告で引用されている「2009b」とは「Application of the Commission's Recommendations to the Protection of People Living in Long-term Contaminated Areas after a Nuclear Accident or a Radiation Emergency」〈http://www.icrp.org/docs/P111%28Special%20Free%20Release%29.pdf〉を指す。

「恒久的な移住の基準を年間1〜20mSvにしてはどうかというICRPの忠告も適切ではない。」[55]

と、日本医師会も、

「1〜20ミリシーベルトを最大値の20ミリシーベルトとして扱った科学的根拠が不明確である。また成人と比較し、成長期にある子どもたちの放射線感受性の高さを考慮すると、国の対応はより慎重であるべきと考える。」[56]

と批判している。

以上の通り、一般人に許容しうる被曝量は年間1mSvとされるべきであるところ、本件事故においては、体外に存在する放射性物質による外部被曝と、放射性物質を含む水・食物等の摂取による内部被曝の両者が発生している以上、両者を合わせて年間1mSv以内に収めなければならない。そして、内部被曝量は摂取・吸引等した放射性物質の種類・量によって各人が異なるが、仮にこれが0であったしても、許容される外部被曝線量は年間1mSvまでである。

16　被告らの共同不法行為

(1)　共同不法行為（民法719条）の要件

　共同行為者各自の行為が客観的に関連し共同して違法に損害を加えた場合において、各自の行為がそれぞれ独立に不法行為の要件を備えるときは、共同不法行為が成立し、各自が右違法な加害行為と相当因果関係にある損害についてその賠償の責に任ずる（最判昭43.4.23）。

(2)　被告ら各自の不法行為

　被告ら各自の行為が、それぞれ不法行為の要件を満たすことは、既に述べた通りである。また、被告ら各自の行為が客観的に関連し、原告らに共同して違法に損害を負わせたことも明らかである。

(3)　相当因果関係

　大阪高裁判平成13.11.7が、

---

[55] 医療ガバナンス学会サイト内「Vol.100公衆の放射線防護レベルの緩和についての国際放射線防護委員会ICRPの忠告」〈http://medg.jp/mt/2011/04/vol100-icrp321.html〉。

[56] 日本医師会サイト内「文部科学省『福島県内の学校・校庭等の利用判断における暫定的な考え方』に対する日本医師会の見解」〈http://dl.med.or.jp/dl-med/teireikaiken/20110512_31.pdf〉。

「加害者は違法行為と相当因果関係のある損害全てを賠償する責任があるのであって、不法行為に対する関与度や違法性の程度によって賠償すべき損害の範囲が限定されると解することはできない」

と判示する通り、加害者らは違法行為と相当因果関係のある損害全てを賠償する責任がある（最判平成13．3．13も同旨）。

本件において、被告ら各自の不法行為の一つでも欠ければ、原告が、後述する損害を被ることはなかった。従って、被告らの上記不法行為全てと原告らの全損害との間に相当因果関係が存在する。よって、被告らは原告に対して、連帯して後述する原告らの損害を全額賠償する責任を負う。

(4) 以上の通り、被告らの不法行為は共同不法行為であり、被告らは連帯して原告らに対し、以下に述べる原告らの損害を全額賠償する責任を負う。

17　原告の被曝量等
(1) ○○における放射線量の推移[57]
　　（略）
(2) ○○における積算放射線量[58]
　　（略）
(3) ○○における土壌中の放射性物質の量[59]
　　（略）
(4) ○○で生産された農作物の放射能
　　（略）
(5) ○○における海水中の放射能濃度
　　（略）
(6) ○○で取れた魚介類の放射能
　　（略）

---

[57] 文部科学省サイト内「放射線モニタリング情報」〈http://radioactivity.mext.go.jp/ja/〉。その他、各都道府県、市町村サイト等において計測結果が公表されている。なるべく近い地点での計測結果を参照されたい。ただし、計測している高さには注意が必要である。計測場所が高いほど、土壌に堆積した放射性物質から離れるため、低い線量が計測される。人体への影響を推定するには、地表から１メートル程度での計測値が必要である。

[58] 前掲（注10）「東京電力㈱福島原子力発電所の事故について」に福島県東部の2012年３月11日までの積算線量推定マップが掲載されている。

[59] 前掲（注57）「放射線モニタリング情報」、各都道府県、市町村サイト等参照。

18　原告の損害
　(1)　○○損害
　　　××万××××円
　(2)　○○損害
　　　××万××××円
　　（中略）
　(○)　避難費用[60]
　　前記の通り、被告国による年間20mSvを基準とした避難指示は根拠のないものである。なお、ICRP2007年勧告においては、年間1〜20mSvとの勧告は、「個人が直接、利益を受ける状況に適用（例：計画被ばく状況の職業被ばく、異常に高い自然バックグラウンド放射線及び事故後の復旧段階の被ばくを含む）」とされている。本件において、年間20mSv以下であっても自主避難した者は、自らが、留まることの利益を放棄する選択をしている以上、他者には、当該避難者には止まることの利益があるなどと決定する権限はないのであり、このことからも、年間20mSv以下であっても、年間1mSvを超える外部被曝が予測される地域から避難することに合理性があることは導かれる。
　　よって、被告らは、原告の支出した以下の避難費用を賠償する義務を負う。
　ア　交通費
　　　××万××××円
　イ　滞在費用
　　　××万××××円
　　　　　　　　　（以下略）
　　○　小計
　　　××万××××円

---

[60] この主張では、年間1ミリシーベルト以上の外部被曝が予測される場合は避難することに合理性があり、これに要した費用を損害として賠償請求できるとの私見に基づくものである（内部被曝も考慮するならば、もっと低い外部被曝線量でも避難することに合理的理由がある）。なお、「東京電力株式会社福島第一、第二原子力発電所事故による原子力損害の範囲の判定等に関する中間指針」においては、避難指示等を受けていない者の避難費用は認められる損害としてあげられていない〈http://www.mext.go.jp/b_menu/shingi/chousa/kaihatu/016/houkoku/_icsFiles/afieldfile/2011/08/17/1309452_1_2.pdf〉。

（○）　合計
　　　　　××万××××円

19　結論
　　よって、原告は請求の趣旨記載の判決を求める。

証　拠　方　法

　　証拠説明書(1)記載の通り

付　属　書　類

　　1　訴状副本　　　　　　　3通
　　2　証拠説明書(1)　　　　4通
　　3　甲1ないし○○号証　　各4通
　　4　訴訟委任状　　　　　　1通
　　5　資格証明書　　　　　　○通

当　事　者　目　録

〒○○○－○○○○　○○県○○市○○町○○丁目○○番○○号
　　　　　　　　　原　　　　　告　○　○　○　○

〒○○○－○○○○　○○県○○市○○町○○丁目○○番○○号
　　　　　　　　　○○法律事務所（送達場所）
　　　　　　　　　上記訴訟代理人弁護士　○　○　○　○
　　　　　　　　　電　話　○○－○○○○－○○○○
　　　　　　　　　FAX　○○－○○○○－○○○○

〒100－8560　東京都千代田区内幸町1丁目1番3号
　　　　　　　　　被　　　　　告　東京電力株式会社
　　　　　　　　　上記代表者代表取締役　○　○　○　○

〒100－0013　東京都千代田区霞ヶ関1丁目1番1号
　　　　　　　　　被　　　　　告　国
　　　　　　　　　上記代表者法務大臣　○　○　○　○

[資料2] 訴状案

〒○○○−○○○○　○○県○○市○○町○○丁目○○番○○号
　　　　　　　　　被　　　　告　○　○　県
　　　　　　　　　上記代表者知事　○　○　○

●執筆者一覧●

藤原　宏髙（編集代表）
ひかり総合法律事務所
1978年　慶應義塾大学法学部法律学科卒業
1985年　司法修習修了（37期）・弁護士登録

大塚　和成（編集副代表）
二重橋法律事務所
1993年　早稲田大学法学部卒業
1999年　司法修習修了（51期）・弁護士登録

渡邉　雅之
弁護士法人三宅法律事務所
1995年　東京大学法学部卒業
2000年　総理府退職
2001年　司法修習修了（54期）・弁護士登録
第1章、第2章、第5章XVIII、第7章担当

金　昌浩
森・濱田松本法律事務所
2007年　東京大学法学部卒業
2008年　司法修習修了（61期）・弁護士登録
第3章担当

中野　剛
虎の門法律事務所
2000年　京都大学法学部卒業
2001年　司法修習修了（54期）・弁護士登録
第4章、第5章XXVI担当

井上　廉
東京八丁堀法律事務所
2000年　早稲田大学法学部卒業
2003年　早稲田大学大学院法学研究科修士課程修了
2004年　司法修習修了（57期）・弁護士登録
第4章担当

山口　雅弘
平出・髙橋法律事務所
1986年　東京大学教育学部卒業
1986年　東海銀行（現三菱東京UFJ銀行）入行
1997年　東海銀行退行
2004年　司法修習修了（57期）・弁護士登録
第4章、第7章担当

小俣健三郎
二重橋法律事務所
2006年　一橋大学法学部卒業
2009年　東京大学法科大学院修了
2010年　司法修習修了（新63期）・弁護士登録
第4章、第5章Ⅵ担当

山本　陽介
あさひ法律事務所
2007年　明治大学法学部卒業
2009年　中央大学法科大学院修了
2010年　司法修習修了（新63期）・弁護士登録
第5章Ⅰ担当

小嶋　陽太
愛宕山総合法律事務所
2007年　京都大学法学部卒業
2009年　同志社大学法科大学院修了
2010年　司法修習修了（新63期）・弁護士登録
第5章Ⅱ・Ⅲ担当

土肥健太郎
麻生総合法律事務所
2009年　國學院大學法科大学院修了
2010年　司法修習修了（新63期）・弁護士登録
第5章Ⅳ・Ⅴ・Ⅶ担当

山田　康成
ひかり総合法律事務所
1993年　一橋大学社会学部卒業・日本貨物鉄道株式会社入社

2004年　日本貨物鉄道株式会社退社・学習院大学法科大学院入学
2007年　学習院大学法科大学院修了
2009年　司法修習修了（新62期）・弁護士登録
第5章Ⅷ〜ⅩⅢ・ⅩⅩⅤ担当

大澤美穂子
クレオール日比谷法律事務所
1998年　中央大学法学部卒業
2005年　司法修習修了（58期）・弁護士登録
第5章ⅩⅣ・ⅩⅩ担当

野中　英匡
東京富士法律事務所
2002年　中央大学法学部卒業
2008年　日本大学法科大学院修了
2010年　司法修習修了（新63期）・弁護士登録
第5章ⅩⅤ〜ⅩⅦ・ⅩⅩⅣ担当

若林　功
丸の内総合法律事務所
2006年　東京大学法学部卒業
2009年　東京大学法科大学院修了
2010年　司法修習修了（新63期）・弁護士登録
第5章ⅩⅨ・ⅩⅪ〜ⅩⅩⅢ担当

阿久津匡美
山崎法律特許事務所
2004年　筑波大学第三学群工学システム学類卒
2007年　明治大学法科大学院修了
2008年　司法修習修了（新61期）・弁護士登録
第6章担当

橋本　副孝
東京八丁堀法律事務所
1977年　東京大学法学部卒業
1979年　司法修習終了（31期）・弁護士登録
第7章担当

大橋　正典
愛宕山総合法律事務所
1995年　東京大学法学部卒業
2001年　司法修習修了（54期）・弁護士登録
第7章、［資料2］訴状案担当

　　　　　　　　　　　　　　　　　　（所属は、2011年10月28日現在）

原子力損害賠償の実務

平成23年10月28日　第1刷発行

定価　本体3,200円(税別)

編　者	原子力損害賠償実務研究会
発　行	株式会社　民事法研究会
印　刷	株式会社　太平印刷社

発行所　株式会社　民事法研究会

〒150-0013　東京都渋谷区恵比寿 3-7-16
〔営業〕☎03-(5798-7257)　FAX03-(5798-7258)
〔編集〕☎03-(5798-7277)　FAX03-(5798-7278)
http://www.minjiho.com/　info@minjiho.com

落丁・乱丁はおとりかえします。　ISBN978-4-89628-730-1　C3032　¥3200E
カバーデザイン／関野美香

最新の情報・特例措置、船舶・自動車・がれき処理等の新たな実務を織り込み改訂！

震災の法律相談Q＆A
〔第2版〕

弁護士法人　淀屋橋・山上合同　編

Ａ５判・393頁・定価　2,940円（税込、本体2,800円）

本書の特色と狙い

- ▶阪神淡路大震災を経験した弁護士が、東日本大震災に伴う関係法令、不動産、取引、不法行為、労働、親族・相続、外国人、倒産、保険、税金等の法律問題を震災後、1ヵ月余りでいち早く解説し、好評を博した内容を、平成23年9月末日現在の最新の内容を織り込み改訂！
- ▶第2版では、新たに災害救助法、被災者生活再建支援法を織り込み、原子力損害賠償の問題を踏まえ、幅広い法律を網羅！
- ▶船舶・自動車・津波・原子力被害等、東日本大震災下での独自の問題にも丁寧に対応！
- ▶執筆者に司法書士を迎え、登記および不動産登録免許税等の内容が充実！
- ▶新章として、「行政」をめぐる解説を織り込み、罹災証明・被災証明、土地区画整理事業等の内容が充実！
- ▶コラムとして、仙台弁護士会に所属する被災地の弁護士が、現地の情報を紹介！

本書の主要内容

第１章	災害に関する法律（33問）	第８章	人（21問）
第２章	不動産（68問）	第９章	倒　産（10問）
第３章	不動産以外の財産（18問）	第10章	保　険（19問）
第４章	取　引（35問）	第11章	税　金（24問）
第５章	不法行為（22問）	第12章	行　政（19問）
第６章	会社法・金融商品取引法（6問）	●参考資料	
第７章	労　働（35問）		

発行　民事法研究会

〒150-0013　東京都渋谷区恵比寿3-7-16
（営業）TEL. 03-5798-7257　FAX. 03-5798-7258
http://www.minjiho.com/　info@minjiho.com